Wild
Fruits

野 果

Henry David Thoreau
亨利・梭羅

石定樂──譯　黃南禎──繪

Sassafras

九月三日。
在山上發現一顆檫木果，
深藍的果子長在紅色的花托中，像
根小棍子。

長在山邊，
漂亮葉形包裹的葉莖婉轉低迴。

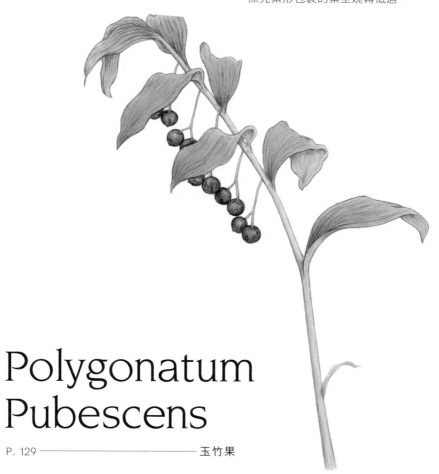

Polygonatum
Pubescens

Rhexia

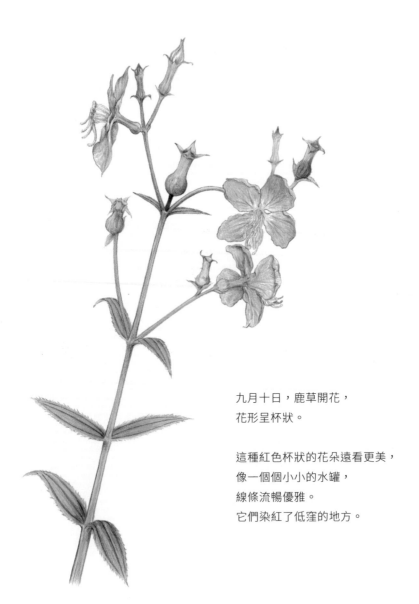

九月十日，鹿草開花，
花形呈杯狀。

這種紅色杯狀的花朵遠看更美，
像一個個小小的水罐，
線條流暢優雅。
它們染紅了低窪的地方。

Strawberry

P. 047 ——————————————— 草莓

也許，
那來自泥土裡的芬芳，
是千百年聖賢的哲理名言
在那裡醞釀而成。

它們有一股臭菘的氣味，
但不至於無法忍受。

Red and Fetid Currants

Hypericums

六月十日在地勢低的地方初露容貌。
儘管當時它們的外殼還沒裂開，
但看到它們紅色的蒴果也著實讓我開心。

Sweet Briar

P. 261 ——————————— 糖罐子

十月裡的糖罐子最俏皮，
一團團長在樹上好不得意。
這種果子的形狀很有趣，
橢圓的一端是平的，
是否就像一個裝橄欖的罐子呢？
所有的果子中，
這是最可愛的一種紅色果子。

目錄

推薦序

尋找知識與體驗之間的平衡
李偉文（作家）

在台灣的環境教育，或者以狹義的自然生態教育的實施方式而言，一直有兩個不同的途徑，一種是知識上的教導，也就是所謂的自然解說，著重在鳥獸蟲魚的名稱，分類，作用……等等，另一種是自然體驗，強調忘掉知識，直接感受到自然生命的流動，著重在靈性的體會。

這兩種不同的做法彼此的追尋者也有過一些爭議與批判，「反智的體驗」「知識的強炙」……在對立之下似乎也各有流弊，比如追求知識到後來變成辨識物種比賽，自然知識只是研究者驕傲的文飾。相反的，一味地只追求體驗，乃至於重視形式，或許也會形成讓民眾「困坐自然現場，一臉迷惑、尷尬、無聊」，難免流於「國王的新衣」之類的虛偽。

那麼如何在知識與體驗間尋找一個平衡點？

其實在一百多年前，梭羅已為我們做了最好的示範。

最早，梭羅以《湖濱散記》開始，他也一直是自然體驗與靈修派的代表，他也曾加入亦師亦友的哲學家愛默生的「新英格蘭超驗主義俱樂部」，他也是近代把自然知識融入到更宏遠深邃地宗教靈修而且具有廣泛影響力的先驅。

但是，我們從這一本剛剛出土的《野果：183種果實踏

查，自然詩人梭羅用最後十年光陰，獻給野果的小情歌》，以及前些年出版的《種子的信仰》可以得知，梭羅具有非常豐富的自然知識，也有非常科學又嚴謹的自然觀察技巧。

從梭羅身上我們知道，對一個真正熱愛自然生命，關心環境的人而言，知識的追尋與靈性體驗的經驗，兩者並不是互相對立，而是一體的兩面。

若回到環境教育來說，梭羅的「野果」與一般的自然課老師不同，梭羅的文筆帶有深厚的個人色彩，是一個人滿懷欣喜與感動之餘的分享。課堂上的講解，有一定的內容與範圍，是制式化的，而個人的分享就很生活化，除了自然知識，還可以有人文歷史，是將個人的生命經驗透過這些野果來分享給大家。

環境教育是教育的一種，那種究竟什麼是教育？教育的本質是什麼？

我覺得教育基本上像是商業的買賣。

買賣成立的要件是有人賣，也要有人買。沒有人去買你的東西，應該就不能說完成了一件交易。

既然教育如同買賣，那麼當我們也想把某一項東西（觀念、想法、價值觀、知識……）去賣（傳遞）給別人。可是別人如果完全沒有接受說你已經「教」了嗎？

因此，我認為，根本不需要徬徨於重視體驗或知識，「有效」應該是所有教育的根本。不管用任何方式任何技巧，只要有效、能影響人、能感動人，就是最好的方法。

孔子說「因材施教」實在很有道理，我們在同一個地方、同一個標的物進行自然解說教育時，對於不同對象所採用的方法一定是不一樣的，「有效」是我們評估的唯一指標，而不是

在該重知識或該重體驗這種技術上的層次打轉。

在這「有效性」來說，梭羅從「湖濱散記」到「野果」，用不同方式跟我們示範了環境教育的方法。

而且梭羅不只離群索居獨自居住在湖濱成為所有愛好自然的人們嚮往的生活方式，即便後來他回歸城鎮，也不斷藉由散步、旅行，示範與自然互動的方式。

其實我們之所以親近大自然，與自然互動有三種模式。第一種是好學問名型，不管是圍著解說員或指導老師發問或查閱圖鑑，以自然知識的追求為主。第二種是名士欣賞型，也就是到大自然裡散散心，紓解壓力，呼吸新鮮空氣，不在乎植物昆蟲的名稱。第三種是形上哲思型，在大自然中追求靈性的成長，直接感受大自然的奧祕。

這三種模式，也表明了大自然對人類的三種不同層次的功效。第一是具象的，鳥獸蟲魚的知識的確對這個我們生活的物質世界有所幫助，畢竟人類生存與發展的憑藉，都來自於大自然，甚至美的源頭，想像力與創造力的根源，也都是來自於大自然。同時多到大自然走走，對於我們的身體健康也有所幫助。

第二層是心，也就是精神，人到大自然可以紓解壓力，從大自然豐富的生命裡可以激發我們的好奇心與對生命的熱情。第三層就是靈性的部分，也就是宗教的層次，探索生命的意義，人從哪裡來，人死後到哪裡去，這種生命萬物一體的共同感。

這三種不同層次的作用，在梭羅任何一本著作裡都可以看到，因為梭羅從來不會把自然知識視為單單只供我們利用與研究的對象，他可以從眼前的小小的野果讀出自然規律，看到那

與人共通的屬性。

哲學家愛默生為梭羅所寫的傳記裡提到，梭羅以全部的熱情將他的天賦獻給了故鄉的田野，也不斷表示，他的家鄉就是最適合自然觀察的中心。

其實梭羅這種以住家附近為場域的自然觀察，正是荒野保護協會這二十多年所仿效並推動的定點觀察。我們要求每個志工在自己的生活範圍之內找到一個屬於自己的私密花園，不限區域大小，可以大到一整個山谷溪流，也可以小到自家陽台或巷口的小公園，然後長期觀察那個地方一年四季中各種生物與環境的變化與互動。

經由這種觀察，我們可以瞭解到也許任何一個不起眼的地方都可能具有非常豐富的生態互動，也可以知道從自己的家門口就可以觀察，從自然中體會生命的珍貴與奧妙。

當然，以荒野保護協會身為環境保護團體的立場，我們也期待若串連起這種由小而大的住家附近的自然觀察，那麼荒野分散全國數以萬計的志工就可以形成一個全面環境監測與守護網，只要任何地區被人為干擾或破壞了，我們就可以立刻得知並且想辦法保護。

這種長期在住家附近場域的自然觀察，對個人來說，尤其是孩子，還有額外的好處，也就是建立人與土地情感的連結。

這個屬於自己的「祕密花園」，因為去的次數多，觀察久，就會產生感情，這種與土地親密的情感連結，在個人的生命進程上，也會扮演非常重要的角色。

美國西南部有個最大的印第安人保留區，納瓦荷人稱這片土地為「四角之地」，由他們神話中的四座聖山圍繞而成。納瓦荷的巫醫曾經這麼說：「記住你眼前所見，把目光停在一

處，記住他的樣子。在下雪時觀察它，在青草初長時觀察它，在下雨時觀察它，記住它的氣味，來回走動探索山岩的觸感。如此一來，這地方便永遠伴隨你。當你遠走他鄉，你可以呼喚它，當你需要它時，它就在那兒，在你心中。」

　　我想，這就是大自然可以撫慰人們心靈的原因吧！也就是我們感受大自然生命力的來源。就讓我們跟著《野果》，開始進行自己的觀察與記錄吧！　　　　　　　　　　2016.09.26

每一顆果實都包藏一個完美的實踐
范欽慧（自然作家）

　　如果每一顆果實都包藏著一個完美的實踐，那麼唯有一個心靈充實又純淨的人，可以與它的意志鏈結，參透那背後的理路，洞燭其中的智慧。如果我們還在尋求各種生命的啟示時，梭羅已經透過那些看似渾然天成的自然成就，來為讀者揭示著一條思考祕境，儘管當今生態環境的變遷，讓許多植物面臨到生存的考驗，我不知道那些曾經存在於一百多年前的野果，至今是否仍安然在北美森林中延續生命，但是我可以感受到，那份來自野地的深刻觸動，已隨著世代逐漸失落，如今我們重讀百年前的自然筆記，要去欣賞的不光是野果的風情，而是貼近那樣的心靈與反思，找回來自野地的信念與力量。

對人類與自然平等論的深遠影響力
黃裕星（林業試驗所所長）

　　梭羅在他 44 歲的英年，因肺病而早逝，以致許多曠世著作都在他身後才整理出書，但這完全不減損他對人類與自然平等論的深遠影響力。梭羅遺作《野果》一書的出版，以及中譯

本的問世，都可使梭羅熱愛周遭生命的情愫直接感染讀者，值得大家細細品味。雖然新英格蘭地區的野果種類與台灣大相逕庭，但啟發大眾關愛家鄉土地及自然野趣的意義是一樣的。讀者們千萬不要「全世界走透透、台灣山林沒走過」，效法梭羅，多親近故鄉村野、尋找野果吧！

善用五感體驗，細細品味野果的獨特滋味
黃麗錦（《野花999》、《野果遊樂園》作者）

　　亨利·梭羅是我十分喜愛的一位作者。他的《湖濱散記》、《種子的信仰》是我一讀再讀的好書。《野果》這本書則是梭羅對於家鄉北美新英格蘭地區的植物，十多年來的觀察記錄，十分詳實記錄了183種植物開花結果的日期以及生長環境。除了描述其型態，果熟的日期之外，更是善用五感體驗，細細品味野果的獨特滋味。例如：阿龍尼亞果在未成熟的階段，吃起來很刺喉嚨、讓人有冒煙的感覺，但真正成熟之後，吃起來就甜多了。有的野果具有野性，山楂一經人工種植，結的果就不好吃了。野蘋果只能在野外才能領略它的美味，若是把它們帶回家，「竟然酸得能讓松鼠的牙倒掉、松鴉發出哀鳴」，唯有經歷大自然風霜雨露的試煉，才能轉化為種種味道，讓我們一一回味。

　　樸質純淨的文筆，引人入勝，字裡行間充滿了對於自然的喜悅與感動，讓人迫不及待跟隨著他的腳步走入山林，去體驗去看見這自然的美好。找個時間，就由居家身邊的公園開始，去發現記錄屬於你的野果觀察故事吧～

〈譯序〉和梭羅一起採野果

梭羅的生平、主要成就、思想體系等，人們知道得很多，就不在這裡多說了。這裡只想簡單介紹一下這本書是如何成書，又如何在作者去世一百多年後得以出版。當然，作為本書的譯者，還希望能為廣大讀者中並非梭羅研究者的這一部分人士提供必要的資料，幫助他們更能欣賞、理解，並利用這本書，以更好地解讀梭羅。

梭羅一八六二年五月六日早上逝世於麻薩諸塞州的康科德市緬因街的母親家中。結核病在當時是不治之症，梭羅患此病身亡，時年四十四歲，可謂英年早逝。他留下的精神遺產包括許多手稿，其中就有這本一百三十多年後才出版的《野果》。

梭羅提筆寫《野果》是在一八五九年秋，但該書的構思和資料收集始於九年前。一八五〇年夏，他搬進父母家裡頂層剛裝修過的小閣樓（他和父母及妹妹住在一起），從此，每天從早到晚除了寫作閱讀，他還總會進行長時間散步。這時的他正好一下多了許多閒暇——此前五年裡，他寫了兩本書：一本是一八四九年剛出版的《康科德與梅里馬克河的一週時光》（*A Week on the Concord and Merrimack Rivers*），另一本是一八五四年出版的《湖濱散記》（*Walden; or, Life in the Woods*）。一八五〇年十一月六日，他在日記中寫道：「我覺得心裡有種想法成熟了，但就是不知道那是什麼，暫且放到一邊不管。」同年，他還在日記中寫道：「我的天職就是不斷在大自然中發現上帝的存在……」

已經出版的那兩本書當時銷路並不好，所以他還得為別人做些田野調查以補貼生活，也就是在這時，他開始對自然科學，尤其是植物學，產生了濃厚興趣。他在帽頂做了個小儲物架（他風趣地稱作「Scaffold」），這一來就能把感到有趣的植物標本採集後帶回家。散步時，他還常常帶一本介紹植物的書，可以隨時查閱。到了一八五〇年十一月中旬，他不但頻頻記下觀察結果，不再像以往那樣經常從日記本扯掉一些寫過的東西，甚至還索性把一些筆記和書上相關部分剪貼到日記上，省得抄起來麻煩。十二月，他當選為波士頓自然史學會通訊員，這一來他可以利用該學會藏書豐富的圖書館了，為他的素材整理提供了方便。六年後，回憶自己對自然科學產生興趣這一戲劇性變化時，梭羅寫道：

> 「記得當時我看著濕地，心想：要是我能認識這裡所有的植物該多好！要是我能叫得出這裡一草一木該多好！……我甚至想要系統化地學習，從而能瞭解這裡的一切……真沒想到兩年以後我就輕鬆做到了……我很快就開始對植物進行密切觀察，記下何時長出第一片葉子，何時開了第一朵花，不論早晚，不計遠近，都認真觀察記錄，就這樣有好幾年……就這樣，我跑遍家鄉方圓三十英里的地方。有的特殊植物長在離家四、五英里遠的地方，而我半個月裡會去觀察十餘次，就為了能確切知道它的開花結果，這同時還要去不同方向的一些地方觀察另一些植物……」

一八五一年春天，是梭羅將興趣轉向自然科學的重要時刻。當時他已經開始讀一些自然史的著作，並買了一個筆記本（他自稱為「普通筆記」）做讀書筆記。雖然這時他還沒有意識到自己心中的那個「成熟想法」是什麼，也不知道實際上這將是一個多麼宏大的項目，仍著手從自己日記中整理出一篇演講稿，即《行走，或者去野外》（Walking, or the Wild），並於當年四月二十三日在家鄉對大家進行了演講。（「演講結束時，掌聲大作，經久不息」——據他日記記載。）後來的幾個月裡，他著手畫了表格，列出目錄，標出每一季要注意觀察的植物和自然現象。正好這年春天，史密森學會（Smithsonian Institution）向全國發出公開信，號召「所有能記錄下不同季節自然現象的人記錄時令觀察結果」。這封信中列了一百二十七種植物，即標出了它們的拉丁名字，也標出了英文名字，要求觀察它們的開花日期等等。

史密森學會列的目錄和梭羅自己列的驚人地相似。這極大鼓舞了梭羅，也為《野果》的寫作奠定了基礎。為此，他還閱讀了許多植物學家的著作，學習植物學者的觀察記錄方法。就這樣開始了為期近十年的觀察記錄，為後來《野果》成書準備了詳實豐富的素材。而這一準備工作也使梭羅的思想產生了變化……近十年的認真觀察和仔細記錄，梭羅對自然的認識也深化並昇華。一八五一年，在一次演講中他介紹自己對大自然的觀點是：「整個世界都在大自然中得到保存養護。」十年後，他進一步意識到大自然促使我們改變了對自身和生存環境的看法，並因此促使我們動手保存養護這個世界。在《野果》的〈歐洲蔓越莓〉一章裡，他寫道：「於我，大自然就像是聖女。落下的流星隕石，或別的墜落天體，世世代代都受人

膜拜，是啊，跳出日常生活束縛，放開目光，就會把整個地球也看做一塊巨大隕石，就會虔誠地跋山涉水去朝拜它、供奉它。」他在本書結語中還提出應當盡可能保持原生態森林，這不僅有利於教育人們認識自然，還能進行有益身心的休閒娛樂。

　　儘管梭羅花了很多時間，但臨終前仍未能完成《野果》。去世之前，他將《野果》的手稿用一張厚厚的紙包起來，仔細捆好，和其他數千頁的手稿一起放進一個小櫃子（這些都是他花了多年心血精力完成，其中包括《野蘋果》）。在梭羅的葬禮上，他的恩師兼好友愛默生稱這本書是「未完成的任務」，並對此作了這樣高的評價：「該著作的工作量非常大，但作者早逝使其無法完成……我們的國家痛失一位了不起的兒子，損失無法估量。這一未完成的任務無人能勝任續寫工作，令人扼腕。但也唯其如此，我們更感到作者的高尚靈魂，儘管作者在世時我們已經認識到這一點了。」

　　一八六二年五月，梭羅去世。當時這些手稿應該是有條有理的。但七十八年後，也就是一九四〇年，那些手稿被送到紐約公共圖書館後，那只櫃子不見了，《野果》手稿的紙包也被打開了。原來，在被紐約公共圖書館的貝格（A. Berg）專館收藏之前的七十八年間，《野果》連同梭羅的其他手稿已轉手多次，最早是一八七六年由作者妹妹索菲婭轉交給梭羅生前好友布萊克，此人二十年後（1898）又交給梭羅生前認識的一位哈洛·羅賽爾，這以後就被書商收入（1904—1905），又經過兩道珍本收藏機構（William Bixby Collection, 1905-1934；W. T. H. Howe Collection, 1934-1940），才由紐約公眾圖書館貝格（A. Berg）館一九四〇年收入；收入時在目錄上登記為「果子的筆記」（Notes of Fruits）。這一來許多頁手稿就放亂了，

為日後整理造成很大困擾。不過，《野果》一書直到一九九九年才出版還有許多不得已的因素，手稿被放亂了難以整理固然是一個很大的原因，梭羅的筆跡難辨識（是出了名的）也是一個原因，尤其在他生命最後的一些年裡，他寫後都不曾好生謄抄整理，好像隨想隨寫，信手塗改，非常凌亂潦草，研究梭羅的專家、學者也感到難以解讀整理。一九九三年由島嶼出版社（Island Press）整理出版了梭羅另一部著作《種子的傳播》（*The Dispersion of Seeds*），事情發生轉機，使人們看到只要下工夫，梭羅晚年的手稿是可以整理的。另一方面，出版商也看到梭羅的讀者是一塊多大的市場，值得開發。更重要的是，《種子的傳播》一書還得到許多科學家、環境學家、藝術家和學者的高度評價，認為梭羅晚年作品的意義重大，而且文筆優美。於是出版商開始考慮這本《野果》，而學者也有了信心願意整理，就這樣在梭羅去世一百三十多年後，《野果》的手稿得以整理出版。

　　這本書堪稱梭羅的最後遺作，它不僅充分展現出梭羅對大自然的熱愛、觀察和神聖感，還是研究梭羅的重要資料。今天讀者能讀到這本書，要感謝的第一人就是麻薩諸塞州梭羅學會媒體中心負責人布蘭德利・P・迪先生，是他花了幾年時光，不辭辛勞破譯梭羅的筆跡，仔細查閱了梭羅的日記、筆記及梭羅提到的那些著作，才終於將這本因頁碼凌亂難以成章、字跡潦草難以卒讀而未見天日的手稿整理成書。做這樣一項工作，需要過人學識，需要敬業專注，還需要對梭羅的尊重和敬愛，以及願意默默付出而讓大師思想惠及天下人的奉獻精神。當然也要感謝紐約公眾圖書館的貝格館。布蘭德利・P・迪先生和貝格館可謂功德無量。

即使在美國，梭羅的舉止也很不容易讓人理解，其中一個原因就是他無論寫什麼都是自己切身體驗加上精密思索。曾經有很長的時間裡，他在瓦爾登湖旁搭建小屋獨自生活；又有很長時間他把自己「囚禁」起來，以示對當局不公正行為的抗議，並為廢奴運動和人權疾呼奔走。這本《野果》標誌著梭羅生命的第三階段：轉向對自然科學進行研究的階段。他一如既往，傾其心血和時間來做這件事，本書也是這個階段具有代表性的成果。

　　梭羅固然希望我們後人讀這本《野果》時能從更多更廣的角度進行思考對比，但他當時更是懷著一種對家鄉、對祖國的熱情來寫這本書的。一八五九年，他開始整理《野果》初稿。十月十六日那天的日記裡，他寫道，當天看到河邊有一處麝鼠的洞穴，他認為這正是「每年都會看到的現象」，應當「用寓言或別的方式寫進我寫的美國《新約》裡」。他還痛感美國在當時被歐洲和英國人的輕視，決心要藉這本書證明美國的地饒物豐，美洲人早在歐洲人到來前已有了先進的文明和文化。這本書中洋溢著對家鄉對祖國的熱愛和自豪，想必讀者今天仍能感覺得到。

　　即使在美國，梭羅的著作也不是那麼容易讓人理解，但這並不妨礙他成為人們喜愛、尊敬的作家。誠如研究梭羅的學者布蘭德利・P・迪所言：「從他的著作裡，學生可以學到妙筆生花的比喻，歷史學者可以審視到他對廢奴宣導者約翰・布朗的態度，哲學家可以理解他改良主義的真知卓識，植物學家會聯想到當今全球變暖的利害。」

　　新英格蘭人文風情和梭羅的思想成長之關係，聰明的讀者自然明白。在中學的歷史教材就講過美國獨立戰爭的發源地就

在麻薩諸塞州的首府波士頓，新英格蘭當年在北美地區最早表現出要從英國統治下獨立的意志，十九世紀又在美國廢奴運動中發揮了重要作用，也是北美工業化最早的地方。還值得一提的是，它還是美國最早建立義務教育的地區，人文思想始終走在前面，大家非常熟悉的哈佛、耶魯也都在新英格蘭（哈佛就在麻薩諸塞州的劍橋）。這樣的大環境，加上愛默生等人做良師密友，更兼自身的悟性、聰慧和良知，成就了梭羅，這說法應不唐突。但中國大多地區，尤其是南方一帶的讀者讀到《野果》中八月霜凍、六月才春暖花開，不免會有些意外；所以瞭解一點新英格蘭的氣候有助於理解這本書裡談到的自然現象：

新英格蘭位處美國東北部，瀕臨大西洋、毗鄰加拿大的部分區域。十七世紀初，英格蘭的清教徒為了逃避歐洲的宗教迫害來到這裡，屬美國最早開發的地區，故得名如許。這個地區包括康乃狄克、麻薩諸塞、羅德島、佛蒙特（青山州）、新罕布夏和緬因州，通常人們在地域概念上還將加拿大東北大西洋一部分也算在這個區域裡。由於地理位置，新英格蘭的氣候複雜多變，難以預測，但總體來說春季潮濕多雲，夏季短促，秋天來得早，冬季漫長。冬天不但走得遲，還有大量降雪（年降雪量多在 2500mm 左右）。由於夏天短促，這裡的樹葉變色也早於美國其他地區，以致成為美國著名的旅遊風景地。

一開始我並不敢譯這本書，除了深知自己學識根基淺，譯不好大師的著作會有負疚感，還怕文字太多理性、太多引經據典而譯得費神，所以很堅決地拒絕。最後轉了個圈這本書又到我手上，不料這反倒成為這麼多年來唯一一本譯得很快樂的書。作者的熱情和敘事的樸素感染了我，藉翻譯此書，不僅有機會再讀大師，更重要的是被作者對生命中美好事物的敏感而

感動、啟發。這本書的翻譯隨春天來臨開始，譯稿和春天的腳步一起走，在翻譯中我常常會心而笑，不被作者感染還真難。前面說到不同的人讀這本書會有不同收穫，而我就好像一直和梭羅一起在濕地、山間、樹林遊走，頂著烈日或冷雨，興匆匆地採摘野果，裝進衣服口袋或帽子裡，樂在其中。

　　這本書還有助於讀者更理解梭羅。大多數人因為《湖濱散記》知道梭羅，加之瞭解他與先驗主義哲學家愛默生的師生兼好友關係，容易誤讀梭羅，以為他是個隱士，抬頭只看星空，低頭只看湖水，平視眼裡只有瓦爾登樹林。這一來反而忽略了《湖濱散記》記錄的是如何更好觀察分析研究從自然界裡得來的音訊、閱歷和經驗，從而探索人生、思考人生、批判人生，闡述人生的更高規律，並用更積極的方式展開人生，超越人生。這種忽略和誤解，還使我們往往把他在瓦爾登的生活當成世外桃源的生活，逃避壓力的樣本，還覺得他講得再好，也很難效仿（如果不是友人愛默生買下那塊地讓他去蓋房居住，他本人也很難身體力行），所以更自慚形穢。《野果》能讓我們更明白他多麼熱愛生命，而他的學養、天賦和明達又使他在熱情擁抱欣賞自然時能深刻審視人與自然的關係。我們可以會意到：每個人心中有盞燈，如果願意點亮，就能有從平凡生活中獲取更多喜悅，也會有更多經驗，生命於是得以擴展。

　　我們大多數人不專門研究歷史、不窮其一生思考哲學、不能理解有機化學和二氧化碳及臭氧，也許還缺乏精英們那種批判反思意識，不能明確意識到梭羅也對工業化和後現代文明作了多麼富於遠見的批判，但這不妨礙我們享受梭羅的思想成果，仍能從這本書裡讀到生命、生活和自然，分享作者在自然裡的喜悅和充實，喚醒對自然和生命的感恩。讀一本好書猶如

行一段美妙旅程，旅行結束後，雖然你的空間看起來還是那樣，但微妙的變化卻從而產生，你的思考和行動也多少會有些變化。讀這本書也有如走上一段旅程，不會有波瀾壯闊、驚險曲折，卻會令人回味，還會有無數小小樂趣和收穫，因為我們的導遊和同伴是梭羅。這本書裡的梭羅與《湖濱散記》的哲人相比，更像個可親可愛的遊伴和植物學老師，聽他娓娓道來，覺得身邊一切草木這樣可愛和諧寶貴，原來生命就是這樣相互依賴、相互扶持。這本《野果》除了讀著輕鬆，想實踐也不難。帶上這本書同行，它還可以成為野果詞典或採摘指南。

我生怕將一些植物名稱譯錯，所以特別將原文標示的拉丁名字或英文保留，誠懇希望專家能指正，以後再版時能改正。另外原版中對非英文的拼寫一律斜體化，譯文也同樣處理。

最後向梭羅的忠實讀者發布一個資訊：如果你喜愛梭羅的人和文字，不妨考慮加入梭羅學會（Thoreau Society）和瓦爾登森林工程（Walden Woods Project），二者皆為非營利性組織，旨在保護繼承大師精神遺產。梭羅學會是研究梭羅的組織中可謂歷史最悠久、成員最多的一個，旨在鼓勵人們研究梭羅的生平、作品、哲學、徵集手稿等。學會有期刊，發表相關整理和研究成果。瓦爾登森林工程則為慈善公益機構，目的主要是：一、保護瓦爾登一帶生態和歷史文物；二、支持梭羅研究中心（Thoreau Institute，位於瓦爾登湖半英里處，為一研究教育機構）。欲瞭解更多詳情，可登錄網站、電話或去信。網址是：www.walden.org；通信地址：44 Baker Farm, Lincoln, MA01773-3004 U.S.A.；電話：（800）554-3569。

拿起這本書，再拿起一只籃子，走，和梭羅去採野果。

石定樂　地山書房 2009.5.10

Wild Fruits

野果

亨利·梭羅

前言

　　時至今日，雖身居其中，但對家鄉的土地有些什麼寶貝，大多數人還是未知，這些土地有如大海中的小島，等待航海的人來開發、探險。任何一個午後的散步途中，都可能會發現一種過去從沒入過我們眼的野果，而這種野果的甘甜滋味和漂亮色澤也會令我們驚歎不已。我自己散步時就發現了一些野果，其中幾種的學名和俗稱，我至今仍然一無所知；由此可見身邊尚不為人知的野果，即使不是無窮無盡，也堪稱為數量可觀。

　　康科德有很多地方都不起眼，我就專到這些地方尋找搜索。那些靜靜的溪流和濕地，那些樹木茂密的小山崗，都是我的新發現；在我眼裡它們不亞於探險家眼中印尼的斯蘭島和安汶島。

　　市場上那些從南方或東部運到這裡的水果，大家都熟悉，叫得出它們的名字，比如像柳橙、檸檬、鳳梨等等。在我看來，還是那些不起眼的野漿果更有吸引力，它們成熟的季節到來之時，我從不放過機會去野外採摘它們，能嘗到它們的美味也是野外旅行的樂事。我們煞費力氣將一些樹苗移栽到自家門前的園子裡，眼巴巴盼著樹苗長大結出美麗的漿果。殊不知美麗不差分毫的漿果就在不遠的野地裡，我們卻偏偏看不到。

　　熱帶生長的果實適宜在熱帶食用。離開熱帶，其絢麗色澤和甜美味道總要打折扣。運送到此地，只有來到市場上的人才會打量它們。可是對我這個新英格蘭長大的人來說，色彩養眼、酸甜誘人的並不是什麼古巴柳橙，而是就長在鄰家牧場上

的平鋪矮冬青。洋派的出身、豐滿的果肉、豐富的營養，即使是這些都不見得就會使某種果實的絕對價值增加。

可以買得到的水果對我們吸引力不夠，那些做議員的或是只會享受現成的人才非吃它們不可。成為商品的水果不但無法像野果那樣啟動想像力，甚至能令想像力枯竭萎縮。硬要我做選擇的話，十一月裡冒著寒冷散步時，從褐色的泥土上拾到的一顆白橡樹籽，放到嘴裡咬開後的滋味遠勝於精心切成片的鳳梨。南部的名媛可以繼續保留鳳梨，而我們有自己土地上的草莓就心滿意足了。據說食用鳳梨時要將「快成熟的草莓」打成泥後塗抹在上面，口味和果香會非常美妙。不妨請教高貴的女士，那些從海外運到英格蘭的柳橙，與樹籬上的薔薇果和越橘相比又有什麼短長？她或許輕輕鬆鬆說出其一，卻絕對不能說出其二。那就去翻翻華茲華斯[1]的詩集吧，或任何她讀過的詩集也行，看看詩人如何分得高下。

與加工方法繁簡和食用方式雅俗無關，這些野果的價值只在於人們看到它們後的視覺快感和心理愉悅。只要看看果實這個英文單字（fruit）的來源就可以證明此言不虛。這個英文單字源自拉丁文的「fructus」，本意是「可適當利用或能用來取悅的事物」。即使這不是事實，「採漿果」（go-berrying）和「逛市場」（go-marketing）兩件事給人帶來感受也是相似的。話說回來，無論掃地還是拔蘿蔔，從事任何工作時是否會感到興趣盎然都取決於你的心境。比方說桃子吧，不用說是色香味俱美的東西，但在桃林裡收穫桃子只是為了拿到市場上去賣，絕不會像在野外自娛自樂採漿果那樣快活自在。

1　William Wordsworth（1770—1850），英國「湖畔派」詩人。

花了大把銀子造船，添足設施，雇來壯漢童工，然後出海駛向加勒比海，又過六個月後滿載鳳梨返航。如果這次航行只是為了帶回這些東西，就算這次航行按大家的話說是「賺得盆滿缽滿」，我也覺得遠不如孩子第一次去野外採漿果有意思。雖然後者帶回家的不過是勉強蓋得住筐底的越橘，卻因此走到從未涉足的地方，體驗到成長。報紙和政客們都會另有一番正經的話要說——什麼要人也抵達了，又叫出什麼價格了——但這都改變不了這個事實。我還是認為野外採越橘意義大過前者，是一項產出重大的活動，那些報紙編輯寫的、政客們說的統統是扯淡。

衡量任何一項活動的價值都不能憑它最後盈利多少，而應該看我們從中得到多少長進。新英格蘭的一個男孩在擺弄柳橙或鳳梨時得到的收穫大於採摘越橘或拔蘿蔔，那麼他就完全有理由把前者看得高於後者，反之亦然。那些異地運來的水果固然好看，卻和我們並非關係密切；令我們感到親切的是那些我們親手採摘來的果子，為了採摘它們，我們不惜花整整一個下午遠足到濕地，不怕攀越山嶺的辛苦，只為了嘗鮮，只為了能在家裡款待友人。

一般來說，得到的愈少愈快樂，愈感到充實。富家少爺能得到可可豆，窮人小子只能得到花生豆，這倒沒什麼；糟糕的是小少爺根本不會處理可可豆，最終也不曉得怎麼能榨出可可油，而窮小子就能把花生做成花生醬。在貿易活動中，果實被奪去的往往是其最原始、最粗糙的形式——它的梗，它的莢，因為大自然顧不上精細柔美。就這樣，被去梗脫莢後裝進貨艙，運到異國，課了稅後終於上了貨架。

這是不可辯駁的事實，即在貿易中你不可能只抽出果實中

誘人的那一部分來買賣，也就是說果實最有用和最讓人愉悅的部分是無法買賣的。真正在採摘加工它們的人所能感受到的快樂是你買不到的。還有好胃口也是無法買賣的。簡言之，正如同你可以用錢買到一個奴隸或奴僕，卻永遠買不到一個朋友，對果實也是如此。

芸芸眾生總是容易上當受騙。他們總愛重蹈覆轍，而老路上總有這樣那樣的坑坑窪窪和陷阱，他們注定了會掉進這些坑坑窪窪和陷阱裡。為數眾多的青年一心要投身商務也總是堂堂正正的出路，更不用說那些教會和政界的人士了，都不應遭到輕視。那麼對於教會和國家來說，草原上那些紫色的杜松子除了有美學欣賞的意義，還有什麼別的意義嗎？杜松子確實受到牧人喜愛，此話不假，但凡生活在鄉村的人都喜歡它們，卻沒聽說有什麼地方的人採取什麼行動保護它們。誰看到它們都會悉盡採摘，不留半個在枝頭。可既然被當做商品買進賣出，它們也理應得到文明的呵護。英國政府鐵定代表英國人民，就問問這個政府吧。「杜松子有什麼用？」這個政府一定這麼回答：「可以做杜松子酒。」我從一篇報導中讀到，為了釀製杜松子酒，「英國每年從歐洲大陸進口成千上萬噸的杜松子果」。「可就是這樣大量的進口，」該報導作者寫道，「仍遠遠滿足不了消費者對這種烈性酒的巨大需求，以致不得不用松脂來填補杜松子不足的缺口。」這樣做對杜松子就不是適當利用了，而是濫用，是糟蹋。任何一個開明的政府（如果的確還有這麼一種政府的話）都不應該攪和進這種事情裡。就算一個牛仔也比這個政府明白得多。我們要明白是非，實話實說。

這一來，也千萬別以為在新英格蘭生長的果實都卑微低賤，不堪為人稱道，只有那些生在異鄉他國的才身價高貴，值

得流芳百世。對我們來說，本土所生所長的東西，不管是什麼，都比別人那裡生長的意義更重大。我們藉由這些本土生長的果實能在家鄉學習知識，滋養身體。相對進口的鳳梨、柳橙、可可和杏仁來說，家鄉的野草莓、野蘋果、胡桃和花生對我們增長見識起了更大作用，而單就口味和香氣評比，後者也會稍勝一籌。

如果認為我這樣未免顯得格調不夠，且聽我引用古代波斯國王賽勒斯的一句話：「佳果豐饒之地，絕非英雄勇士之出處，此乃天意。」

以下介紹的野果按筆者觀察順序一一道來。

榆樹果
Elm

　　五月十日之前（大約在七日
到九日之間），翼果形狀的榆樹種子
裡開始伸出嫩葉模樣的東西。這一來，還沒發芽、長新葉的
榆樹像是披著密密麻麻的小啤酒花。在所有的喬木和灌木中，
當數榆樹結籽最早。它們也未免太性急了，以致尚未落地時，
總被人當做真的新葉呢。我們這些大街上最早的樹蔭就是它
們的功勞吧。

蒲公英
Dandelion

　　在人跡罕至的地方、土壤含水多的河岸邊，約莫就在這
個時間，人們會發現那些地方不僅草長得更綠了，而且到處
都可以看到蒲公英的種子。也許我們還沒來得及多看，它們
就早早捧出那些嫩黃的小花盤──蒲公英種子就這樣長成並
包裹在可愛的球裡。男孩兒總忍不住要使勁對著這些小毛球
吹氣。據說這樣做可以預測自己的媽媽是不是需要自己去搭
個手，幫個忙──如果能一口氣把小毛球吹得一下全部飄散
開，就表示還不用趕著去幫忙。第一次看到這些絨毛在空中
輕盈自在地飄呀飄呀，漸漸落下，真是開心呀。這正是大自
然對我們最早發出的提示，即人生是有義務承擔的；大自然
還用這種形式把這道理告知我們。這一招既快又明確，真是
棒，這樣的造化神功，讓人望塵莫及。到了六月四日，蒲公
英已經把種子播撒在茂密的草叢中了。放眼望去，無數毛茸

茸的小球點綴著草地，孩子們則開心地拔下蒲公英多汁的梗子做指環玩。

柳絮
Willows

到了五月十三日，樹林周邊暖和的地方，垂柳醒得最早，積極地抽出了一條條嫩枝，每條約莫一到兩英尺。柳條上掛著長三英寸左右的柳絮，乍看上去還以為是些蟲呢。和榆樹的果實一樣，柳絮的顏色也是綠油油的，會被人當做柳葉。柳絮散開後紛紛飄下，如果說最先播種的是榆樹，那柳樹就是第二。

又過了三、四天，金絲柳和柳樹中最袖珍的高地矮柳又開始飄柳絮了，這些樹通常比白楊和樺樹更喜歡乾燥，所以總長在地勢高的地方。矮柳的柳絮通常在六月七日前就飄盡，即把自己的種子播下了。

菖蒲
Sweet Flag

才不過五月十四日呢，河畔的菖蒲枝幹上生葉的分叉處，已經萌發一些細細的小東西，這些小東西綠綠的，既是果實也是花苞。我常拔出菖蒲，吃它的嫩葉。早年的植物學家吉羅德[2]，曾這樣描述菖蒲：「菖蒲之花形狹長，極像香蒲之花，

2　John Gerald（1545—1612），英國植物學家。

色澤淺褐；粗細與普通蘆葦相仿，長約一寸半，綠中帶黃，深淺斑點交織，猶如用綠、黃兩色絲線精心穿插繡成，令人稱奇。」

五月二十五日這天，花苞雖已怒放，但花蕾仍然柔嫩，十分可口，足以讓我這樣飢腸轆轆的行人解饞果腹。這時的菖蒲剛剛長得露出水面，我就常常移舟靠近菖蒲集中的水域，進行採摘。連孩子們都知道，愈靠根部的葉子味道愈好。麝鼠喜歡吃菖蒲，孩子們的喜歡程度也不差。六月裡，我常看到孩子們一大早就出發，去採集菖蒲，哪怕要走一兩英里也不怕。然後，他們帶回大捆連著葉子的菖蒲，回到家後再悠悠閑閑地把葉子扯下來。六月過了一半，花謝籽結了，菖蒲也就不好吃了。

春天，搓揉一下菖蒲嫩嫩的枝幹，就能聞到沁人的幽香，妙不可言。這幽香該不是年復一年從潮濕的泥土裡吸取來的吧。沒錯，準是這樣。

吉羅德聲稱韃靼人（Tartars）一直對菖蒲的根非常看重，「他們對此看重到這一地步，沒有浸泡過菖蒲根的水不能飲用。他們只喝用菖蒲根浸泡過的水」。約翰・理查森爵士[3]則告訴我們說：「印第安克里部落的人稱菖蒲為『watchuske-mitsu-in』，意思是『麝鼠吃的東西』。」美洲的印第安人用菖蒲的根治療疝氣，「將根切成豌豆大小的碎粒，用火焙乾或用太陽曬乾，成人劑量為一次一粒……用於治療兒童時，則將其碾碎成粉末，放入一杯水中服下」。誰小時候沒有喝過這種苦藥呢，當然，為了安慰孩子，父母總會在吃藥後再給孩子一塊糖（不過克里部落的孩子就沒有這種優厚待

3　Sir John Richardson（1787—1865），蘇格蘭探險家。

遇了），這恐怕是印第安人最古老的藥方了。好吧，就讓我們像麝鼠一樣來迎接夏天吧。我們可以和麝鼠共用菖蒲，麝鼠尋找菖蒲時得到的樂趣就和我們尋找蒲公英一樣。麝鼠和我們彼此是如此地相像。

柳葉蒲公英（鼠耳草）
Mouse-ear

大約是五月二十日那天吧，我看到柳葉蒲公英結出了第一批籽，並和矢車菊同時各自將種子隨風揚到草場四處，密密麻麻，連草地幾乎都讓這些白色的種子染白了；這還不夠，有些種子還落到池塘裡，漂在水上。這些小東西的身材此刻可高多了，不像當初開花時那麼貼在地上，讓我們這些採花的人得費力彎腰。這種似乎與生俱有英國氣質的植物，在吉羅德筆下被這麼描述：「這些草只長在不適於栽種的地方，如河邊的沙地，只要陽光充足就能生存。」

槭樹翅果
Maples

五月二十八日上午，我看到銀槭結的翅果漂在水上。被吉羅德稱作來自歐洲山地之「了不起的槭樹[4]之果」就是這些東西。對槭樹的花進行了一番描述後，吉羅德如是說：「花期過後，枝頭就掛上了這種長形的果實，它們對生著，彼此緊貼，除了在相連接處結的果仁明顯突出，整個果實都

4　槭樹是槭樹科槭屬樹種的泛稱，其中一些種俗稱為楓樹。

扁平猶如羊皮紙，亦如草蜢腹部的那對薄膜。」

　　二十日左右，銀槭上的翅果就很明顯了，這些翅果不算小，長約兩英寸，寬約一英寸半，色綠，翅果靠果翼處的邊緣呈波浪紋，看上去就像馬上要產卵的綠色大蛾一樣。到了六月六日，這些翅果已經落了一半。就我所觀察，槭樹果落下的時間正逢天蠶蛾破蛹成蛾，那一陣總可以在河面看到天蠶蛾的蛹殼和破碎的槭樹果囊。

　　紅槭的翅果長不及銀槭的一半，其美麗卻遠勝於後者。五月，大多數樹枝頭繁花似錦，而紅槭樹上結的翅果非花卻勝過花，美得令人駐足。隨著果實漸漸長大，紅槭樹就像赤樺一樣，好似被染成了棕紅色。五月中旬，窪地周邊生的那一圈紅槭果實都漸成熟，成為那一帶最養眼的一道風景，在陽光好的日子裡看過去，真比滿樹錦繡還耐看。

　　現在，我站在窪地中的一個小丘上，觀察到一株樹齡不高的紅槭在根部向陽那一側長出了許多枝枒。這棵樹上掛的果實顏色鮮亮，深紅又帶點粉色，垂下來足有三英寸長。掛滿這些對生果實的樹枝努力向天仰起後再委婉地往下，線條優雅動人。樹枝的顏色比翅果稍微深沉一點，任意地向四周伸出，輕輕顫動在微風中。

　　像棠棣屬類的花葉一樣，槭樹結出俊俏果實也遠早於長出葉子，更遠早於其他的樹長出葉子。剛進六月，這些果實就長在枝頭，但這時大多數果實還不是深紅色，而是較淺的紅色。這些槭樹果變成深紅色則要等到六月七日左右。一進入六月，大多數樹都進入花季，並開始掛果。此時現身的還有青葡萄。

草莓
Strawberry

　　說起好吃的果子，一年中就數草莓最早成熟。進入六月才第三天我就發現它們了，不過多數果實得再等一個星期才能成熟，也就是十日左右，仍比人工栽培的上市時間要早。草莓口味最佳的時候是在六月底，但草原上的草莓還得推遲大約一週，甚至到了七月仍然能在草原上採到草莓。

　　塔瑟[5]終身堅持只為最辛苦的農業勞作寫詩，就連他也不禁在《九月》中用樸實的文字吟唱道：

> 賢妻，快到園裡，闢一方地，
> 栽下草莓，須知此物非尋常，彌足珍惜；
> 藏身野外，林中荊棘，千般尋得，
> 精心侍弄，溫柔採摘，果中佳品，此言不虛。

　　植物學界前輩吉羅德也曾生動地描述英國草莓，雖然那是在一五五九年之前的事，但仍可用來形容我們今天的本地草莓：

> 「草莓的葉子匍匐在地上，有匍匐枝，複葉，
> 小葉三片，橢圓形，邊緣具缺刻狀鋸齒，呈綠色，
> 至頂端漸趨白色。花白色或略帶紅色，每朵另由五
> 片小葉組成花托。花托中心淡黃，以後增大變為肉
> 質。其色紅，而滋味不同於桑椹，近似山莓，有酒

5　Thomas Tusser（1524—1580），英國農民詩人，詩風簡明樸質。最著名的作品是詩集《耕種的百利》（*A Hundreth Good Pointes of Husbandrie*, 1557）。

香，肉質部分多汁色白，藏有小籽。草莓植株矮小，
有短粗的根狀莖，逐年向上分出新莖。」

　　他還對草莓的果實進行了補述：「就其營養來說，充其量
只是點水分，一旦食用沒有及時排出會令人不適。」

　　五月十三日那天，我看到的草莓還是青青的。又過了兩三
日，我散步爬上一座光禿禿的小山，接著下到南坡，因為這裡
較為乾爽，而且也間或有些低矮的樹木，不那麼空曠。就在這
樣的坡地上，我眼前一亮 ── 看到了草莓果的身影。於是這
地方立刻就讓我喜歡了，在這樣一個貧瘠的山坡上仔細尋覓，
發現在山坡上最乾燥也是陽光最無遮攔之處，總會有零零星星
幾株草莓，掛著紅紅的草莓果。我把這看作是成熟的紅色，而
實際上卻只是向陽的部分才泛紅罷了。後來，在鐵道路基的沙
石處我又看到一株幾乎被完全壓住的草莓，甚至在一個牧場裡
大坑的沙子中也能發現它們。好像天意也要珍藏這些寶貝，草
莓附近總會有些植物垂下泛紅的葉子，如不刻意留心，即使草
莓掛了果也很難發現。草莓就是如此生性謙卑，匍匐而生，猶
如不起眼的地毯。這樣伏地而生又能食用的野果，大概只有這
些在高地最先結果的草莓了。不錯，蔓狀苔莓也是這樣挨著地
面蜿蜒，又能結出可食用的果，不過這種果實需煮熟加工後方
能入口。

　　古羅馬詩人維吉爾[6]對草莓的描述可說是畫龍點睛：「草
莓貼地生。」

　　什麼樣的清香和甘甜能和這精緻的草莓果相比？它只是自

6　Virgil（70 B.C.─19 B.C.），羅馬詩人。

顧自地在初夏時鑽出泥土，從未得到人們的眷顧和照料。這種集美麗與美味於一身的天然食物是何等美妙啊！我趕緊採摘這今年野外結成的第一批果實，即便有一些靠近地面的部分還泛著綠、還漫著酸青氣，也不管了。有的是挨著地皮結的果，所以吃起來還有泥土香撲鼻而來呢。我吃了好多，連手指和嘴唇都被染紅。

隔天，我又來到這裡，在草莓長得最茂盛、果實最甜的地方採了幾捧熟的草莓，或者說我硬要把它們當成熟了而採下。不可避免的，我第一次聞到了蟲子的氣味，甚至還吃進嘴裡；這是一種很奇異的蟲子，屬於盾蝽（Scutellarides）一類吧。這種蟲子的氣味和園子裡常見的一種蟲子差不多，也算是這個季節捉弄了我一回。這種蟲，正如大家知道的那樣，就偏偏喜歡爬到植物果實上並留下自己那種特別的臭氣。像那種占著食槽的惡狗一樣，盡做些害人又不利己的事，糟蹋了好果子，而自己半點好處也沒得到。也不知冥冥之中是何種力量把牠引到這第一批的草莓身旁。

要找到最先結出的草莓，就去草莓喜歡的這些地方——小丘旁，山坡上；對了，還有每年冬後牛群出欄去牧場時，途中會因為要爭當領頭牛而一起發威，用蹄子使勁刨出的小沙坑裡以及周邊。有時，牛群刨地揚起的土也讓草莓變得灰頭土臉的。

整個春天裡，我都仔細觀察、長期記錄，卻還是弄不清草莓緣何有其難以言表的獨特香氣。也許，那來自泥土裡的芬芳，是千百年聖賢的哲理名言在那裡醞釀而成。雖是花開後才結的果，但我並無觀察到草莓開花。不過，可以肯定的是，由於這是造化神功奉獻一年之中最早的美果，所以一定是將春天裡所有的馥郁芬芳賦予了它。來自天賜，歲月悠悠，其芬芳也

悠悠。難不成每一顆草莓的汁水裡都濃縮了大氣中的精華？

　　草莓早就因其香氣和甘甜而美名遠揚了，據說其拉丁文命名為「fraga」正是因為這一點。與平鋪白珠果香氣一樣，草莓香氣也是多種香氣的複合。一些常綠樹的嫩枝枯萎後都發出這種香氣，尤其冷杉樹所發出的特別濃郁。

　　幾乎沒人能明白說出哪裡才能尋得這些早早結果的草莓。實際上，這是印第安人的古老傳統智慧。在星期天的早上，他們之中一些被稱作學徒的人正好從我眼前這條小路走過，目標是那些小山崗，我對此瞭若指掌。無論他們在什麼樣的工廠或作坊學藝，平日深居簡出，一旦到了草莓結果的季節，他們就冒了出來，如同先前提到的那種蟲子般絕不錯過，把這些果子採進懷裡。這是他們與生俱來的本事。只有他們有，別人無論如何也得不到真傳。我們一般人幾乎沒法搶在他們前面採到。

　　那些種在園子裡的草莓、用筐盛著在市場出售的草莓、被精於算計的鄰居一份份量好置於盒裡賣的草莓，我都看不上眼。我心儀的草莓是那些在乾燥坡地上一簇簇、一叢叢野生的。自在天然，一看到就忍不住要採下捧在手中。沒人雇園丁來澆水灌溉、除草施肥，它們卻生機盎然，枝蔓匍匐地蓋住了周邊光禿禿的地面，點染得泥土也平添了幾分紅色。有的地方土壤貧瘠寸草不生，卻只有草莓生長，其枝蔓順勢蜿蜒，長達十來英尺，宛若一條紅色的長帶，好不教人讚歎。當然，如果短期內不下雨，這些草莓也會旱死。

　　有時我會在另一些出乎意料的情況下採到草莓。一次沿河放舟我遇到了雷雨，只好匆匆將船弄到岸邊，這片河岸正好是個大斜坡，我就把船翻過來當成擋雨的小屋，在船底下貼著地面躺了約莫一小時。妙的是居然這樣也發現草莓──雨停了

以後，我爬出小船舒展筋骨，踢踢腿，伸伸懶腰。就在那時看到五公尺外有一小片結了果的草莓，每一顆都鮮紅晶瑩，我連忙摘下，吃得乾乾淨淨，一點兒也沒剩下。

上蒼賜予我們這種果實，我們接受卻難免有些不舒坦。六月已經過了一半，天氣乾燥卻又常常霧氣沉沉。看來，我們似乎從天堂下來後就進入了混沌的俗世，清明不再。連鳥鳴也少了生氣和活力。這正是這種可愛的小草莓果實的成熟時分，人們心中已無太多希望和願景。由於已分明看見希望距實現遙不可及，人們不免傷感。天堂美景都隨眼前的薄霧飄散，所留下的是星星點點的草莓。

我曾發現有的地方草莓雖然長得很密集，卻都葉子茂盛而掛果稀疏，這是因為營養大多在旱季來臨時被葉子抽走了。只有那些匍匐於地勢高處的草莓才能在旱季來臨前結果。

許多牧場上也常可看到密集生長的草莓，葉子過於茂盛但不結果。然而，有的牧場上的草莓葉子、果子都長得好，這種草莓叢一眼看去就很漂亮。到七月，這些牧場上的草莓也都熟了，引得不少為了採集它們的人心甘情願在長得高高的草叢裡穿梭。千萬別指望一眼就在草叢裡瞧見草莓的果實，唯有費力去撥開那些高高的草葉，在地面上搜索才行。它們扎根在一些太陽照不到的小坑裡，而這時其他地方的草莓早已因旱枯萎了。

一開始我們雖不過為了嘗個鮮，最後卻老是採得停不了手，結果指尖所沾染上紅紅的果汁與香氣總要等到來年春天才會消散。在這樣一些地方行走，一年裡若能採到兩三捧草莓就覺得收穫頗豐了。我總是把成熟草莓和還沒有紅透的，甚至草莓葉混在一起做成沙拉，而回憶這種沙拉味道時只對成熟草莓的香甜念念不忘。在遠離海岸的地方就不是這麼一回事了，因

為草莓喜歡涼爽的地方，所以那裡的草莓多，不稀罕。據說草莓的老家是阿爾卑斯山和高盧地區，但「希臘人卻不認識這種東西」。往北走一百英里是新罕布夏州，那裡的路邊草叢裡都有很多草莓，毗連著新墾的荒地上的樹樁周圍，都有大量的草莓等著人採。你簡直想像不出那裡的草莓有多麼鮮活，多麼茁壯。一般而言，有草莓的地方附近就有鱒魚，因為適宜鱒魚的水和空氣也同樣適合草莓生長，所以在那裡的旅舍裡可以買到新罕布夏山地草莓，也能買到釣鱒魚的魚竿。聽說在緬因州的班戈市，炎熱的夏天裡，草莓跟草生在一起，雖然草長到齊膝高，人們卻可以順著芬芳找到它們。還是在緬因州，佩諾布斯科特的高山也是草莓豐饒之地，順便說一聲，站在那些高山上可以遠眺十五英里以外雙桅船鼓起白色風帆在水面航行。上述這些地方，除了銀餐具罕見，其餘什麼都富足，人們聚會時把草莓大碗大碗地放進牛奶桶裡，加入奶油和砂糖一起攪拌，人手一把大匙子圍在桶旁好不開心。

《北洋放舟》（*Journal to the Northern Ocean*）的作者赫恩[7]寫道：「印第安人叫草莓為『心果』，因為草莓果實的形狀像一顆心。甚至北至邱吉爾河[8]沿岸都能看到草莓，不但個兒大，還特別味美。」他說得沒錯，尤其是燒過的荒地上長出的草莓結果最甜。據約翰·佛蘭克林爵士[9]說，克里部落的印第安人

7　Samuel Hearne（1745—1792），英國探險家。
8　Churchill River，位於加拿大薩斯喀徹省和馬尼托巴省北部，是加拿大地盾區的主要河流，河流全長一千六百零九公里，向東最後注入哈得遜灣。
9　Sir John Fronklin（1786—1847），英國皇家海軍軍官，北極探險家，曾繪出三分之二的北美洲北部海岸線圖。

叫草莓為心形果，而特納[10]說奇普維部落的印第安人則稱其為紅心果。其實都是同樣的意思，就是像一顆心一樣的果子。特納說，奇普維人常常能見自己去了另一個世界，在途中他們看到已故人們的靈魂圍在碩大的草莓旁大吃特吃，於是也拿出大匙子挖下一塊果肉吃，但放進自己嘴裡時就變成岩石了——遍布蘇必利爾湖區的那些粉紅色岩石。在達科他方言裡，六月又被叫做 Wazuste-casa-wi，意思是「草莓紅了的月份」。

根據威廉・伍德[11]一六三三年前後出版的《新英格蘭觀察》（*New England's Prospect*）中的描寫：當時這一地區野生草莓可謂處處皆是，果實也大得多，但自從人們將其人工栽培並予以品種改良後就盛況不再了。「有些草莓，」他寫道，「長到約兩英寸大，一個上午輕輕鬆鬆就可以採到一蒲式耳（約36升）。」何等佳果，原來只應生在奧林匹亞山上供奉眾神受用，它卻也甘心用那朝霞般的紅色為這兒的土地塗上一抹紅暈，為其增添光彩。

羅傑・威廉姆斯[12]在其著作《解密》（*Key*）中寫道：「英格蘭一著名醫生常說：只有上帝才能讓草莓變得更完美，但上帝也沒有這麼做，因為草莓已經很完美了。有些地方，已經由當地人進行草莓的栽種，我多次發現沒幾英里的地盤內收穫的草莓竟足以裝滿一艘大船。印第安人把草莓在研缽裡臼爛後與穀粉和在一起，就這樣做出了草莓麵包……且有好些日子都只好以這種麵包為唯一的食物。」

10　John Mallord William Turner（1775－1851），最著名的風景畫畫家之一。

11　William Wood（1745－1808），英國神學家兼植物學家。

12　Roger Williams（1603－1683），英國神學家。

而《新法蘭西自然史》（*Natural Histoey of New France*, 1664 年出版）的作者鮑徹布舍[13]告訴我們在所有的新法蘭西地區[14]，都盛長覆盆子和草莓；而《兄弟會北美傳教史》（*History of the Mission of the united Brethren among the Indians of North American, especially the Delawares*, 1794 年出版）的作者羅斯凱爾[15]在書中，特別是在〈德拉瓦族〉（Delawares）一章中說道：「這裡的草莓不但多，還果實碩大，以致整個平原好似被覆蓋在一只巨大的紅幕下，好不燦爛。」一八〇八年，一個南方人，姓皮得斯吧，在寫給費城某個協會的信中證實：維吉尼亞某處有片方圓八百英畝的樹林，於上個世紀毀於一場火災，而後那裡就長出了遍地草莓，欣欣向榮。他作了以下陳述：「凡此處所長草莓，皆豐茂興旺。另據此地傳言，草莓結果成熟時，果香四溢，雖在遠處，亦可聞及。更有人稱草莓開花，四野繽紛，花朵墜地，凌亂成泥，時有精靈顯現，雖未經證實，但眾說紛紜，不可不信。此一美景引來蜂群無數，蜂鳴如陣陣歌聲，更催得花果茂盛。平原、山巒，悉數被此物妝點而成為原野佳境，如詩如畫。」

據新罕布夏的歷史學者們考證：「與尚未被墾荒時相比，這裡的草莓現在已經減少了許多。」其實，減少的不僅僅是草莓，還有乳酪。前面提到，草莓的拉丁文命名「fraga」完全

13　Pierre Boucher（1622—1717），法國天主教傳教士，一六三五年隨其父至加拿大。

14　指十六世紀起到《巴黎和約》（1763）前法國在北美的領地，《巴黎和約》簽定後，法國所有的美洲領地都分給了英國和西班牙。新法蘭西的最大疆域包括加拿大東南的大部分地區、大湖區和密西西比河谷。

15　George Henry Loskiel（1740—1814），摩拉維亞主教。

　野果 🐛
Henry David Thoreau

仗著它妙不可言的甜美香氣，可當長在人們精心施過肥的土壤中，這種芬芳便消失殆盡。若希望得到這種聖女般純正的果子，希望依然聞到這種神奇絕倫的芳香，那就往北方去，在那些清涼的河岸上尋找。太陽把光芒灑在那裡時，很可能把草莓的種子也撒在了那裡。同樣可以去東北的印第安阿西尼博因部落，那裡傳說無邊無際地長著草莓，誘得馬和水牛流連忘返；還可以去北極圈的拉普蘭，就有人從書裡瞭解到，那兒低矮房屋背後高聳的灰色岩石上「點綴著野生草莓的猩紅——拉普蘭的大地上到處都長著草莓，遍布四處的草莓甚至把馴鹿的蹄子都染紅了，被染紅的還有遊客們乘坐的雪橇。那兒的草莓口味濃郁，甘甜無比，難怪沙皇專門派遣使者把那裡的草莓運到千里遙遙的皇村夏宮。」拉普蘭的日照不強，不可能催紅草莓，所以那裡的草莓不像其他地方的那樣熟透。草莓這個名字實在有點土氣，因為只有在愛爾蘭和英格蘭，人們種草莓時會把稻草鋪在土上。對拉普蘭人和奇普維人來說，這名字實在不美妙。還是印第安人起的名兒好——心果。彷彿天意，初夏時當我們咬開一個草莓，就真的像吃下一顆紅彤彤的心，勇氣豪情頓時油然而生，一年餘下漫長的日子裡就能面對一切、擔當一切。

　　偶爾也能在十一月時發現幾顆草莓，這是落果後發出的新枝所結的果。這些意外長出的果實紅若夕照，難道不是對那些朝霞的回應嗎？

蟲癭結節
Galls And Puffs

　　當橡樹剛剛開始長出新葉時，各種各樣形同果實的蟲癭結

節也出現了，比如說假越橘（huckleberry apples）等。六月六日那天（還包括之後的幾天），在馬醉木的灌木叢裡我看到一些顏色淺綠的囊袋狀的結節，這些東西個頭不小，直徑約兩英寸半到三英寸，有的一側還略帶紅色。雖然外觀上，和遇濕熱天氣就會從枝頭落下的加拿大李頗為相似，這些東西卻能堅強地掛在樹叢，變得黑糊糊，一直到冬天來臨還在那裡顫抖著。這種時候美髯蘭（swamp pinks）上也能看到些蟲癭結節，不過這類的個頭小一些，顏色略略發白，似乎更加結實，裡面的汁也多些，它們開裂後發出的氣味和真菌類的相似。

　　我曾與一個行為懶散、性格怪異的人[16]有過交往，他告訴我，他把這些東西統統稱作濕地菌癭果。他很喜歡這種東西，並深信自己年幼時所吃下去的絕不少於三蒲式耳！看來，他的習性也正是這些東西養成的嘍。

柳樹
Willows

　　六月十日前後，遠遠就能看到河堤上的銀柳（White willows）已經結苞了，從苞裡長出的黃色子房微微垂下。到了十五日，傍河而生的黑柳（Black willows）也揚花結子，柳絮飄落，撒到水面，這樣的光景會持續一個月。到了二十五日，河上泛舟的人會看到一番有趣景象——這些柳樹枝上掛了東西而變得色澤奇異，好似被撒上了一層粉綠，就像樹上結了果一樣。

16　據考證梭羅一八五六年五月二十日日記，此人姓海恩斯（Haynes），是個木匠。

棠棣
Shad Bush

棠棣果俗稱六月果，到六月
二十一日就可以吃了，但最佳時期
還要等幾天，大約是在六月二十五日
到七月初，並一直到八月都還能採集
到。此地的棠棣有兩種，分別叫小山棠棣
（bitryapium）和長葉棠棣（oblongifolium）。
前者要高些，葉面光滑，大多叢生在地勢較高的地方；後者
只有六英尺高，葉面不那麼光滑，生長在地勢較低的地方。
勞登 [17] 稱前者為「加拿大歐楂……野生梨樹」，總之，比後者
出現的年代來的久遠。

若說到可食用的果實，棠棣果是繼草莓之後，一年裡第二
種轉成熟的果實，而稍晚就有藍莓了（藍莓剛長出時正是棠
棣果的高產時節）。在樹木或灌木結的果實中，從時間來看，
則當數棠棣果最早。

五月十五日左右，有些棠棣枝上的花謝了，長出了細小
的子房。除了柯利果（critchicrotches），所有可食用的野果的
最初成型都像這樣。不過草莓可能不這樣吧，而青青的醋栗
和黑醋栗惹人注意的時候又還沒來。到了月底（三十日了），
棠棣果實已經有豌豆大小了，這可比其他任何一種樹上結的
漿果都要大喲。再等一個星期，就會為這些青綠色小東西膨
脹的速度感到驚訝，當然那些長在低處的藍莓呀，稠李呀，

17　John Claudius Loudon（1783—1843），蘇格蘭植物學家、園藝設計
　　家、《園藝》雜誌編輯。

也都長得很快。不過就是這麼一下就由花而果了。

　　六月十七日再看到它們時，發現它們已開始紅了、軟了，即使還沒熟透也能吃了。而若不採摘下來，再過三四天，會發現它們更紅。一片大紅中會夾雜些紫紅色的果子，就表示完全熟透了。這種熟透的果子顏色很深，近乎醬紫色，通常是紫紅；不如沒熟透的大紅好看。無論從顏色，還是從個頭和生長期來看，棠棣果和某種藍莓相似，雖說肉質軟一些，但橢圓的果形，上端還連著細細的梗兒與不離不棄的葉兒，就像小個兒蘋果或梨。每每你會發現果實通體都遭到各種蟲子的傷害，或者明顯被鳥啄食過，遍體鱗傷，幾乎不成形。即使這樣，我還是找到了幾顆僥倖逃過大劫而平安成熟的果子，吃了以後我不得不說它們的味道和藍莓、越橘難分高下。小型樹上結的果子裡它們也許算得上是口味最好的，遺憾的是因為數量不多，因此缺乏足夠吸引力和關注度。小山棠棣的果子外層柔軟，而長葉棠棣的外層就堅硬得多。

　　這一帶的棠棣並不多，所以人們不容易看到成片的棠棣。沿著阿薩貝特河[18]河畔的科爾貝恩農莊，生長著一個小樹林，樹林盡頭有一處窄窄的窪地草場。這裡似乎很久以前還是河床的一部分，而就在這裡，我竟然看到了密密的棠棣林，可真是罕見。那天是一八五三年五月二十五日。這當然讓我欣喜若狂，也許我趕上了好時候吧。在包括一種叫胖胖鳥在內的眾多小鳥啾啾聲陪伴下，我採摘下了一夸脫（約合 1.1 公升）的果子，這些小鳥一定也在為這些果子抓狂。那片低矮的棠棣叢林茂密，隨風微微起伏，在其中來去穿梭地採摘時，我覺得自己

18　距波士頓以西二十英里的一條小河。

彷彿身處遙遠的北方，可能是加拿大的薩斯喀徹河[19]河灘吧。划著平底船，環顧四周，別無他人，唯有河岸盡頭天連地接處才有村舍點點依稀。次日，我用採回的果子做布丁，吃起來像是用一種櫻桃做的布丁，不過沒有核，也沒那麼多水分。還是直接生吃的風味好。有些上年紀的農夫聽說後，都表示詫異。有位還說：「呵，我在這裡住了七十年了，別說從沒看到過這玩意兒，連聽說過都沒有呢。」

後來一次是一八六〇年的七月三十日，有人領我來到馬西亞・邁爾濕地的西南邊莎草灘，說他曾在這一帶發現了很多的棠棣，而且每一顆都果體完整，沒受蟲害，料想他說的是長葉海棠吧。這塊地方地勢略為低坦而開闊，並非特別低，周圍有一片小樹林環繞。林間錯落分布著一些灌木叢，從前這裡還是大森林時這些樹叢沒能活下來，現在又欣欣向榮了。就在這樣一個地方，長著茂密的棠棣叢林，林帶長約一桿[20]，一棵棵高不過三英尺。這番景象著實吸引人，因為它們美得不俗，樸質的風韻令人流連。這片棠棣的面積比通常的越橘樹叢要大那麼兩三倍，墨綠葉片的形狀有點像白楊樹葉，枝葉下藏著不規則生長的短短花序與紅得深淺不一的果實，似乎所有的紅色都集中在這兒展現。那些奪人眼球的紅色果子——因為其中大多數都變成紅色了——都結在不甚茂密的枝上，紅彤彤的果實和墨綠的樹葉相映，色彩對比強烈。這些帶果的枝條多半比其他枝條更努力地往高處伸，於是得到更多的空氣和空間，使我聯想到了冬青樹。熟透的果子和已轉成醬紫色的果子直徑都不

19　加拿大的主要河流，全長五百五十公里，向東流經薩斯喀徹省和馬尼拉巴湖，注入溫尼伯湖。

20　長度單位，一桿約 5.3 公尺。

過半英寸。如此一片貧瘠的荒涼灘頭，生長的樹也難得結果，在這樣的地方居然看到枝繁葉茂、果實纍纍的景象，教人喜出望外。這種果實的奇特之處就是色澤大紅的雖不如深紫色的熟，卻比熟透了的要可口。我還以為，夏天多雨又涼爽，這種果實才能結得又多又好。

雖說口味不錯又很新鮮，但我仍覺得越橘和藍莓的滋味更勝一籌。科德灣頭一帶更是棠棣的福地，那裡人們稱它為佳士梨（Josh pears），據當地人解釋這個「佳士」是「汁水多」（juicy）的訛傳。

棠棣得到真正改良的地方是英國人落腳駐足的部分美洲。北美的印第安人和加拿大人都把它當成下人吃的果子。理查森說：「伐木工人、勞工和下人才吃這種果子，克里人稱其為『misass-ku-tu-mina』，道格力部落人稱其為『Tche-ki-eh』。愈往北，這種植物愈沿著河流兩岸鋪開生長，開花結果，順著與加拿大麥坎西河平行的六十五公路向西直進到太平洋邊。所以在加拿大的新斯科舍、紐芬蘭、拉布拉多，還有美國北方的各州，棠棣都不是稀罕物品。這些深紫色果子的大小和一個梨差不多，味道很好，容易曬乾。曬乾後和肉乾一起做布丁，簡直和葡萄乾一樣好。」據說在這些地區棠棣果也是最好的水果。若我們認為有草莓的地方就有鱒魚，那麼我們也可以說有棠棣的地方就會有西鯡魚，當棠棣花染白了山坡或河岸時，就是捕捉西鯡魚的好時候。

在我們這個小城裡，總能看到棠棣的變種，樹身高達二十

英尺。喬治·B·愛默生[21] 形容在切斯特[22] 看到的一株這樣的棠棣樹說：「高約五英尺七英寸，這是從五英尺處開始量得的資料。」我也曾在新罕布夏州西南的蒙納多克山見過十分袖珍的棠棣樹。

矮灌早熟藍莓
Early Low Blueberry

矮灌早熟藍莓又叫小矮人藍莓（dwarf blueberry），植物學家稱其為賓夕法尼亞藍莓（Vaccinium pennsylvanium），它的果子在六月二十日就成熟，而六月中旬就在市場上開賣了。它的盛產期應當是六月二十五日前後。如果有別的樹木庇護遮擋，矮灌藍莓果還可以結到八月呢。在山區，結果的時間則要再晚一兩個月。

以前，歐洲植物學家總把北方長的東西統統歸到加拿大的名下，南方則是歸到維吉尼亞或是賓夕法尼亞，幾乎沒有什麼植物冠以新英格蘭或紐約。之所以這麼做，不僅僅是為了容易從地域上區分，還因為維吉尼亞這個地名容易讓人想到這個地方的菸草貿易。甚至連馬鈴薯也被冠以維吉尼亞，儘管這玩意兒原產地壓根和那裡搭不上邊。給植物取個普通名字，再加上不同地名，讓人一聽就會知道在那個地方這種東西多的是，這樣倒方便，也實在。

---

21 George B. Emerson（1797－1881）美國教育家、博物學家，著有《麻薩諸塞州的樹與灌林》（*A Report on the frees and shrubs Growing Naturally in the Forest of Massachuseffs*）。

22 這裡的切斯特是美國賓州東南部城市，位於費城郊區處德拉瓦河上（另一個在英國）。

一年中，最早能看到的漿果就是小矮人藍莓，它是美洲傘房花月橘灌木中成熟期最早的，也是最迷你的一個品種。除此以外，也不同於其他這類灌木的筆直生長，小矮人藍莓的樹形總多少有些傾斜，甚至可以說它似乎總想立刻趴下，於是它的枝幹向四周鋪開長。枝幹色綠，花色多為白。在所有漿果類植物中只有它，無論植株還是果實都最柔軟，也最需謹慎小心對待。

　　我六月一日就注意到它開始結出幼果。過了半個月，一般的藍莓和越橘都滿樹滿枝地掛著結結實實的果，急切提示人們採摘它們的季節就要到來。可是，早已結出的小矮人藍莓果依舊不緊不慢，才剛剛長成樣。這個時分果子青綠，就是人們常說的「採越橘的前幾天」。二十二日那天，我來到高處山坡，看到一處岩石上趴著長了一些小矮人藍莓，就摘下兩顆果子嘗鮮；次日聽說某些急性子的人已將其悉數摘去做成藍莓布丁了。

　　大自然不僅向我們獻出果實，也向我們獻出鮮花。

　　每天穿梭樹林間，只為了發現那第一批結出的莓果，總無功而返；結果卻不經意地在這個好地方，看到這些果實長大成熟的一刻，多麼驚喜啊。的確，除非對自己家園周邊的樹叢很熟悉，知道這些小傢伙長在哪裡，每天造訪並用日記記錄，否則很難準確說出那些小矮人藍莓和越橘是在哪一個星期的星期幾成熟的。說一千，道一萬，正像我們打理照顧自己一樣，它們也會打理照顧自己，所以自會在最佳狀態時才向我們一展「莓」豔。

　　長在山上的要比別處的先熟，外地來的人常常在進村前就先察覺到了。當老年人只能在家附近找到零星的小矮人藍莓時，對當地漿果生長的所在瞭若指掌的孩子們，早已採得筐滿桶滿，當街賣了換成零用錢。

而當第一批的棠棣由青轉紅，這些漿果就緊接著長了出來。

草莓結果主要靠的是春天的清新雨水，所以一般都認為它是屬於春天的果實，而這個時候在高地上已經變乾燥了。這種柔美、天賜的果實在六月落下，撒在牧場上被青草遮蔭的泥土裡。而較為結實的藍莓此時方才露面呢。當然，堅果才是最結實的，它們也是最後掛果。

這種藍莓香甜清新，也許清新香甜就應以它為寫照，否則它們的顏色怎麼也如此質樸大方呢？從顏色上來說，藍莓有兩種，色彩各異。其中常見的一種葉子嫩綠中帶點黃，果實藍晶晶的，色不深，還帶著果霜。另一種果實顏色沉得發黑，葉子的綠色也深如墨綠。很多人會認為前者果皮上的果霜擦掉後也是藍黑色，把這兩種當成一個品種。二、三十年前，我來到一片灌木雜草叢，不料走進灌木叢竟發現，被高高灌木擋住的，是樹苗雜枝胡亂長著的一方。就在這樣一個地方我看見一捧兀自興旺自在的藍莓，果實纍纍呀，枝條都被壓得全倒在地上，卻顆顆完整，連果霜也沒有一點擦壞。至今，那情景還歷歷在目，記憶猶新。在向上挺拔、一身新綠的橡樹及山胡桃的樹苗下，竟是這些精美的果子安詳地匍匐棲息，何等奇妙啊。

依加拿大人的叫法，我也俏皮地把這種矮灌早熟藍莓稱做藍矢車菊（bluet）。廣泛分布在新英格蘭地區，見縫就鑽，有些地方的人甚至不知道還有高灌藍莓和越橘呢。它們性喜溫寒，多叢生在山地。多年以前，我到瓦楚塞特山[23]露營，在帳篷內的地上鋪水牛皮。由於在我那兒沒找到水源，帶去的牛

---

23 一八四一年七月中旬，梭羅曾和理查·富勒（Richard Fuller）在瓦楚塞特山旅行四天，根據此行體會寫了《漫步瓦楚塞特山》（Walk to Wachusett）。

奶於是取代飲用水。就在帳篷裡鋪的那塊牛皮的縫隙之間，我居然採摘到這種藍莓，量還多得使我配著牛奶當晚餐，吃了個大圓肚。不過，在蒙納多克山區它們家族更興旺，而且成熟期還要更晚，但也託福於那裡的寒冷，所以果期長了很多。那一帶的灌木都長不高，藍莓也不例外，但產量頗豐。一八五二年九月七日那一天，我就在蒙納多克主峰的岩石間看到果實纍纍的藍莓叢 —— 顆顆碩大圓潤，色澤鮮活，清爽可口，解決了那裡沒有水源的難題。下午一點左右，我把在峰頂連株採下的藍莓包在帽子裡然後下山，走了四英里來到特洛伊市，又轉了幾道車，五點一刻才回到康科德，也就是從我在主峰採草莓算起，已經過了約四個小時，但帽子裡的藍莓株仍生氣勃勃。對於秋天到我們這裡來的爬山客來說，這些藍莓和加拿大越橘俯首可得，的確堪稱充飢解渴的上品。新英格蘭地區的高山都高聳入雲，山頂都雲霧繚繞，也都長滿這種美麗的藍色果子，豐饒茂盛，把那些人工種植的任何水果都比了下去。

新罕布夏州的大小城鎮都依山而建，四周村民世代都到山中採摘漿果，所以每當漿果成熟季節，山頂上滿是採漿果的人。有時，四周村裡上百成群的人拎著桶呀、籃呀或各種東西，一起不辭辛勞地爬上山，好不壯觀。這類情形往往發生在星期日，因為那是大家的休息日。我原以為在這種地方露營，自己已脫離塵世享受清閒，卻不料會受這些採漿果人的干擾 —— 有的人等不及霧散雲開一大早就上來了，而且生怕和同行人走散，便使勁敲打鐵桶，以聲音為訊號通信。在採漿果的季節，幾乎天天都是安息日，人們天天藉採草莓來放鬆心情呢。

在岩石崢嶸的山頂上，矮灌早熟藍莓樹叢往往可綿延數英里長，寬度卻只有幾桿甚至幾寸，它們或淺或深的藍果實（甚

至紫黑色）在岩石上俏皮地招搖，不過都沒有粉霜，其間有時可見與它們為伴的鮮紅御膳橘。這一帶曝露在岩石上的藍莓枝條通常都結藤環繞，沿岩石攀爬，稍有平坦處即鋪開生長。往往愈是陡峭的地方，藍莓長得愈好，結的果愈多。此時，我站在康科德朝北方望去，遠處那些山巒呈灰藍色，我不禁想：這不就和藍莓的藍色一樣嘛。我們這裡，只要把樹叢砍了，這些東西就一簇接一簇地長。在我記憶裡，有過兩個小時就採摘到十夸脫藍莓的記錄，把一個麵粉袋塞得滿滿的，這就發生在松樹嶺，我們市通往林肯郡的路旁。三十年了，現在那裡早已是茂密高大的山林。

樹木砍伐後，那些被學者稱為賓夕法尼亞藍莓的小東西終於得見天日，抽出枝條，綠得更濃。再過兩到三年，原先在大樹終日遮擋下幾乎從不結果的枝頭就掛上果實，沉甸甸的，把枝條給壓得趴在地上了。更妙的是，結出的藍莓往往比別處的要大得多，口味也濃郁得多。彷彿山旁嶺下那累世的古老往事，在它們的記憶中被啟動了，而藉此來宣洩一下。

於是在接下去的幾年，周邊村民都能享受到這些藍莓，直到樹又漸漸長高，重新遮住天日，這些藍莓叢才退縮到不花不果的狀態。藍莓只在一片樹林倒下後，到新樹林長起來的短短幾年之間結果，就是如此。

在你認為還得等上十天半月藍莓才成熟，光想到藍莓就覺得一定是青綠色也不好吃的時候，住在樹林的孩子卻抱著盛有熟透藍莓的籃子來敲開你的門，向你兜售他採來的果子了。什麼？那位急脾氣的先生前年冬天把他家在勃姆西迪卡嶺上的林地給伐了，你還不曉得？他這番舉動的後果可遠遠超出他事先所料。好風吹得人人舒坦，好雨下得大家滋潤。本來，急脾氣

先生以為削平一片山頭，只有他家受益獲利。他種下去的莊稼、樹苗當然該他獨家收穫，別人無權分享；但周圍的村民甚至遠處的城裡人卻也因此得到補償——那裡長出的藍莓是人人可以採的。等砍下的樹木運走後，人們就趕來拾寶貝，不是撿柴火，而是一籃籃的藍莓。別為家裡的園子操心了，管它長什麼，愛長不長，別忘了一年裡就只有這麼幾天可以採到藍莓果。再一陣子，又會長起新的小樹林，這就是大自然安排的，一物長，一物消，反覆的循環。見到新砍伐的林地，我不由得感歎天地造化。

各種各樣的傘房花月橘也都長在灌木叢中相依為伴，都不高，結的也是紫色果，沉甸甸垂在枝頭。和其他不列顛屬下的美洲地區一樣，黑色的漿果和藍莓在我們這一帶的山區都不像其他類越橘那麼繁衍茂盛，但凡有，就一定是一大片。伐木工人叫它們「藍花草」，有些品種的果實在漫長的冬天都能保鮮，可以儲藏至來年六月，當然得在更北方的地區才行。

從這兒往北走約百來英里，就會發現「賓夕法尼亞藍莓」不再是你熟悉的模樣，此處葉子大得多，葉面也光滑得多。還能同時發現加拿大藍莓，枝葉水分多些，若不細心就看不出這差異。哪怕是生長的地方南北相距五十英里，也會有很大的差別，不過一般人都不以為然。

在潘諾斯各特河和聖約翰河的發源地緬因州，我看到的不是賓夕法尼亞藍莓，是大片大片的加拿大藍莓。在近乎貧瘠的山頂、岩石上鋪天蓋地生長，那裡除了它們還有馬尾松和短葉松，再者是滿天滿地的巨石。在卡塔登山地也發現過藍莓，也許由於已過了採摘的季節，吃起來倒有種辛辣味。在上述地區，它們是熊的佳餚，在藍莓成熟的日子裡，有藍莓的地方就

能看到熊的出沒。旅行者麥肯齊說，北方的蘇必利爾湖（美、加邊境上）周圍大地茫茫，倒下的大樹之間會長出許多醋栗、覆盆子。新罕布夏的紅嶺也是這樣，在倒下的大樹之間會找到這些果實，而在蒙納多克山區，賓夕法尼亞藍莓和這些果實一併生長。它們一定是將一些特點彼此相傳，所以加拿大藍莓長到南方後就像賓夕法尼亞藍莓一樣，葉子也變得光滑；反之賓夕法尼亞藍莓長到北方，也具有加拿大藍莓的特點——就像北方人穿皮衣，南方人穿棉麻。無論如何，出於實際考量，我們都認為加拿大人要比別地方的人更應算作北方人。

在加州東部懷特峰上發現的漿果，應當是藍莓的變種或其他品種。這些漿果如水越橘和矮腳越橘等。前者生長繁殖方面大概是藍莓中最強的，可是吃多了會讓人頭痛。

紅色矮腳黑莓
Red Low Blackberry

這種漿果罕見，只有植物學專家才認得，拉丁名是 Rubus triflorus，而我則自作主張稱它為紅色矮腳黑莓。從它結果時間來看，一年裡它排第四，但在所有的懸鉤子一類裡，它是第一。五月二十四日，它們的果實就從花房中長出來了，儘管只有一點點大，像粒小青豆一樣，但已經有了果子的模樣。從六月二十六日到七月中的這段日子裡，它們慢慢長大成熟。我只在草地上看過這種果子，在那裡拿一根棍子朝土裡插，一

下可以插進十多英尺。但是格雷[24]說這種東西生長在長滿樹的小山坡旁。和一般的矮腳黑莓一樣，它們也是趴在地上生長，不同之處在於這種紅色的矮腳黑莓的莖幹像草本植物，非常短，而且沒有刺。它的葉子也是皺巴巴的，藤蔓伸得非常開，果卻結得稀少，人們也就別指望能採集到很多了。在緬因州最北部的荒野草地上，我也看過這種東西的藤蔓並採摘到一些果子，和這裡的一樣，也是稀少得可憐。這種果子不算大也不算小，色深紅，有光澤，每個果子裡有十來個小顆粒，肉眼看得出那裡面裹著種子。吃起來酸酸的，但味道不錯，有那麼點像覆盆子。無論外觀還是味覺，都讓人懷疑其實是覆盆子和懸鉤子雜交的後代。

人工種植櫻桃
Cultivated Cherry

六月二十二日，自家種的櫻桃熟透了。這棵櫻桃樹是早熟櫻桃，結果最早。家人都說多虧了當時住在威斯頓的叔祖母，是她老人家把這棵早熟櫻桃樹帶到康科德來，送給她當時因為堅定保皇而在這裡蹲大獄的哥哥西蒙‧鍾斯，在一七七五年六月十七日，正是邦克山戰役[25]打響的那天。作家普林尼[26]在描寫第一個紀元的中期時寫道：「直到盧庫勒斯[27]戰勝米特利達

---

24 Asa Gray（1810—1888），十九世紀美國最重要的植物學家。
25 位於麻薩諸塞州的波士頓，三百二十六公尺高。美國獨立戰爭時期第一次主要的戰役就於一七七五年六月十七日發生在附近，被稱為邦克山戰役（the Battle of Bunk Hill）。
26 Plini（23—79），羅馬學者、博物學家、百科全書編纂者。
27 Lucullus（110 B.C.—57 B.C.），古羅馬將軍。

特斯[28]，義大利都沒有櫻桃樹。而到了這個城市（羅馬）建城六八〇年，他從本都[29]引進了第一批櫻桃樹。一百二十年後，這些樹已經在各地生長繁衍，甚至遠渡重洋，在不列顛土地上生根。」我想補充，這些樹甚至過了更遠的海洋，來美洲落地生根。而且年復一年，那帶著樹種飛來飛去的鳥兒還在繼續盧庫勒斯本人沒有做完的工作，把這些樹帶到西邊、更西邊。聖皮爾[30]說：「我在芬蘭的衛堡（Wiburg）──那可是緯度超過六十一度的地方──見櫻桃樹生長在外面，沒有任何保護。它本該長在緯度四十二度的地方呀。」不過有人認為盧庫勒斯引進的只有極少優良的品種，現在歐洲本土栽培的就是它們的後代。在評論當時人們所種植的櫻桃時，普林尼說：「朱利安[31]味道甜美，但只能守著樹摘下就吃，朱利安是如此柔嫩，禁不起搬運的折騰。」

樹莓（懸鉤子或覆盆子）
Raspberry

　　野生的樹莓到了六月二十五日就成熟了，直到八月還能採到，不過果實最佳的日子當數七月十五左右。

　　樹莓葉片較大，常常密集地聚在一起，甚至形成小小的樹莓林，在那裡人們常常可以撿到被雨沖刷到地上的樹莓果。不經意間，信步走到這樣一片樹莓林前，看到樹上結著淡紅色的

28　Mithridates（132 B.C.－63 B.C.），黑海邊古國本都國國王。
29　本都（Pontus），古國名，位於小亞細亞半島、黑海東南沿岸。
30　此人身分不詳。
31　原文為「the Julian, of an agreable faste」，「Julian」應該是對櫻桃的稱呼。

樹莓果，不由得令人驚喜，但也隨之感歎這一年又快過半了。

在我看來樹莓可以歸於最樸實、最單純也最寶貴的一類野果。其歐洲的一個品種就得了個名副其實的命名：Idaeus，這個拉丁詞本意「理想之物」。在新英格蘭一帶，它們多長在濕地的開闊處，在山坡上也能看到一些，不過結果很少，幾乎不被注意。如果夏天多雨，比如像一八五九和一八六〇年兩個年份裡那種夏天，這四周的樹莓結果就很可觀，人們摘下樹莓正經地把它當食材用。和草莓一樣，樹莓也喜歡到新地方落腳，那些新近被燒過荒或剛砍去樹木的地方也是它們喜歡的安樂鄉，理由當然是那樣的地方土壤潮濕，我們這一帶的土壤早先也是如此。

印第安土著也罷，後來的白人也罷，古人也罷，今人也罷，都喜歡採摘這種個頭小巧的野果。據時下傳聞，有某些遠古的族群將樹莓作為主食之一，而現在在瑞士的一些湖底發現了許多他們的遺址，人們推算這些族群的生活年代當遠早於羅馬時期。英國植物學家林奈[32]說：「我眼前就有三株都屬樹莓科的植物，它們的種子都是在（英國）三十英尺深的地下發掘的一具男性屍骸的胃裡發現的。他的殉葬中有些帶有哈德良大帝[33]的鑄幣，由此可以推斷這些種子也有一千六百年到一千七百年的歷史了。然而，這一說法的正確性遭到質疑。

九月中旬，我仍然在濕地間能看到一些色澤依舊鮮豔的草莓。有人告訴我，深秋時又在一些地方發現結了第二批果實的品種。

32　John Lindley（1799—1865），英國植物學家和園藝家。

33　Emperor Hadrian（117—138 年在位），羅馬皇帝，一二二年他去不列顛巡遊。

歐洲的一些植物經過長期移植栽培終於委曲求全在異地扎下根，然後不顧一切就向野地擴展地盤，普林尼觀察到這點後便如此寫道：「人按理生而知曉如何善待大地。」接著又寫道：「可是恐怖、也應當遭到天譴的是，人也學會了壓條和插枝這樣一些技巧。」唉！

桑椹
Mulberry

六月二十八日那天，看到紅透了的桑椹，第二天樹上還掛著一點。周圍一帶田野裡還長著兩三棵桑樹，不過那恐怕是有主人的了。對於桑樹，用普林尼的話說：「若論花期，桑樹最遲，若論果熟，桑樹又為先。成熟的桑椹會染紅手指，因其果汁易著色。不染色者，則味酸。這種樹已被人用多種方法嫁接改良，花樣繁多，樹名字也因此有了多個，但無論怎樣，到頭來結出的桑椹大小不變。」普氏此言依然不假。

六月早些的時候，那些早熟藍莓、樹莓和茅莓什麼的，鱗次櫛比的果實都已成形，只等變熟了。

茅莓
Thimbleberry

黑色的茅莓等到六月二十八日就可以採了，整個七月都可以採到，不過最好的採摘時期還是七月半。六月十九日那天，我看到的茅莓還是青青的，它們的枝蔓長在一些樹木新生的苗地裡，或順著牆爬，刈草的農人順著草刈到盡頭就能摘到了。

茅莓這種漿果生相樸實，一點兒也不張揚，沒有誘人的香氣，顆顆結實，果肉飽滿。年少時，我曾沿著院牆走來走去，和小鳥比拚看誰能先採到它們，結果我採到了好多黑色的和一些不那麼黑的果實，然後把它們放到空心草的草莖裡（如果手頭沒有容器，這可是把它們裝起來帶回家的最佳方法），好不快活。

到了七月中旬，茅莓的果實就開始脫水變乾。我曾在十月八日還見到茅莓結了第二批果實，有的熟透了，有的還沒熟。六個星期前，此地下了很多雨。

高灌藍莓
High Blueberry

大約十天後吧，高灌藍莓果就露面了，它又叫做濕地藍莓（swampblueberry）或歐洲越橘（bilberry）。我們這裡較普遍的有兩大品種：果實藍色的（Vaccinium corymbosum）和黑色的（atrocarpum）。後者不如前者那樣多見，果實細幼而色澤青黑，味偏酸，果實表面無果霜，但成熟期略早於前者一至二天，也早於茅莓，大約七月一日就熟了。兩種的果期都長達三個月，也就是持續到九月。五月三十日，我就看到它們青綠的幼果了，第一次看到一顆它熟透的果實是在六月初，也就是一日到五日之間吧。果子成熟最多的時候則是八月份的頭五天。

據說北至加拿大紐芬蘭和魁北克都有它們的蹤跡。它們多長在濕地和濕地邊緣（也許就是看上這樣的地方水分多吧），還喜歡長在池塘邊，山坡上也可偶見。這植物太親水了，不管緊挨池塘的土多陡峭、多堅硬也擋不住它們扎下根來。瓦爾登湖和古斯湖就可以看到這情形，它們緊緊地抓住靠近湖邊的一

點土壤，緊貼著安下身，只有在湖水水位高漲的季節裡，它們才長得很好。就像其他一些低地生長的灌木一樣，高灌藍莓也提醒人們這裡的地表已經出水了。一旦那些樹叢下的土壤下沉到一定水準，就會含有大量水分，於是就長出泥炭蘚等一類的親水植物；如果不受到人為影響，這一帶的四周就會冒出大片的高灌藍莓，沿著濕地邊緣發展，甚至一徑穿過濕地。這裡高灌藍莓樹叢小至方圓幾英尺，大到幾百英畝。

這種堅韌的植物在我們的濕地上再普遍不過了，有時我自己在考察時或散步到小樹林裡被它們的枝條絆掛住了，也不得不狠心砍掉。一旦看到頭頂上它們茂密的枝葉，就發現自己的鞋子已經進水了。它們的花香好聞，帶著漿果特有的那種悠悠香氣，採在手中嚐嚐，舌尖會漸漸感到有種微微的酸味，但是一點兒也不討厭，甚至覺得很不錯。而它們的果實有獨特的清新味道，微微帶酸。植物學家珀什[34]評說一種高灌藍莓，「此莓實黑，淡而無味」，雖然他寫的是「Vaccinium corymbosum」，但想必不是我說的這種，而是什麼別的品種。在比利時的昂吉安，阿勒姆柏格大公（Duc d'Aremberg）的花園裡「用苔蘚圍起來種植它們，從前人們種越橘也用這方法」。他們怎麼會發現這種東西好呢！我就吃過一兩次，每次都覺得有種怪異的苦澀，難以下嚥。藍莓果實有大有小，顏色也不盡相同，我還是認為果子大的、藍色帶果霜的那種更好吃，也更酸一些。於我而言，這樣的藍莓才足以體現濕地的精華和風味。藍莓長得肉厚滾圓，沉沉地把枝條也壓彎了，卻幾乎沒幾個的看相能讓人誇讚的。

34　Frederick Traugott Pursh（1774—1820），英國植物學家。

新長出的枝幹上結的果零零星星，即使有結出的，直徑也僅有、或略大於半英寸，和大個兒的越橘差不多。我爬上一棵高灌藍莓樹，採摘的成績實在不敢公布。

　　並非所有的高灌藍莓都嚮往濕地。貝克斯托濕地、戈溫濕地、達蒙草地、查理斯邁爾草地等等，這些滿是盤根錯節的山茱萸、越橘的野地，我們每年都以朝聖般的熱情前往。大家都聽說那些地方有藍莓，但能在林間找到它們隱蔽藏身之處的卻沒幾個人。

　　記得好幾年前，在大野地東邊，我奮力走出一片橡樹林後下到底處，發現眼前藍莓樹一棵挨一棵長成一條林帶，這條林帶蜿蜒細長，我還是頭一次發現這條林帶呢。大草地深陷在濕地，在森林中若隱若現，有個覆蓋著綠色的隆起處在草地中央，大約突出三英尺。在上面的是些低灌馬醉木和繡線菊，因為那裡的土已經乾了。除了仲夏時分和寒冬季節，那裡的泥沼絕無人跡，甚至連野獸的足跡也看不到。這塊草地的另一頭，白頭鷚安安逸逸繞著飛來飛去，很可能在林子上飛了好久之後，一眼看到這裡就把巢築在此了。這裡成叢生長著藍莓樹，四周環繞著天然的樹籬屏障，樹籬中混雜著馬醉木、花楸果木，還有結著鮮紅果子的冬青樹等，多樣而和諧，相映成趣；你很難說明白：為什麼要採下某種果實自己吃，而留下另一種給鳥兒們當午餐。就在這個草地上，我沿著一條往南的小路走，這一條小路可真夠小，不過一個腳掌寬。就順著這樣一條小路，我來到另一塊濕地，低低彎下腰，就能大把大把地採到各種漿果，裝了滿滿一口袋。這塊濕地不但和先前那塊草地彼此相連，也十分相似，可能是孿生濕地草場。這些地方都不遠，卻都被樹籬圍住，一年轉到頭，才有可能無意間歪打正著

地走到這樣的一處。站在這裡，原來近在咫尺，再看到周邊長著好些枝繁葉茂果實豐饒的藍莓，那種釋然的愉快和新奇的衝擊交加，你不由得目瞪口呆。真會以為自己走了千山萬水（如同從康科德走到波斯去）才看到這種景象，哪曉得還沒轉出家門口呢。

　　那些在濕地邊的乾土裡長的藍莓樹，由於養分不足而顯得沒那麼挺拔，結的果數量少不說，果皮也不光滑，但仍然不失為勇敢者——正因如此，它們仍要把枝葉伸向濕地的方向，搖曳生姿，與長在樹下的水仙和泥炭蘚相映成趣；而水波不時泛起水花，衝擊到五、六英尺遠的岸上，雖說可以打濕藍莓樹根部的土壤，同時又把討厭的水葫蘆類帶到了樹根上，這些水葫蘆亂七八糟裹纏在那裡，與藍莓垂下的枝條糾纏在一起，從來沒人想過要去解救後者。這裡混雜生長著許多品種的漿果，再也找不到一處的景象比這裡更狂野紛雜、更多姿多彩。

　　要說哪裡藍莓長得更美，那當數查理斯·邁爾斯濕地，那兒的藍莓生在樹被砍後所發出的新苗間，抬頭就看得見清新的枝條，和上面提到的相比，其多姿多彩程度一點也不遜色。我記得好幾年前曾去那裡採過藍莓，是特意在人們對那裡進行修整前去的。走到濕地中央，從看不見的某處的房子裡，悠悠飄來邁爾斯先生演奏古代提琴的聲音，琴聲顫抖。據說這位先生時間觀念很強，安息日這一天絕對會唱詩禮拜。我雖不見得信以為真，但那琴聲的確傳到我同樣顫抖的耳邊，撩人遙想逝去久遠的日子，緬懷先民古人的高尚，我腳下果真不是普通尋常的土地。

　　所以說，到了夏天，不拘什麼特別日子，在屋子裡讀讀寫寫一上午後，下午不妨移步到野外樹林邊，隨興轉向某個植物

茂盛卻又地處偏僻的濕地，你一定會發現有好多漿果在那裡迎接你呢。這才是真正屬於你的果園。也許，你得使勁分開長得比你還高的稠李樹叢莽（這些稠李低處的葉已經開始泛紅），摑斷一些白樺新枝，才能前行。於是你看到懸鉤子、高矮不一的馬醉木，還有大片大片密密長著的濕地黑莓。再往前走一點，就來到一片開闊地帶，涼風習習，那裡高高隆起的幾處原來是披著墨綠樹葉的高灌藍莓林，上面結著果。如果到的地方正是濕地陰涼處，很可能你頭頂上就是它們伸展開的樹枝。摘下一顆，輕輕一咬，肉甜汁美，舌上齒間留下清新和清涼，久久不散。我這下倒記起來了，吉羅德說歐洲越橘「又名荷蘭響果，因為咬開時，它們會輕輕發出啪的一聲才裂開」。

有些面積大的濕地幾乎只看得到藍莓樹，一大叢一大叢地長在那裡，樹枝相互交接，樹下則有無數野兔踩出的蜿蜒小路通向四面八方，猶如迷宮，難尋盡頭。只有兔子才能識別那些小路，人很容易迷路，所以要記住這點：一定得跟著太陽走，而且要注意看腳下，踩在草叢上，每次觸地腳都落到草叢上，這樣就不怕打濕鞋子了。或是結伴而行，注意聽你夥伴敲鐵皮桶發出的聲音，並朝聲音傳出的方向走。

有的藍莓樹看起來灰濛濛的，氣勢有如橡樹，那為何這副模樣的樹所結的藍莓不會有毒呢？我採過一種越橘，味道很刺激，而這種灰藍莓樹結的果也是這個味。大自然就是如此，讓果子味道刺激，你就知道是有毒而不去吃，它就能安然無恙。我偏偏要嘗嘗，吃起來就像闊葉莓和麝鼠根一樣。大概我這人吃起漿果來真能百毒不侵吧。

有時八月也會陰雨綿綿，這一來就催生出一堆堆泛青的藍莓，這些東西也會長大變色，只是真正成熟的沒有幾個，但此

時它們的架勢，彷彿一心一意要履行它們自春天的承諾。就連在濕地，情況也不例外，過兩星期以後再回頭看看那些漿果樹，任誰都會對眼前所見難以置信。

掛在枝頭上的藍莓，好幾個星期都沒什麼變化，它們在密生的枝條裡，你挨著我我挨著你，有的黑色，有的藍色，有的黑藍混合色。我們常常會為長在藍莓一側的冬青果那樣濃郁的色彩而感歎，但對於藍莓卻只在意它們的滋味，而忽視了它們的美麗。若它們有毒，那也是為了能吸引我們注意到它們的美麗。

直到九月，藍莓還掛在枝頭。一次，瓦爾登湖水水位上漲，在湖的南岸上竟然就冒出一大批新鮮的高灌藍莓，我划小船過去採摘，那一天是九月十五日。那裡還有很多仍然青綠的藍莓果，而在濕地上的它們早就被冷風吹落了。一般來說，八月一過半，藍莓果就會開始枯萎，即使外表看來依舊豐滿新鮮，那種清新美妙的味道卻漸漸變淡、消失，吃起來也不新鮮了。

時不時地我看到些果形橢圓的藍莓，沒有果霜，樹幹約兩、三英尺高，葉形狹窄，花萼的形狀介乎高灌藍莓和賓夕法尼亞藍莓，是高灌藍莓的一個變種。

這附近有很多濕地，由於長有藍莓而身價大增，從而被許多人劃為己有。而且我聽說他們為了這些藍莓發生糾紛，仲裁調停下，竟允許人們將其焚毀。我相信用這種藍莓做的一種最獨特的點心，叫做「空心藍莓」（blueberry hollow），它其實是一種布丁──將藍莓塞入挖空的特殊派皮裡，而藍莓也可用黑莓替代。

當藍莓樹落下葉子時，看起來羸弱憔悴，顏色發灰，宛若行將枯萎，不過那些樹齡高的則仍儀態莊嚴。事實上，藍莓樹遠比你所能想像的要活得更久，這全仰賴它們當初生在濕地和

湖泊邊，或是生在濕地中地勢稍高的地方，這樣也就躲過連同大樹一起被砍掉之劫難，所以能保全。古斯湖畔也長著一些這樣高壽的藍莓，株株相連長在一起，形成寬不過三、四英尺的一道狹長藍莓帶環繞著湖邊，也是多虧所生之地是在陡峭的山腳和湖岸相連處，才躲過刀砍斧劈的厄運。那裡沒有其他樹生長，就那條環湖藍莓帶，宛若古斯湖的美麗睫毛，風情萬千。那些藍莓樹上爬著苔蘚，樹色變灰，披著滄桑，大多樹幹蚪曲，橫生斜長，甚至彼此枝幹互相糾纏，即使砍下其中一棵，也很難將其從糾葛在一起的枝幹中弄出來。

　　冬季來臨，濕地結冰，可以行走其上。這樣就能走到它們跟前好好端詳。由於受到雪的重壓，樹枝幾乎彎到冰地上。即便如此，每棵樹的側面仍然都有新枝長出，就像那種不成材的長輩家中，偏會養出一些氣態軒昂的後生一樣。這些樹的樹幹外側樹皮呈灰色，一片片死氣沉沉，沒什麼生氣，縱向撕開會有膠狀物絲絲相連；樹皮內側則呈暗紅色。我發現這些樹叢中還有不少其他的樹，其樹齡都相當於人的半百之年。有一棵樹最粗的樹枝有八點五英寸粗，我數了數其年輪竟達四十二圈。還從一棵樹上砍下過一節四英尺長的樹枝，筆直的，量量細的那段也有六點五英寸粗。沒人能告訴我，這種紋理細密、沉甸甸的樹到底是什麼樹。

　　見過最大也最漂亮的藍莓樹是在佛林特湖一個小島上，我稱那島為薩薩弗拉島。那是一棵樹，高十英尺，但樹幹蓬勃竟往外長成方圓十多英尺的一個藍莓樹叢，枝繁葉茂，生機勃勃。主幹在離地面五英寸高處就分成五個大枝枒，這些枝枒往上長了三英尺，就平行地面展開著長，依序量得其周長分別為十一英寸、十一點五英寸、十一英寸、八英寸、六點五英寸，

平均九點六英寸粗。在靠近地面的地方形成了堅固的樹幹，圍著量量，竟有三十一英寸半，或者說直徑超過十英寸。很可能這幾棵樹原本就長在一起，由於年代久就混為一體，這麼說是因為看上去這些枝枒都不像同一個品種的藍莓種子發芽長成。那些小枝枒往高處伸出時也都多少往橫向發展，不但生得七拐八彎，甚至還有轉著圈長以至枝形螺旋狀的，有的乾脆就插到另一枝的分叉處自顧自待著，久了就長入它依靠的樹叉裡去了。一塊塊鱗狀的樹皮泛著紅色，其間常有部分被大片大片黃灰色的苔蘚包裹，看上去後者大有要蔓延至整個樹幹的趨勢，不過愈靠近根部，樹皮顏色愈紅。藍莓樹長到高處分出無數小枝，像傘一樣散開，周邊一片開闊，因此愈發教人感到它有種要頂住蒼穹的氣勢，哪怕嚴冬也不低頭。因叫聲得名的貓鵲（catbird）在樹頂築巢，而長皮蛇（black snake）也喜歡到樹上棲息（不曉得牠們看到那些貓鵲沒有）。對比我數過年輪的其他樹，我估算這一棵樹應該在這裡長了近六十年。

我爬上樹，在四英尺高處，找到一處很舒服的地方坐了下來，這一處足足可以同時坐三到四個人呢。遺憾的是，這個季節藍莓不結果。

鷯鴣一定對藍莓樹林的分布瞭解得清清楚楚。無疑牠老遠就能根據藍莓樹頂部如傘的特徵辨識出來，並如出膛子彈那樣嗖的一下飛向這裡。在冰上還可見到這種鳥啄食樹上嫩紅芽苞留下的痕跡，那大概是幾天前冰開始融化時的事了。

由於生長在人們幾乎無法涉足的小島上，這些藍莓樹才得以免遭砍伐之災。四周沒有別的藤蔓寄生阻擋，它們也能自在長成這麼大、這麼高。白人沒來伐木之前，興許還有更大的藍莓樹呢。這裡任何一個果園裡的果樹都不及它們年長，寫書人

還沒出世，它們就已經結果了。

低灌晚熟藍莓
Late Low Blueberry

幾乎就在同一時期，晚熟的低灌藍莓（也可以說是另一種低灌藍莓），即人們多見的低灌藍莓也出現了。這種藍莓通常和越橘混長在一起，果實充盈飽滿，也和越橘的大小差不多。這種藍莓雖不高，枝幹也不粗，但筆直挺拔，分出的樹枝就像細小的棍，綠綠的樹皮上，通紅的是剛冒尖的嫩枝，綠灰色的是葉，紅色是開的花（而且有玫瑰的那種精美色暈）。平整的山坡，開闊的草場，樹木被砍伐後冒出的新枝叢裡，以及稀疏的林間，都是它們駐足的地方。它們一棵挨一棵地生長，高度從一英尺半到兩英尺不等。

這種長著灰綠色葉子的矮樹上結的果實要比越橘成熟得早一些，而且從味道方面說，如果不比其他莓果甜，那也比越橘甜。這種藍莓和高灌藍莓的花都比歐洲越橘開得濃密，所以結的果自然也就不像越橘那麼稀疏，而是密集成串，順著樹枝一採就是一大把，大小各異，生熟兼有。最開始熟的低灌藍莓不在山頂也不在靠近山腳的坡地上，而是長在半山腰向南的地方，那裡的日照充足，氣溫也高些。

對大多數沒能早些出門觀察的人來說，這恐怕是唯一能見到的低灌藍莓了。通常被稱為藍矢車菊的低灌早熟藍莓，這時已經過了果期，它們生長的地方在海拔高一些的山區，而且春天結果，淺藍的果實上有層果霜，看上去集漂亮、簡約、美味於一身；不過說實話，要和晚熟的藍莓相比，早熟的還是有那麼一點不如意──果肉少些，也不那麼脆生生，此外還淡了點

兒。這種晚熟的雖說看起來不那麼漂亮，但果肉結實，富有嚼勁，吃起來有種麵包的感覺。

有的年成裡，這些藍莓也能結出很大的果，產量也很多。到了八月二十日，藍莓果外貌看起來不錯，其實已經進入乾萎階段，而越橘又登場了。一進入九月，隨著雨季到來，它們就紛紛落下，爛掉。但是有不少像被放到鍋裡焙過一樣仍然保持半乾狀態，這樣的味道卻依舊甘甜可口，又不像越橘那樣愛被蟲蛀。聽我的建議絕對沒錯，這種的還是可以摘取，放心地大膽吃下，因為它們還是很好的果子。受旱的年份它們乾萎後也仍然比常年同時期要好得多。九月中旬我還採摘過一些，雖說這時藍莓樹的枝葉都變紅了，披上濃濃秋意，但這些莓果仍然很不錯。掛在枝頭的這些藍晶晶的果實和色彩斑斕的秋葉對比鮮明，十分搶眼。

黑越橘
Black Huckleberry

黑越橘成熟始於七月三日，普遍成熟則在十三日左右，想大片採摘則要再等上九天，最佳果期要到八月五日，而過了八月中旬仍可以採得。

你們都知道，黑越橘這種灌木細長筆直，葉子茂盛，樹頂平展，樹皮深棕色，而新出的枝芽則為紅色，受生長處陽光強弱的影響，有的稍顯矮小也壯碩些。與越橘其他品種的花相比，這種的要小，顏色也紅得深一些。從加拿大中南的薩斯喀徹省部到美國南部的喬治亞州山區，從東海岸到密西西比河的緯度區間，據說都能見到它們。而此處只有很小一塊地方能看到它們大量生長，很多跡象表明：它們蓬勃生長的許多地方只

是還未被發現而已。

　　植物學家將其命名為「Gaylussacia resinosa」，說是為了紀念蓋伊—呂薩克[35]，這位已故的著名法國化學家，我實在看不出理由何在。如果是他第一個提煉出黑越橘的果汁並將其放入燒杯試管，那他當之無愧。又假設他早年是一個採越橘的高手，將收穫賣了交學費，甚至就算他只是對這種植物偏愛成癖，我們也不會說什麼了。可是他活著時是否曾看過黑越橘一眼，並無史料證實。只怕就是一群法國營養學家決定後，將這重要消息向一個義大利女僕宣布的，後者恰恰在法屬安大略省東南的休倫湖邊採摘了滿滿一籃這種果子呢！這種做法就好比我們把以達蓋爾[36]命名的銀版照相法改為「吹風喚雨大力神」（The-Wind-That-Blows），這是印第安奇普維部落的一個赫赫有名的巫師之名。又名為傘形乳態漿果（Andromeda baccata），它的果是結成傘序狀沒錯，但牛奶什麼的就怎麼也扯不上了。

　　六月十三日那天我就觀察到青青的果子，再過三個星期，我已經忘掉這回事了，不料在向陽的一些坡地上又看到它們。這時它們有的藍色，有的紫色，有的仍是青色，都長在葉子中間探頭探腦。明知還不到成熟的時候，但我還是打定主意要嘗幾顆，以示隆重慶祝越橘成熟季節的來臨。又過了一兩天，混雜在青綠果子間的黑色越橘果為數就很可觀了，而且一點兒也不像被蟲子咬過的。大概是第二天我從一棵樹上採了一大把帶回家，並把這消息告訴大家。說出來簡直沒人相信，原來大多

35　Louis Joseph Gay-Lussac（1778—1850），法國化學家。

36　Louis Jacques Mande Daguerr（1789—1851），法國藝術家和發明家、達蓋爾銀版攝影法的發明者。

數人對季節的感受和常識都很落後呢。

　　如果年成好，到了八月，滿山遍野都是它們，一眼望去黑壓壓的。在羚羊湖的一塊野地裡，我看到成百株黑越橘長在一起，由於果實纍纍，枝條都被壓得朝下面的岩石彎曲。雖說採不到一顆，也覺得那景象可謂壯哉壯哉。這些果實形色各異，味道也不相同。滾圓的，梨狀的；黑亮亮的，黑沉沉的，紫中帶黑的那種皮又厚又粗，不過怎麼也不會是淺紫色，更沒有粉霜；甜味濃些的，味道淡些的，諸如此類。總之，各色各異，即使植物學家都難悉數辨清。

　　這個日子，也許可以在樹木被砍伐後所留下亂七八糟的場地上採到那種果形較大、味道較甜的一種黑越橘。由於長期以來被大樹擋住了天日，所以它們一百年來都沒能結果。但這段漫長的歲月沒有白過，它們反而得以更好地養精蓄銳，從大自然那裡獲取精華。猶如古老的葡萄園一樣，一旦開花結果，就奉獻出最美的香甜。以後，當你腳下泥土肥沃濕潤，你也會發現一些紫色的黑越橘果，它們個兒大，肉厚實，讓你看了都不相信它們也屬越橘一族，更不敢放進口裡。這種情形發生的可能有兩個，要不然你去了國外，要不然你在夢鄉。歐洲越橘中有一個品種結的果的確大於其他品種，因此非常引人注意。

　　仔細端詳黑越橘，就會看到它的果皮上有一些小點點，就像黃色的灰塵或小顆粒濺了上去，感覺擦擦就能去掉。放到顯微鏡下，可以看到那像是溢出的樹脂，若是在綠色的幼果上，這種東西的顏色就是淺淺的橙色或檸檬黃，和一種黃色的地衣相似。顯然，在果實還沒有長成之前，這種樹脂狀物包裹住葉片，這樣就能保護長出的果子牢牢黏在葉腋間。這種品種也因這種樹膠得了個拉丁名，叫「有樹膠質的果子」（resinosa）。

濕地裡還長著一種黑越橘，樹形細長，一般有三四英尺高，但最高的也有達到七英尺。這種黑越橘的枝幹像草稈一樣倒向一邊，結果比前面說的那種遲但個兒大些，黑糊糊的顏色，皮上也有那種樹膠質。這種的花序為總狀花序，即花心不分叉，雖說更常見的是單獨生長，十到十二株長成一叢也常見，我稱它為濕地越橘。

　　最引人注目的當數一種紅色的越橘，愈熟紅得愈深，和黑越橘成熟時間一致。這種越橘的果實形狀像梨，紅裡透白，肉質半透明，外面撒了一些精緻的小白點，非常耐看。就算沒熟時也一片青綠，仍不難讓人一眼就將其與別的品種區分開來。就我所知，這個鎮上有那麼三四處長著這種越橘，其拉丁名字叫「Gaylussasia resinosa」。

　　我曾為一人做過一些調查[37]；就在調查快要結束時，他才說自己沒有把握何時能付我酬勞。儘管這是不妙徵兆，但乍聽到此話我並沒太在意，心想可能他認為應在更合適的時機付酬勞給我吧。情況就是這樣，我當時認為就算他不清楚何時支付為好，我更不清楚我應當何時索取支付。他還補充說，我大可以放心，他的豬圈裡還有幾頭豬（而且都是最好的大肥豬），而我調查的農莊又的確在他名下，這點我也和他一樣心裡有數。正因為如此，我就更沒有顧慮了。好幾個月後，他才送給我一夸脫的紅色越橘，那正是他自家農地裡長的，我覺得這不是個好徵兆。由於我算不上他那些有特殊價值的朋友，他就用這種禮物來打發我。我還發現這是他給我的頭款——他就要這

37　一八五三年一月十一日到十二日，梭羅應格羅斯（John LeGrosse）之邀為其對附近兩家農莊及林場進行調查、畫圖。後根據梭羅日記記載，格羅斯在當年八月送了一些紅色越橘抵部分工資。

樣斷斷續續支付，不知到何年何月為止。之後的幾年裡，他也以錢的方式支付了部分。這種支付方式是我最討厭的，但以後凡看到人送我紅色越橘，我都要小心提防。

除非在七月底之前能有充沛雨水，否則到時候越橘很容易脫水乾癟變形。雨水少的年份，往往等不到成熟它們就乾癟變黑。另一方面，完全成熟了，要是遇上連日陰雨，它們又會不斷落下，於是下場就是漚壞或踩爛。到了八月中旬，越橘果變軟了，也招蟲，一般到了二十日，孩子們就不再提著籃子叫賣越橘了，因為沒有人敢買。

越橘招蟲也未免太晚了，以致採越橘的人逗留得那麼久！我這個獨行俠現在總算能獨享清靜了！

依時令氣候不同，在小樹林或湖邊生長的越橘通常可以在樹上保持新鮮達一星期或更久。有的年成裡，越橘結的才叫多呀，人採不贏，蟲子和鳥也吃不贏；在這樣一個年成裡，甚至在十月十四日，當時越橘樹的葉子都幾乎落得光光的，沒落下的寥寥幾片也變成了金黃，可枝頭上仍有越橘果堅守，雖說早已變軟，也飽受雨水折磨。

間或，越橘也會在八月中旬就開始脫水，這時它們已經完全熟了但又還沒有爛掉。到了八月底，樹上看到的越橘已經萎縮乾癟，變成皺巴巴的棕色一團，就像被採越橘人弄破了或燒糊了一樣，沒半點兒生氣，這都是天旱作的孽。九月裡，它們的果實把山坡也染成黑色的，這時還掛在枝頭的越橘乾得像被火焙過一樣，變得硬硬的，在風裡晃來晃去。有一年，到了十二月十一日，還看到一大塊地方的越橘掛在樹上，只是還沒等到成熟就乾癟的那種，不會有一點甜味。大概正是看到它們這樣被風吹乾的樣子，印第安人才得到靈感用乾燥處理越橘吧。

八月的頭幾天，正是高灌藍莓、低灌藍莓的一個品種、越橘和低灌越橘長得最好也大批結果的時候。進入三伏（至少在頭伏的十天裡），它們的果實長滿枝頭，個頭也長足了。

按植物學家分類，越橘和以下種種歸為同類：蔓越莓（包括水越橘和山地越橘）、雪果、熊莓、山楂、平鋪白珠果、馬醉木、樫葉樹、月桂、杜香、鹿蹄草、梅笠草、水晶蘭，等等，還有很多。這些統統被稱為石南科，不僅相似之處眾多，而且在歐洲這些植物生長環境也都相似。如果第一個植物學家是美洲人，那麼上述種種，包括石南在內，很可能會統稱為越橘科。剛才列舉的植物是有順序的，據說愈是先提到的，其化石愈早被發現。有人說只要地球上還有生物，它們就不會消失。喬治·B·愛默生提出一說：歐洲越橘和石南科其他植物的本質區別在於它水分含量高的果實是結在花萼裡的。

大多植物學家認為歐洲越橘是越橘一屬演化而來的，我更覺得它真正的祖先是一種叫巴卡（bacca）的漿果，雖然語源學對這一片語的淵源還有爭議，但這種東西是所有漿果之源。歐洲越橘也好，覆盆子也好，藍莓也好，凡此種種名字都是在英格蘭起的，被命名的本是歐洲越橘（vaccinium myrtillus）的果實，以及較少見的篤斯越橘（vaccinium uliginosum）。在新英格蘭看不到前者，只有後者。歐洲越橘的英文是「whortleberry」，據稱是撒克遜語言的「heort-berg」（鹿的漿果）演化而來。覆盆子的英文是「hurts」，是一個很古老的英文字，只用在文章裡，據貝利[38]解釋，那是「一種球狀物，象徵著覆盆子」。德語族人稱之為「Heidel-beere」，意思是

38　此人身分不詳。

「石南的漿果」。

「Huckleberry」（越橘）這個詞，最早是勞森[39]於一七〇九年第一個使用的。這個詞怎麼看都像是「whortleberry」（歐洲越橘）的美洲版，而且指的正是同屬一科的植物，不過大多都可以看作是英國人叫「whortleberry」的殊異品種。英語詞典上解釋「berry」（漿果）一詞來源於撒克遜語言的「beria」，意思是葡萄或成串的葡萄。在法語裡，叫「raisin des bois」，意思是「林中的葡萄」。顯然，在美洲，「berry」這個詞有了新的含義。這裡漿果有多麼豐富，我們都沒有想到呢。古希臘人和古羅馬人之所以幾乎沒有提到過草莓、越橘、甜瓜等等，只不過因為他們那裡沒有生長這些東西。

英國人林奈在其大作《植物的自然體系》（*Natural System of Botany*）中寫到：越橘科植物「原產北美，在北緯高的地區數量眾多；歐洲並不多見，但在桑威治島（英國東南部）的高山地區也隨處可見。」正如喬治·B·愛默生所言，它們「絕大多數可見於氣候溫和地區，或於美洲較溫暖地區的山區。也有些生長在歐洲，以及亞洲的部分島嶼，還有大西洋、太平洋和印度洋的一些島嶼」。「至於歐洲越橘和蔓越莓，」他還說道，「在整個北美洲的生長情況是這樣的，同樣的氣候地理環境，在歐洲長石南，在這裡則是它們的安樂之地。美麗不比石南少半分，用處卻遠遠超過石南。」

根據對我們這裡植物最新的整理，新英格蘭地區有歐洲越橘的十四個品種，其中十一種結的果都可食用——八種可以

39　John Lawson（1674—1711），美國人，著有《去卡羅萊納州的新航線》（*A New Voyage to Carolina*）一書。

生食，以下五種則數量眾多；亦即：越橘、藍矢車菊或賓夕法尼亞藍莓、加拿大藍莓（新英格蘭北部有生長）、前文列的第二種低灌藍莓（也是最普通的低灌藍莓）、高灌藍莓（或濕地藍莓），而某些地方時節一到就不罕見的藍越橘則不在此列上。此外，我還從勞登和其他人那裡搜集了資料，證明在英國真正能生食的越橘只不過有兩種，而我們這裡有八種；也就是說：水越橘和濕地篤斯越橘這兩種在大不列顛只生在北部和蘇格蘭的品種，在北美洲卻稀鬆平常，尤其後者在懷特山脈[40]更是常見之物。這下可以明白了，我們這裡剛才列出最常見的有五種，在英國只有一種。總而言之，勞登描述的三十二種漿果中，除了以上提到的兩種，還有四種也都只多見於北美，而歐洲有的只有三種或四種罷了。可是，和英國人談到這個話題時，他們總是偏要說英國的漿果品種和我們國家的一樣豐富。我就引用一些植物學家的話，說實際上他們國家能生食的漿果只有兩個品種，而我引用的這些植物學家大多數還是他們的同胞呢。

　　勞登對濕地篤斯越橘如此評論：「這種越橘味道也算宜人，若與水越橘相比則遜幾分；若進食太多，或可引起眩暈及輕微頭痛。」談及他祖國僅有的那種篤斯越橘（又名歐洲越橘）時，他又寫到：「從英格蘭的康沃爾到蘇格蘭的凱思內斯郡，英國的任何地方都生長著這種植物，東南各郡略稀少，愈往東北愈多。」「這種植物樹形別致，能結果。」其果實「在英格蘭，人們將其用於烘烤小餡餅，也做成果凍或與奶油同食當點心，這種食用方法尤在西部和北部各郡盛行；其他地方的

40　美國新罕布夏州北部阿帕拉契山脈的一部分。

人們則喜用越橘放入布丁或烤餅」。他還說這些越橘果「無論是與牛奶搭配，或是直接食用，都是兒童喜愛的食品」，還列舉其他食用方法。「此物有收斂作用。」

《山野植物大觀》（*Woodlands, Heaths, and Hedges*）一書的作者科爾曼[41]在該書中寫道：

> 「行走在我們這裡的山中或高地，一定會看到這種可愛的灌木叢，它們無處不在，如影相伴……地勢愈高，它們愈茂盛，這個國家裡最高的山峰也會因為擁有這些結實可愛的居民而顯得更壯麗……
>
> 約克夏及北方的其他地方均有大量篤斯越橘出售，人們在製作點心、布丁和果醬時都毫不吝惜地加入這種漿果……更值得一說的是，由於這美味的果樹只有在野外才能舒展自在，所以它們也往往是登山客唾手可得的美食……
>
> 大片越橘樹叢中，孩子們正採摘紅彤彤的越橘果（這兒市場上出售的越橘大部分都是由孩童採摘來的），在這一帶行走，這往往是最讓人賞心悅目的風光。他們或躬身在齊膝高的灌木叢中，或為了塞滿一口袋最多最好的，而攀爬到險象環生的大青石上，孩子們曬得黑紅的小臉透著健康，無論穿不穿衣，身上到處都黏有鮮明的紅色、紫色和白色的果汁——在荒原高地一片深紫樹影、青灰岩石和褐色大地的襯托下，絕對會使畫家為這樣的色差對比

41　William Stephen Coleman（1829—1904），英國畫家和插圖家。

所傾倒。」

　　這些權威專家告訴我們不僅孩子和大人喜歡吃這種水果，而且鳥兒也喜歡吃。但顯然，這種果子並非英國人在自己國家裡時常能吃到的，在新英格蘭這裡則見多不怪。如果夏天裡沒吃到越橘布丁那會是什麼感覺？所以新英格蘭人的布丁讓英國佬吃了會跌破眼鏡。

　　新英格蘭首批植物學家裡有瑪拿西‧卡爾特博士[42]，他對越橘輕描淡寫，還說只有孩子才喜歡就著牛奶吃這種果子。博士大人總在孩子身後如是說，也未免太有負越橘了！在越橘成熟的日子裡，要是博士大人和他的同儕們一樣三天兩頭吃越橘布丁，我可是絲毫不會意外的。如果他用手指摳出布丁裡的越橘果，並神氣地說：「我這博士就是和人不一樣！」我也不會見怪。話說回來，或許是讀多了英國人寫的書，又他所生活的年代新英格蘭人還不怎麼吃越橘呢。

　　雖然散落在野外不受重視，篤斯越橘在英國一直都不少，對此不應懷疑。有位植物學家說：「越橘中的這個品種如果條件適宜，會長遍英格蘭，並和石南、岩高蘭（懷特山區也長有）一起構成那裡富有特色的植被。」黑越橘是深色越橘的一個品種，不列顛找不到任何這類越橘，就是在這裡遙遠的北方，此品種也難見蹤影。要說可以食用的漿果嘛，一般來講新英格蘭比老英格蘭要多得多。

　　再說說學名叫「rubuses」，人們一般叫做山莓的東西吧。

42　Manasseh Cutler（1742－1823），美國人，寫過介紹俄亥俄地區鄉村、河流的專著。

我們這裡的黑莓、懸鉤子和糙莓都屬於這個系譜。據勞登說在英國山莓有五個品種，而這裡就有八種。就算他們那裡有五種，也不過單純指常見而已，可是我們這裡八種裡有四種是常見又好吃的。英國的科爾曼提到一種英國最好的懸鉤子時道：「由於野生的數量很少所以不被看重」，而我們已開始對其進行種植栽培了，也把很多其他的野果引到園藝裡。和我們這裡相比，那裡的人更重視薔薇果和山楂類，這裡對此則沒有那麼多好感。

我說了這些，只是想提醒我們應該對此感到滿足，與感激。

不應忘記，與我們這裡相比，不列顛地處北緯較高的地區，所以植被有如此差異。在我們這裡的山上可以看到那裡平原才生長的植物；而篤斯越橘和水越橘正是長在高山上的，在我們這裡就長在更北的地區。

只要稍加留意，就能發現你身邊處處有藍莓和越橘樹叢，就算枝幹瘦小或是結果稀少，但任何小樹林邊、未被開發的原住民保留地上，都有它們，隨時準備發芽長枝，和其他植物們一起競爭高下。人們為了獲得各種利益砍光山林，又正是它們重新將禿嶺披上新綠。無論什麼樣的樹林被砍伐後，它們就緊跟著冒出繁茂的枝條，這正是為了不讓任何土地裸露而生生不息，所精心預備的造化。大自然這位母親不但用它及時修復大地上的創口傷疤，還用它來補償我們，既然森林不在了，那就用它們為我們提供美食吧。就像檀香樹用香氣使來砍伐的人如癡如醉一樣，大自然即使是對糟蹋資源的人也予以這種意想不到的回報。

只要記得哪一處樹林曾被砍過，每年算算日子差不多了，就可以去那一處採摘它們。在樹林深處的大樹下深睡了百年，

一見天日它們就迫切要饗我們以美果。為了收穫牧草或阻止小孩進入草地，農夫將草地用火燒荒或把草割去，而如此一來這類漿果反而長得更加茂盛，藍莓嫩枝新葉的那種紅色甚至能染紅一片草地。我們這裡包括波斯頓的三大山[43]（不用說還有邦科爾山）在內的所有山嶺都是——或曾經是——漿果之山。家母就記得現在羅維爾教堂所在之地，當年就是她採摘篤斯越橘的好去處。

　　總而言之，在英國人占領過的美洲部分和北邊的一些州，篤斯越橘的各種品種都聚集在大森林裡休息養生，大樹一被砍掉，它們就挺起腰桿，還要北上擴大地盤。什麼紅莓呀、越橘呀、蔓越莓呀，格陵蘭的愛斯基摩人將這些統統叫漿果草；葛蘭茲[44]說格陵蘭的人冬天把叫「越橘草」的東西連同皮毛、泥巴一起鋪覆在屋子上。他們還用這種東西做燃料。我就聽說這一帶有人發明了一種機器，專門用來將越橘樹桿鍘碎後做燃料。

　　篤斯越橘的成員對土壤和陽光深懷敬意，以如此四海為家的方式在我們身邊到處生長，多麼了不起！我們可以毫不誇張地說：幾乎每上升一百英尺就會產生一個篤斯越橘的新品種，不是這一種就是那一種，就像我所提過的，而且不管在什麼地方，不管其植根的土壤如何，它們一定根深葉茂，充滿生機。在濕地有高灌藍莓；在其他性質的土壤和坡地，則有第二種低灌藍莓（即晚熟藍莓）和越橘；在溫度低的地方或開闊地帶（尤其是林間的開闊地帶和山頂），則有賓夕法尼亞藍莓和加拿大藍莓；而我國最高的山脈峰頂（即懷特山脈）還有獨特的

43　波士頓三大山峰為：Pemberton Hill、Beacon Hill，和 Mount Vernon。
44　此人身分不詳。

兩個品種，這又是其他地方絕對沒有的。新英格蘭的大部分地區——從海拔最低的谷地到最高的山區——都分布有篤斯越橘家族的成員，它們的灌木林蓬勃興旺。

同樣如假包換的是篤斯越橘品種在這裡的一個成員——美洲越橘，只在這裡生長。不清楚附近有沒有一處灌木成林，但我就是知道有這麼一種越橘的品種生長著。勞登聲稱篤斯越橘類「只能生長於泥炭性土壤，或類似的黏土」。但美洲越橘不是這樣。它生長在這裡的高山上，無論牧場土壤多麼貧瘠荒涼，它都能扎根安身，甚至我們的沙漠都有它，就那樣把根扎在沙裡；肥沃的土壤裡它同樣欣欣向榮。有一種美洲越橘特別適宜沼澤地，即使沒有可以生根的泥土也照樣長得自在；不說別的，就拿毛果藍莓來說吧，雖然它的味道不好，但是沼澤地裡就長著它。美洲越橘在森林中相對長得少一些，但有一個品種卻非常特殊，因為它就只生長在潮濕的樹林裡和灌木中，這個品種就是藍越橘。因為大自然母親的眷顧，飛鳥走獸也好，人也好，凡來到這裡，都受到這種漿果的款待，即使它們的好味道會因氣候和土壤差異而有所變化。玉米、馬鈴薯、蘋果，還有梨等，生長地區都有限，而篤斯越橘中的這種佼佼者，你就是在華盛頓峰[45]之巔，也能毫不費力採上一大筐；更別說平常我們都熟悉的那些美國越橘品種了，就連格陵蘭一帶人們也能採到某些獨特品種。同樣道理，我們能在家園附近採到的越橘，樣子卻是格陵蘭人做夢也想不出來的。

我不斷讚揚的美洲越橘中，有很大一部分都連綿地相續生

45　即懷特山脈主峰，海拔為六二二八英尺，約合一九七一公尺。

長在阿爾岡昆[46]人生活的地區，就是現在的美國東部、中部和西北部諸州，及加拿大一些地區，也包含曾是易洛魁[47]人居住地的紐約州所環繞的地區。所以這些美洲越橘實則是阿爾岡昆和易洛魁越橘。

當然了，印第安人遠遠比我們重視野生的水果，尤其是對越橘。印第安人不僅教會我們食用玉米，如何種植玉米，還教會我們食用越橘，並教會我們如何將這種果實乾燥後保存過冬。當年，如果不是看到他們吃這種果子，我們白人準會忑忑不安好一陣子，還下不了決心放開膽子嘗。正是看到他們吃，我們才憑經驗推想這東西野生無主卻有益無害。一次在緬因州，就是跟著一個印第安人走，觀察到他邊採邊吃的一些越橘中有些是我從沒想過要放到嘴裡去的，於是我又知道更多的可食越橘品種了。

為了讓大家更容易瞭解印第安人是如何廣泛利用越橘的，我將用大篇幅引用旅行家們的敘述，並盡可能依這些引文出版的先後轉述。惟有這樣耐心傾聽前輩重複地講述那些發自不同時間的故事，這樣我們才會明白真相——儘管他們去的地方都相距遙遠，但發生的事卻都能相互印證。

既然印第安人很重視越橘，那麼在收穫越橘的日子裡他們如何利用新鮮越橘，這些發現者們倒是沒提，很可能就直接放進嘴巴吧。我們現在有種成卷成卷的大書叫做食譜，書中提到用水果做的小煎餅上桌時，除了寫著「立即食用」再沒半個字

46　居住在魁北克的渥太華河谷和安大略省的美洲印第安族。

47　美洲原住民居民邦聯，在紐約州，最初包括莫霍克、奧內達、奧農達加、卡尤加和塞納卡等族人。一七二二年後，塔斯卡洛拉人加入邦聯，組成了六國，也作「Iroquois League」。

了。所以我們至今仍不瞭解當年印第安人是如何採摘這種果子，要知道他們會花上六星期或更多的時間來做這事，很可能還為此露宿在越橘長得茂密的野地裡。

現在我要追溯到更早，用我相信的有力著作來證明這一點：印第安人絕不是從白人那裡學到食用越橘的。

那還是一六一五年，魁北克的發現者尚普蘭[48]遠征到渥太華，觀察這裡的情況，並在前往淡水湖（那以後就叫賀頓湖）的途中遇到阿爾岡昆人，在和他們為伍的日子裡，他記下了他們如何為了過冬採集一些細小的果子並加工乾燥。他把這些小果子分別叫小藍果和懸鉤子，而前者正是那一帶最多見的藍莓，也可以說就是我們稱作低灌早熟藍莓的一個品種。來到淡水湖邊，他又發現這些土著用碾碎的玉米粉和上煮熟後搗成泥的豆子烘烤成麵包，有時也會放入這些乾了的藍莓和懸鉤子。這可是比那些遠渡大西洋、移民來到這裡的清教徒[49]早五年哪。這也是迄今發現使用漿果做麵包最早的文字記錄。

方濟會的修道士加布里埃爾·薩加德記錄對一六二四年遊歷休倫湖[50]一帶的經歷時寫道：「這裡藍莓實在太多了，休倫族[51]人把所有的小型果子統稱為『雜湊克』（Hahique），唯獨把這種果子單獨叫『奧亨塔克』（Ohentaque）。如同我們把梅子曬乾，這些原始居民也常將其乾燥後貯藏過冬，又用來

---

48 Samuel de Champlain（1567—1635）法國探險家，於一六〇八年在今魁北克省建立了一塊殖民地。

49 一六二〇年在新英格蘭建立普利茅斯殖民地的英國人，主張脫離國教。

50 北美五大湖中的第二大湖。

51 美洲原住民的一個聯盟，曾居住於安大略省東南西姆克湖周圍，現在人數已很少，主要居於魁北克省和奧克拉荷馬東北，在那裡他們被稱為懷安多特人。休倫人曾在整個加拿大東部廣泛地從事貿易。

給病人開胃口，還將其作為調味劑放入粥和麵包，後者通常放在炭火餘燼裡烘烤至熟。」據他所稱，那些人放入麵包的果子不僅有藍莓和懸鉤子，還有草莓、桑椹，以及「另外一些曬乾的小綠果子」。在早年來到美洲的法國探險家們筆下，採摘藍莓對美洲原住民來說是常見的事，他們採摘時歡天喜地，猶如慶祝豐收。

耶穌會的修士勒・熱恩來到魁北克定居。一六三九年寫下《往事如煙》（*Relation*）提到那些原住民：「他們之中有人竟感覺自己已經生活在到處都是藍莓的天堂。」

非常瞭解印第安人的羅傑・威廉姆斯一九四三年出版了一本書，專門介紹他周遭的原住民鄰居。他這樣寫道：「這些當地人把葡萄和越橘曬乾後叫做『索塔什』，這些索塔什可以貯藏一整年，吃的時候將它敲打成粉末，放入穀類，能做成一道非常好吃的東西叫『索塔斯格』，他們吃到嘴裡所感到的那種快樂就像英國人吃李子餅或豆蔻點心時一樣。」

但是一六六九年出版的《憶新英格蘭》（*New Ehland's Memories*）一書中，作者納旦尼爾・莫頓寫道：一六三六年，有一個叫奧達姆的印第安那拉干賽部落族人去世了，白人傳教士為表示哀悼於是守靈並獻唱讚美詩。「煮熟的板栗等於是他們的白麵包，舉辦宴會是件大事，人們挖空心思如同英國人那樣做些別的東西──比如在玉米布丁裡放入很多黑莓，這東西與加侖子有幾分相似」，無疑這裡說到的就是越橘。這番話分明在暗示印第安人是學英國人的方式吃東西，或是特別為英國人做了英國料理，他們自己自然並不愛吃，抑或這種英式食品對他們而言十分稀罕。可是，我們早就發現印第安人對這些食品習以為常，更可能是白人學印第安人的方式才這樣做的。

一六七二年出版《新英格蘭奇趣逸聞》（New England's Rarities Discovered）一書的作者約翰‧喬什利[52]在講到該地果類時寫道：「這裡有黑色和天藍色兩種歐洲越橘，後者較前者更為多見……印第安人將這些越橘曬乾後以桶為單位出售給英國人，而英國人用它代替榅桲子，煮熟或烘焙後放入布丁裡。」

規模最大的採越橘盛會，就我所知是邱吉爾船長回憶錄中提到的一次[53]。一六七六年夏天，他率人馬為了追趕菲力浦國王，在現在的新貝德福德附近的一處平原上遇到一幫印第安人。這些人多為婦人，正在那裡採摘越橘，見軍隊來了，棄筐而逃，果子散了一地。邱吉爾不但對這些人舉刀相向，殺死多人，還掠了六十六人。俘虜們告訴邱吉爾說，她們的丈夫和兄弟共數百人在不遠的雪松濕地等著與她們會合，趁她們來這裡採摘越橘之時，這些男子就去斯貢第岩頸（Sconticut Neck）宰牛宰馬，把即將舉行的盛大歡慶準備得更充分。

一六八九年，拉‧翁坦[54]在五大湖地區寫出的信中也和眾多法國旅行者一樣，反覆說起印第安人如何曬乾以貯藏藍莓。他寫道：「如果能倖免於被摘採，北方的藍莓一眼望去滿山滿谷，住在這裡的原住民夏季便大量收穫。」當時藍莓數量遠比我們想像的要多。

拉舍爾神父一六九一年曾撰寫了《阿貝內基語辭典》

52　John Josselyn（1638—1675），十七世紀到新英格蘭旅行的英國人，他是這一地區的物種最早發現者。

53　此事件引自約翰‧喬什利的《新英格蘭奇趣逸聞》（New England's Rarities Discovered）。

54　La Hontan（1666—1715？），法國貴族，在法國海軍陸戰隊服役期間，考察過明尼蘇達、威斯康辛和密西西比河上游流域。

（*Dictionary of the Abenaki Language*），他註明在阿貝內基[55]語中新鮮藍莓是「satar」，乾燥的是「sakisatar」，七月如譯成英語則是「藍莓成熟的月份」。這也印證了藍莓對這些人有多重要。

亨內平神父[56]一六九七年寫道，在聖安東尼大瀑布附近他被蘇族的瑙多維希人俘虜了。他觀察到俘虜他的人將一種藍莓當調味品，拌入野生稻米中食用。「他們將那種藍莓曬乾後，其味道可以和柯林斯一帶的葡萄乾媲美。」柯林斯葡萄乾就是從希臘進口的加侖子。

英國人約翰・勞森關於卡羅萊納州的著作於一七〇九年問世。書中對北卡羅萊納如此描述，「這一帶的美洲越橘（或藍色的越橘）有四種之多……第一種和英格蘭北方盛產的那種藍色歐洲越橘一模一樣……其次則株棵矮小」，並提到後一種果子更小。「第三種生在地勢低的地方，株高三到四英尺。第四種株高如樹，十到十二英尺高，樹幹如成年男子的手臂一樣粗，這種的大多長在低地和溪流處……印第安人採下許多，攤在墊子上曬乾，用來做成麵包或其他一些好吃的點心。」我記憶裡，他還是用到「美洲越橘」這個詞的第一人。

著名的生物學家約翰・巴特拉姆進入當時還是蠻荒之地的賓夕法尼亞、紐約的易洛克和安大略湖一帶考察，一七四三年回到費城。他說自己「（在賓夕法尼亞）見一印第安婦人正在曬一種越橘，其方法是在地上支起四根有杈枒的棍子，每根高

55　阿貝內基是美國原住民民族，原居住於新英格蘭北部和加拿大東南部。阿貝內基語是阿貝內基人所使用的兩種東阿爾貢金語言中的任何一種，也稱作瓦巴納基語（Wabanaki）。

56　Father Louis Hennepin（1626—1705），基督教傳教士、探險家。

三到四英尺，然後搭上很多草莖連成一片，再將美洲越橘鋪在草上，就像烘乾麥芽時鋪在爐子上的氈子上那樣。然後，婦人在地上生起一堆火，用煙熏乾那些越橘。她讓自己的一個小孩看守在火邊」。

卡姆[57]記敘自己一七四八到一七四九年間在這裡的遊歷中說：「我在易洛克部落領地中旅行時，當地人想好好款待我時，總會饗我以玉米麵包，這種麵包是橢圓形的，裡面添加了越橘乾果，就像我們往李子布丁裡放葡萄乾一樣。」

上個世紀末，大半生都和德拉瓦印第安人一起生活的摩拉維亞的傳教士赫克韋爾德言之鑿鑿地說，那裡做的麵包有一英寸厚，六英寸寬，而且裡面的確「摻了越橘，或新鮮，或乾，但不用煮了再放」。

一八〇五年，路易斯和克拉克[58]在洛磯山西邊看到印第安人做很多東西時都用越橘乾果。

最後再引用一八五二年出版的《威斯康辛、愛荷華、明尼蘇達地理調查》（*Geological Survey of Wisconsin, Iowa and Minnesota*）一書，作者歐文寫道：「賓夕法尼亞藍莓：（也就是本書中提到的低灌早熟藍莓）聖克洛勒斯河流上游一帶幾乎是不毛之地。但這種普通的美洲越橘之一在這樣的沙地上也蔥綠一片，與班克松的生長特性相似，結果纍纍，其他植物不可同日而語。印第安人採集後熏乾，大量貯藏，味美可口。」

從這些古人今人的作品中，你可以看到北美的印第安人一年四季都不離開美洲越橘，吃法和處理手法遠超出我們。而

57　Pehr Kalm（1716—1779），瑞典探險家，著有《北美遊記》（*Travels into North America*, 1773）。

58　此兩人身分不詳。

且，美洲越橘對於他們也遠比對我們重要得多。

　　以上引用的諸文中還證實了：用越橘乾果做各種料理是印第安人極為普遍的做法，或是布丁，或是粥，或是糕餅。用美洲越橘做成的越橘餅我們當點心，印第安人當年卻是作為主食，當然他們也拿其他水果做類似的料理。沒聽說他們往麵點裡放入蘇打粉、碳酸鉀或明礬，但他們也真的放過一些我們不會覺得好吃的東西。在這個一度盛產玉米和美洲越橘的國度，再也沒有一種糕點食品能這樣令全民喜愛，能這樣得到推廣了。我們的祖輩還沒聽說過美洲玉米和美洲越橘，這種糕餅就已經成為印第安人世世代代的美食了。如果你能在一千年前來到美洲，那時候無論是在東北的康乃狄克河谷，還是東部的波托馬克河沿岸，抑或是北邊的尼亞加拉，加拿大的渥太華，還有密西西比流域，說不定你吃到的都會是同一種越橘玉米餅。

　　幾年前，我看過一幅畫，畫中生動描繪了南塔克特最後的一個印第安人[59] 手提一大籃美洲越橘，這似乎也暗示了他在末日到來前的工作。我一定不會比這些越橘活得還久，這一點我深信無疑。

　　一七八九年，特納[60] 被印第安人抓住，從此和印第安人一起生活了很長時間。他能說出至少五種越橘在其佩瓦語的名稱。他說：「meen 是一顆藍莓，meenum 是很多藍莓。」他

59　梭羅曾於一八五四年十二月末去過南塔克特，為那裡的文藝協會做演講。當年十二月二十八日的日記中他寫道：「最後的一個印第安人就在這個月裡死了，儘管他的血統已不是純印第安的，我看到一張他的畫像，畫上他提著一大筐越橘。」這位印第安人名叫阿勃拉姆‧誇利（Abram Quary），死於一八五四年十二月二十五日。梭羅看到的那幅畫至今仍掛在南塔克特文藝協會裡。

60　此人身分不詳。

還這麼說：「這個詞是最基本的詞，其佩瓦語裡，所有果子的名字都含這個詞根。」也就是說所有的果子都是在「meen」前加音節。和今天對我們來說一樣，藍莓對其佩瓦人也是最尋常、最親近的東西了，是一切漿果的代表，或者稱為漿果之王。

如果植物學家保留印第安人對於各種美洲越橘的不同名稱，而不是採用那些名不副實的希臘文、拉丁文和英文命名，那一定要好得多。那些正式命名可能對大西洋另一邊的科學研究或應用很方便，但的確不適合於家族龐雜的美洲越橘，這些越橘生長在大西洋的這一邊。何況對拉丁文的「Vaccinium」至今人們仍有爭議，誰也不能斷定究竟是指花，還是指果子。

植物學家為這種植物追根尋源。杜納福爾[61]毫不猶豫就給它授一古香古色之名：艾達之葡萄。不過稀鬆平常的英國樹莓過去的希臘名字也叫艾達之莓。這樣看來，這種藍莓和樹莓都是以生長在寒冷的開闊地帶，高山峻嶺正是其自在之鄉。這一來，我就能接受這類叫法，因為這種東西的確生長在艾達峰。不過，蒙納多克峰儘管有個不太好聽的綽號叫「凶石山」，卻和艾達峰的環境一樣，甚至很可能更適宜藍莓生長。看在岩石愈是兇險愈能入詩人筆下這一點，我們還是把這個不太有把握的東方推想放置一邊，姑且相信西方的定論吧。

北方各州都有野生的李子、無法下嚥的海棠果、可口的葡萄，還有一些勉強能吃的堅果。但我還是認為能和熱帶水果相提並論的，仍是品種繁多的美洲越橘，而且我也絕不願意用我們的越橘去交換。因為這並不是裝船運來可以買賣或食用的東

---

61 Joseph Pitton de tournefort（1656—1708），法國植物家，他是給植物準確分類的第一人。

西那麼簡單，關鍵是採集過程中那無法估量的愉悅。

　　和採集美洲越橘相比，收穫梨子如何呢？園藝家們為自己栽培嫁接的梨樹忙忙碌碌，究竟又能說出有幾家會正經種梨或大筐大筐地買回梨子呢？比較而言，梨不過就那麼回事。一年到頭，我嘗的梨不會達到兩位數，而且我相信大多數人吃的梨還沒我吃得多。要說明的是，寫剛才那段話時，我鄰居[62] 的梨園還沒有結梨；自打果園開始結梨，他就往我和其他人口袋裡塞梨。老天爺讓我們在足足六個星期裡（或更多）可以吃到越橘。滿園蘋果也比不上越橘重要，一個家庭一年吃的蘋果再怎麼樣也不會超過一桶吧，可是想想看：一兩個月的日子裡，男女老幼天天都吃越橘，還有那些鳥也來打秋風。就是那些柳丁呀、檸檬呀、堅果呀、葡萄乾呀、無花果呀、榲桲果呀，諸如此類，對我們來說也都沒什麼了不起。

　　用金錢衡量的話，它們也不是無法獲利之物。聽說一八五六那年，就有阿什拜的居民靠賣這種美洲越橘得了兩千元呢。

　　到了五月和六月，這裡的田野和山崗到處都開著一種花型有幾分像鈴鐺的花，非常別致。這種花就是美洲越橘家族成員。花通常帶幾抹淡淡的粉紅或大紅色，綻開後輕輕彎下，引來小蟲圍著嗡嗡飛個不停。每一朵花都將結出一顆漿果，這種漿果是大地母親所能獻出最無粉飾、最有益健康、也最甘甜的果實。我思忖這該不會是最大的漿果家族 —— 篤斯越橘的其中之一，竟開出能這樣帶來果實的花！這種植物無處不在，飽滿充盈，數量豐富，而且不用花費半毛錢，豈非神賜？可是總

62　這個鄰居就是赫赫有名的美國作家、哲學家和美國超驗主義的中心人物愛默生（Ralph Waldo Emerson, 1803—1882），他果園的梨樹於一八六〇年開始結果。

有這樣的人，這樣被魔鬼迷了心竅的蠢人，居然為種菸草做生計，不惜傷天害理蓄奴耕作等等，作惡多端。這樣窮盡心思、耍卑鄙手段就為種菸草，不惜毀掉這些莓果。田野裡飄起一圈圈菸草化成的煙霧，正是那些菸草的主人對財神的膜拜。我們被誰授予了何等權利，竟要用這種方法來區分基督徒和伊斯蘭教徒？為了每一種生靈的利益，比如說鱈魚的呀，鯖魚的呀，這些都可以上訴到地方議會請求判決，可是沒有人理會越橘的利益。最初的發現者和探險者向我們報告這種越橘的存在，然而現在的人壓根不理會它們的生死。

藍莓和美洲越橘就這樣樸實平凡而生機勃勃，對人類付出了關愛。簡直難以想像有什麼地方沒有長這些東西，就像鳥離不開它們一樣，人也離不開它們。當紅皮膚的土著還活在這片土地上時，它們覆蓋著滿山遍野，現在那些人不在了，它們還在。難道它們不是野果之最嗎？

只有在這一個季節才能豐收這種果子，那麼這又寓意什麼呢？大自然總是盡最大的力量來呵護自己的孩子們，春天孵出的小鳥現在剛剛學會覓食；每一棵小樹和每一根藤蔓也都做足了準備，用既營養又富美味的花果款待路上行人。無論腳下的路把他引到哪裡，上山下山，還是進入森林或曠地，路的兩旁永遠有數不清的漿果，種類多樣，根本無須離開大路，他就能夠盡興地採摘，要多少就有多少，而且美洲越橘生長的地方不同，色彩和味道也會不一樣。那種晚熟的低灌藍莓生在水分多的土壤時結的果最大，而到了濕地，他採到的高灌藍莓味道甜酸度最佳，不管走到河岸邊還是來到平原，只要腳下是沙土地或石堆，那準能採到低灌黑莓，儘管品種不會很多。

行人終於與大自然如此親近了，他就像其他的生靈一樣走

到哪兒就採摘到哪兒。大地和山崗是永遠擺開的餐桌，大自然備有食物也備有飲料，好提神醒腦。各色佳釀就在那些莓果薄薄的表皮下如同裝入酒瓶，備料豐富，飛禽走獸盡可以暢飲。與其說這些越橘是為我們提供的食物，不如說是向我們示好，是一種特殊請柬，邀我們與大自然一起真正野餐。摘下這些果子，放進我們嘴裡，就記得大自然母親的恩惠。這可不是禁果，不是邪惡的蛇誘惑著去吃的禁果——這是大自然賜予的聖餐，我們則是在領受聖餐。舌邊留下淡而純的甘甜是大自然對我們的友善示意，她接納我們做她的嘉賓，讓我們倍感她的關懷和呵護。

每每登山之時，見山路旁叢叢美洲越橘或藍莓搖曳，掛滿果實的樹枝似乎不堪重負，低低地垂向地面，不禁想到這是何等尤物，只應生在奧林匹亞山供眾神受用。往往你都沒意識到其實是因為它們，這裡的山就等於是奧林匹亞山的仙境樂園；當你採下吃了，你也就如神仙般快樂。既然有生以來做了一回神仙，也就不必再眷戀而不思人間了。還是去那乾燥的牧場，那裡有這些果實不僅讓你一飽口福，還讓你吃的時候也自然聯想到：就像它外表那樣沒有矯飾，能滋養大腦，助人思維。

如果偶爾果子結得少，次年就一定會結得多，好似它們也想給予補償。記得有的季節雨水豐沛，果子結得又多又大，結果猛然一看這裡的山，座座是藍紫色的。這種「大年」的年成裡會出現前所未見的許多新品種，任一切生靈盡情享用也不會耗竭。有一年也碰上是越橘的大年，人們在康南頓峰的一側深山溝所發現的新品種就多達五六個。記得先下到樹蔭濃密的溝地，那裡能找到第一批色彩淺藍的藍莓，鮮豔漂亮，一大簇一大簇的靜候在那，分明就是奧林匹亞聖山之果——香氣美妙，

皮薄汁多，味道清爽。然後，再往上爬，就能看到一樣密密生在一起的各色低灌晚熟藍莓，果肉結實甘甜；爬到更高處，有果實更大的各種美洲越橘，或紫或黑，疏密不一。位置最高的當數瘋狂生長的低灌黑越橘枝蔓，黑色的果實層層疊疊堆聚在藤蔓上，隨著藤蔓蜿蜒生長忽而生團，忽而成圈，震撼視覺。與這些黑越橘交錯的是高灌黑莓，主幹高高挺立在那裡，頗有鶴立雞群之態，樹上果實將熟未熟，或密或疏掛在枝頭或藤上，細小樹枝和大小葉片將它們自然分開，從而也能使其透氣暢快，不至於未熟便發爛。就這樣，沿著藤蔓樹叢隨意前行，信手採下你認為最好的果子，高灌黑莓枝上的一顆也許和你的拇指頭差不多大小，但大小並不重要。看到這一種，過去採一點兒，看到那一種，再過去採一點兒，就這樣邊走邊採，採了一大捧，不少還落地被你踩爛。手中莓果形態顏色各異，但論及味道，一定還是那種帶有粉霜的最好吃，口感最清爽。我自己就曾在這一種情況下深入樹叢尋找它們，最後竟然發現了一種從不為人知曉的品種。每當看到新的一塊爬滿黑莓藤蔓的地方，或新的越橘樹樹叢，你總會認為比之前看到的顏色要更甚，因為果子更多。有些地方的美洲越橘實在太多太好（比方說長的全是這種黑越橘），你就會做下記號，以待來年造訪。

　　儘管越橘果實纍纍，卻不見飛禽走獸對它們下口，看見的倒是螞蟻和些小蟲子在越橘身邊忙個不停。牧場上的乳牛走來走去，對它們視而不見，這也算是我們人的福氣了。其實飛禽走獸也吃漿果，只不過我們看不到而已，一來這種果實分布廣、數量多，二來那些動物也不敢光天化日朝有人的地方鑽，因為知道我們會獵殺牠們。不過，動物們比我們人遠遠更需要這些漿果。我們不注意的時候，知更鳥常常光顧我們的櫻桃樹啄

食櫻桃,而狐狸總趁我們離開後才在那些長滿越橘的野地出沒。

有一次我挾了一大捆越橘樹枝放到小船上,然後我就划船回家。和我同行的還有兩位女士,她們把樹枝上的果子採得一顆不剩,每枝採完就往水裡一扔,採下的足有三品托(一品托合約 0.55 升)呢。

即使是尋常年份裡,美洲越橘結果並非那樣豐盛,我摘採的收穫仍然不少於大年。當然,這樣就得走遠,去這一帶偏僻一點的地方,在那些粗心農夫的房舍院牆之間的地帶,土壤當然也比我家附近的肥沃得多,於是能收穫頗豐。是越橘,不管是樹還是藤,都會結果。路旁樹叢就是越橘之家,黑越橘、越橘、糙莓等等都各自為營結伴而生,枝頭果實色澤鮮亮,數量豐富,哪裡有半點貧瘠的跡象,也沒有被採摘過的痕跡。高高的岩石上,黑越橘從層層葉子下探出頭向我張望。難道岩石上也能聚集水分嗎?難道就沒人來採摘過嗎?我似乎進入到肥沃的鄉土,人間的伊甸園。這就是忘憂山[63],這就是河裡流淌著牛奶,地上長滿越橘的福地,只不過那些漿果尚未放進牛奶裡。這裡的香草從不枯萎衰敗,這裡的露珠永遠晶瑩不竭。我自問道:此處的人受到上天何等眷顧啊!

若知道自己有多幸福,這些農人理應充滿感激。[64]

帶兒童們認識野外森林時,這種漿果的作用也非同小可。越橘結果的季節距學校放假還有很長一段時間,但是果樹間仍

63　出自英國傳教士兼作家班揚(John Bunyan, 1628—1688)所著之《天路歷程》。

64　此段出處不明。

106　**野果**　
Henry David Thoreau

不斷見到小小的手指上下翻動，採摘小小的果實。這並不是什麼苦差事，這分明是遊戲，而且是會得到實實在在回報的遊戲。新英格蘭八月一日那天就是奴隸解放紀念日[65]。

那些從沒到過遠處山崗、野地和濕地的婦人兒童，這時都行動了起來。他們帶上做家務活用的一些工具就急急忙忙出門了。冬天樵夫進入濕地是為了伐樹砍柴，而他的妻子兒女夏天進濕地是為了採漿果。現在，從女人採摘漿果和堅果的純熟程度，你一眼就能分辨出誰是真正土生土長的農家女，那種骨架身板粗大、兩眼圓睜、目光狂野的女子往往就是，雖然她從沒去過海灘[66]。

撒迦利亞[67]親眼看過並去過的好地方叫極樂世界，但他不曾告訴人們在哪裡。他當年就是搭乘運乾草的車到那裡，那時的大車還沒有彈簧，想必顛得不行。我們不妨也搭乘運乾草的大車去遠方的極樂世界吧，好在現在的車子都有彈簧，身體下方再墊上乾草，多少能減幾分顛簸之苦。這樣的旅行方式雖然有許多不便和辛苦，還常中途停上半天，教人急得發火，但不失為聊天話家常的好機會，而且除了發現越橘之外，也能看到很多好風光。然而對於老練的行者而言，即使是在叢林裡穿行的路程也饒有新意，令人嚮往。天氣很熱的話，男孩子往往會砍下漿果結得多的枝條後扛到有樹蔭的地方，女孩就在樹蔭下

65　美國南北戰爭前，新英格蘭地區每年八月一日慶祝紀念西印度群島獲得自由。

66　梭羅自己在手稿的邊白上註釋道，這是借用英國詩人濟慈（John Keats, 1795 —1821）的一首詩《無情的女人》（*La Belle Dame sans Merci*）中對海邊一婦人的描寫，那首詩用了「兩眼圓睜」（wild-eyed）。

67　六世紀的希伯來先知，《聖經·舊約》中有記錄他言行的一本叫《撒迦利亞書》。

輕鬆地摘下漿果。不過這一來卻也白白少了好多樂趣，不能好好領略田野風情，有很多好節目也就這樣錯過了——如果你對音樂敏感，牛鈴聲傳來也是新體驗，而伴隨陣雨平地乍起的驚雷，很可能會嚇得你慌不迭地找地方躲起來，甚至癱倒在地。

在長著越橘的野地裡，我試圖為長途跋涉做些預習演練。我從未為這些演練預習交過半毛學費，也沒治過裝，但我從中所學反而比在任何學校學得的還要實在，並獲得回報。在新英格蘭，希歐多爾‧派克 [68] 絕不是唯一一個借助採摘漿果而自學成才的人，雖然他原本也能去哈佛或任何什麼遠離漿果地的學校念書學習。長漿果的地方本身就是一所大學，在這所大學裡，不用聽斯托理、沃倫和韋爾 [69] 耳提面命，你也能學到永遠不會過時的法學、醫學和神學知識，田野比這些哈佛教授不知強多少。為什麼有人竟急急從漿果地抽身，趕著要擠進哈佛校園呢？

很久以前，有些人生活在荒原上，遠離城鎮。那時稱非入主流的人為「荒原佬」的做法十分深入人心，所謂「荒原佬」意思是不開化的異教徒，當然不是好詞。因此，我深信像我們這些住在長著越橘的野地附近的人——那越橘野地就是我們的荒原——一定也被城裡人看不起，很可能他們就叫我們「越橘佬」。但最糟的是，城市的擴大並沒有拯救我們多少，反倒消滅了更多越橘。

68　Theodore Parker（？—1859）是美國建立圖書館的第一人。幼年未上過學，一八二二年到波士頓，靠採摘漿果所得買下自己有生第一本書。從此為建設一個圖書館努力，並將自己的圖書館送給波士頓市。

69　此三人都是哈佛大學教授。在希歐多爾‧派克一八三三年去哈佛求學期間，依序分別教授法律、醫學和神學。

我十歲左右，偶爾在夏日的上午（尤其這天家中請來裁縫師做衣服必須招待，而決定做藍莓布丁），常常會吩咐我一個人去附近山上，這一來也有了不上學的好藉口。不管山上結的藍莓數量如何稀少，到十一點鐘左右，做布丁的分量採夠了，我還把它們反反覆覆在手上轉來轉去看了幾遍，確保個個都是熟透的。我給自己定的原則是：在這種情形下採越橘，若沒採足家裡做飯菜用的分量，就絕不吃一顆，因為採漿果這工作本身的意義遠大於吃漿果。家裡人待在屋子裡忙得翻天覆地做布丁，這事比較麻煩，而我可以走出家門逛一上午——且不說這一來更有了好胃口能多吃布丁。他們只吃到布丁裡的果子，而我得到的遠遠要比放在布丁裡的值得回味。

　　和玩伴一起採漿果時，有幾位總會帶一些形狀特別的杯碗，我每次看了總是好奇那些果子該如何置入。有個小夥伴帶了一只咖啡壺去採越橘，這個東西的確有很大的好處——回家路上，如果貪吃，從這裡抓一把吃了，他只要把壺蓋蓋上隨便晃晃，就又會顯得滿滿的。

　　好多次，眼看我們這一群人已經走到離家不遠的荷蘭屋[70]了，大家就會這樣做。大概無論用什麼器皿都可以這樣偽裝吧。他們曾是青年美國[71]分子，到了現在已經變得老成，可是他們的主張沒有變，動機沒有變，不過是用來對付別的東西罷了。眼看就快到採野果的地方了，每個孩子都加快腳步甚至

70　根據梭羅的朋友和鄰居 F・B・山伯恩說，這所房子很有荷蘭特點，屋前部的屋頂很斜。

71　Young America 是十九世紀四〇年代初在美國興起的一個經濟、政治、哲學運動，至五〇年代中結束，其特點是熱衷鼓吹市場經濟，支持世界各地共和運動，主張疆界擴張。

跑了起來，急忙忙地占一塊地盤，大呼小叫道：「這是我的了！」然後劃出邊界。另一個孩子又站到一處喊：「這是我的了！」就這樣一個個把地方分了。這樣做對漿果地也不失為一種很好的法制管理。不管怎麼說，這種做法和我們瓜分墨西哥和印第安土地的手段區別並不大。

有次我看到一大家子出來採漿果——父母帶著一群孩子，他們也是這麼分地盤的。他們先將越橘樹枝砍下，然後拿到一個大桶邊使勁摔打，直到桶裡滿是越橘果（生的熟的都有）、樹葉、樹枝什麼的，這才抬著離開，就像一群野人從我眼前消失了。

記得很清楚的是有一次（那是好些年後了），我滿懷自由精神和勇敢探險的鬥志，提著桶穿過一片野地，走了很遠，來到一塊濕地還是山坡，待了整整一天。我那一天的瘋狂「拓展」經歷無論用什麼好學問來換，我也不換。所有的文化都必然通往自由和發展，我頓悟到的遠勝過我在書中學到的。那裡對我就像一間教室，所有值得聽取、值得見習的我都能聽到、見到，而且我無法不好好上課，因為身邊一切都在給我上課。正是這種經歷（通常能不斷體驗到），最鼓舞人奮進，終於促使人去深造，並好生研究。

唉，現在可真是世風日下呀！聽說有些採果子的人居然把地上的越橘也當做自己的了，我就看到有人豎了告示，清清楚楚寫著禁止入內採摘。還有的則將地盤出租，或者限量採摘。Sic transit gloria ruris.（鄉村美好不再了。）我無意怪罪誰，但的確——這是很可悲的。我們曾經的生活中沒有這樣的事發生，真應該為此感謝上蒼啊。鄉村生活的真正價值究竟為何？如果什麼都要上市場用金錢買進賣出，鄉村生活還有什麼意

義？這就會導致賣肉的屠戶推著一車越橘走來走去。意義何在？這揮刀殺牲的傢伙看樣子想要操辦婚禮。這就是我們這個文明不可避免的後果，牛肉充斥，越橘減少；最後越橘減少百分之八十，採越橘的活動也就消亡了。於是我們除了吃牛肉，只剩下沒有果子的布丁。那就讓我們做牛排吧。大家都知道牛排怎麼來的——就是把為你辛苦賣命工作的老牛打翻在地，或者趁牠還在活蹦亂跳時從牠身上切一條肋骨，連皮帶肉，然後等著小牛長大再砍。這一來，肉店門板上就用粉筆寫這樣的字：「小牛頭和越橘有售。」

歐洲大陸和英國隨著人口不斷增加，大城市也多了起來，我想那裡的人也失去了許多享受自然的權利。這地球上的野果等不到被移入園子裡就要消失了，就算在市場上能買到的也只是空殼。整個鄉村都像被加工後一樣的整齊劃一，人們根本不知曾經的豐富多彩，剩下的果子只有薔薇果和山楂果，寥寥可數。

如果長了越橘的地都被劃為私人所有，那個國家會是什麼模樣？走在大路上，看到路旁有這樣私人化的越橘地時，心好沉重。我看見這樣的土地上草木沒有了生機，大自然也垂下了面紗遮住自己。於是我加快步伐，急著想離開這該死的地方。再沒有什麼比這更糟踐大自然的了。看到這種情形，我只能想到：那些甘甜姣美的越橘果都變成臭烘烘的錢了，這真是對它們的褻瀆。是的，我們有權利把越橘作為私有財產，就像我們可以這樣處置草地和樹木一樣；是的，這樣做並不比我們公然立法支持的各種行為更壞。但是，這樣做的最大壞處是：它使我們看到了所有的惡，它使我們預見這文明和勞動分工無可避免的走向？

這樣的事已經發生了——甲是職業的採摘越橘人，他租

了乙的地。現在我們想得出這塊地上越橘採摘工作由申請了專利的馬拉採摘機[72]進行。丙是手藝高明的廚師，管理用某些果子做的布丁事宜。丁，教授，坐在書房著書立說，而布丁正是為他所做。當然，教授寫的書就是關於越橘的。在他的著作裡將記錄上述所有這些工作。可是讀起來又有什麼意思？其實不過始於、也止於這塊越橘地而已。越橘的活力蕩然無存，讀這種書才叫受罪。我更願意另一種形式的分工：丁（也就是教授先生）能進得書房寫作，也應該能走到越橘地裡實地採摘。

在上述例子裡，我深感遺憾的是這真實的利益也無法讓眾人分享，結果變成狗占馬槽（dog-in-the-manger result）。因為這一來，我們就把其他採越橘的人從越橘地裡給排除出去，這樣他們也就無法享受採摘越橘的快樂，及隨之而來的身心健康，或是從中獲得的啟發，同樣，也剝奪了他們採集其他無數種野果的權利。那些野果比越橘更精美，更高貴，只是我們還沒發現有人採摘它們，我們自己也沒採摘或拿去賣掉 —— 因為沒人想過要買 —— 於是就讓它們在樹上自生自滅，乾癟爛掉。我們這樣做的結果就是，狠狠再一次打擊我們與大自然的聯繫。我個人認為這種做法愚蠢至極。只要任何人可以採摘，越橘果哪怕再小再少，也美麗可愛。可是如果對我說：這塊濕地已被某人租用，我連看它們一眼也不願意。這種人不懂得欣賞越橘，而我們竟然把越橘交托給他們。事實就變成這樣了，我們不交錢就不能去採，這樣一來大家就不再去採了。而這群人對越橘哪有半點關心，他們關心的只是錢。這就是我們這個社會允許的 —— 妥協、讓步，任由越橘退化變壞，變成金錢

72　經查實，實際上並沒有這種機器。

的奴隸。

這是一定的，即當人們首次聲稱擁有對這種隨處可見的野果的權利時，也一定多多少少自慚形穢，而且我們偏離那些快樂有趣的採越橘活動時，我們對自己也感到厭惡。如果交由越橘來裁定誰應該擁有它們，它們一定樂意讓孩子們結伴走進用草繩圍住的地裡採摘，還有誰像他們那樣能單純感受採摘的快樂呢？

越橘減少也是我們為修鐵路付出的代價之一。我們所有所謂的「發展」無不是為了要將農村改造成城市。只是這些損失卻從沒見任何人向我們補償。這也意味著——正如我說過的那樣，我們的官僚和多如牛毛的各種司法本質就是如此。這種做法已呈氾濫之態勢，我並不是生來就愛抱怨挑剔——「我愛凱撒，但我更愛羅馬[73]。」

臭臭的紅醋栗
Red And Fetid Currants

一般的紅醋栗，又名 Common red currant，總在七月三日左右長成。

一八六〇年七月七日，往後推了約莫三、四天。

在很多關於新英格蘭的舊作中，作者們提到野生醋栗是黑色，也有紅色，但現在已經很難看到了。毫無疑問，像草莓、鵝莓和懸鉤子一樣，醋栗也一度在這裡生長茂盛。有人在安蒂科斯蒂島（位於加拿大東部）看見野生紅醋栗，據說和這裡人

---

73 引自莎士比亞《凱撒大帝》（*Julia Caesar*）中普魯特斯的台詞（第三幕第二場）。

工種植的完全一樣。羅傑・威廉姆斯就描述過一種印第安食物，是使用醋栗、葡萄和越橘的幾種乾果做成的。

從羅頓[74]到新罕布夏州康科德市的坎特伯雷鎮路上，我看到路邊有一種很臭的醋栗（Ribes prostratum）已經變紅了。一八五二年九月七日，在蒙納多克山的岩洞裡我也採到過那種醋栗。它們有一股臭菸的氣味，但不至於無法忍受。在懷特峰上也採到過一些，果實的外表被一些小毛刺包裹著。

紅接骨木果
Red Elderberry

從羅頓到坎特伯雷的路上，我瞧見熟了的紅接骨木果，那是在一八五八年的七月四日。不只在新罕布夏州東北部見過這種東西，在麻薩諸塞州中部的沃爾塞斯特郡也看過。這是一種非常俏皮的果子。

北方野生紅櫻桃
Northern Wild Red Cherry

七月四日，北方野生紅櫻桃開始變熟，但很快就會爛掉。紅彤彤的，十分漂亮，卻很難發現可以入口的。

一八五二年九月七日和一八六〇年八月四日都在蒙納多克山區看過它們。

74　一個位於美國新罕布夏州的城市。

一八五八年六月二日。在位於特羅伊和費其伯格之間[75]的一些山上，尤其是被燒過荒的地方，看到大量野生紅櫻桃樹開花。同樣在用作營地的舊址和樹林被砍伐的地方也很多見。

薩爾莎（菝葜）
Sarsparilla

到了七月七日，好些薩爾莎[76]果就熟了。

一八五九年十月十四日。已經好幾個星期沒有發現它任何蹤影。

一八五二年六月十日。它的綠色果實剛剛長出。

一八六〇年六月十九日。撥開葉子看到那些小綠果實好不驚喜。

一八六〇年八月一日。現在薩爾莎樹上不僅有綠色的果實，也有黑色的果實了。

低灌黑莓
Low Blackberry

低灌黑莓果實七月九日開始成熟，二十二日就可以動手採摘，但最佳採摘時期是八月一日到八月四日期間，而到了八月底還能在一些遮蔭處找到它們。

一八五六年八月四日。果實已經變軟，但和一八五一年七

75　特羅伊（Troy）在新罕布夏州；費其伯格（Fitchburg）在麻薩諸塞州，兩地相距二十五英里。

76　薩爾莎又名菝葜，攀援狀灌木，有塊狀根莖，莖有刺，葉互生，有掌狀脈和網狀小脈，葉柄兩側常有卷鬚（常視為變態的托葉）；花單性異株，排成腋生的傘形花序；花被片六，分離；雄蕊六或更多；子房三室，每室有胚珠一至二顆；果為一漿果。

月十九日所見相比，數量翻了幾倍。

一八五六年七月二十一日。有幾處黑莓果很密集。完全可以開始採摘了。一八五六年八月二十八日，基本上已被採完。八月二十三日陰涼的地方還看到一些。

「這裡樹林間此時到處長著一種很好吃的漿果，這種漿果枝幹很矮，幾乎貼地而生，此地人稱其為露莓。雖然從外表來看，它和英國本土長得同名漿果完全一樣，但實際上它的味道要遠遠優於英國的那種，還很酸[77]。」

七月九日，河岸沙土地的向陽處，一小部分黑莓已經熟了，伏在地上，就像鋪軌般。十七日，我看到孩子們在大田（Great Field）一帶採摘黑莓。

一八五三年七月二十一日。看到山坡上那麼多又大又亮的黑莓，不禁感到訝異。

一八五六年七月十七日。在 J‧P‧布朗家和那座粗灰泥抹牆的房子之間的山上，意外發現大量的低灌黑莓，全都成熟了。在暖烘烘的季節裡聞到醋栗的酸味的確不尋常。

一八五六年七月十九日。那些掘寶人在河灘（就是克萊門山那邊的一條河）挖掘時[78]，把挖出的沙子堆在一邊，而黑莓就從沙子堆裡冒了出來，這也是我所見今年第一批成熟的黑莓。大概是沙灘的熱輻射催化黑莓的成熟吧。農夫們一致怪這些掘寶人把地上挖得左一個洞，右一個洞，無法填平，而我恐

77　該文引自戈斯（Gosse）的《加拿大自然面面觀》（*Canadian Naturalists*）。

78　根據梭羅在一八五四年十一月五日的日記裡解釋，這些掘寶人（money digger）就沿著克萊門山南薩波里河挖掘，認為可以挖到海盜從前藏的寶。

怕是唯一從這些坑內找到收穫的人。一開始我也沒留心那是什麼沙，也不因為採到黑莓就對那些掘寶人或給他們出主意的莫爾·皮徹 [79] 有什麼感激。有人受損，就有人受益。本是一些懶人的愚蠢，或者是迷信的糊塗，竟使我比別人能更早得到黑莓。抬頭望去，才發現他們早在去年春天就已經開挖，一直挖到山上去。當時，那裡還沒有黑莓呢。

八月初，黑莓變軟了，但在較為陰涼處，那些黑莓就能保有十分的鮮度直到八月末。

一八五四年八月十二日。在越橘樹上，看到伸過來、上頭結著黑莓的長長的梗。那些黑莓中較大的和高灌藍莓結的果一樣大。

一八五九年八月二十三日。在特拉西小巷的松樹下採到了非常新鮮又大的低灌黑莓，吃進嘴裡特別軟嫩也甜美，開闊地方長的黑莓早就過氣了。巷子裡的這種黑莓和一般的黑莓不同，個兒頭大，甜度大，又更柔和。果結得並不稠密，反而很稀疏，悄然棲身於葉子下躲開太陽，完全熟透了。那些能藏在陰涼處逃離日光慢慢成熟的黑莓果，總是特別大、特別軟、特別甜，而且四周總會有灌木叢。

一八六〇年八月二十七日。採摘到一些很大的晚熟低灌黑莓，它們趴在一些小草和青苔上面，有些則長在北美油松林內。

一八五二年七月三十一日。那些長在涼爽潮濕地上的低灌黑莓，葉子皺巴巴的，果子雖小卻結得稠密且精氣十足，是否為普通的黑莓呢？我一直在琢磨這事。

一八五三年七月二十二日。這是哪種黑莓——果實不大，

79　一個惡名昭著的巫師。據傳說，莫爾·皮徹的人給前來諮詢的掘寶人建議，告知他們沿著一棵蘋果樹去挖，可以挖到寶藏。

但密密成簇，尤其把自己藤貼著牆，或其他植物得以庇蔭的東西。黏黏糊糊，味道又非常重。會是什麼呢？

一八五六年八月五日。我找到一大片最後一批成熟的黑莓了。果子並不大，吃起來涼涼的，黏黏的，有點酸，不過倒有些滿甜。它們長在一起，低低垂下。

一八五六年八月十九日。低灌黑莓的品種還真多呀！在這個松樹坡上[80]，我又採到一些很大的黑莓，非常新鮮，味道沁甜。本來黑莓早就該下季了。看來，黑莓的果期比我們所知要長得多。

野生鵝莓
Wild Gooseberry

七月十日那天我採到了野生的鵝莓。

一八六〇年七月二十二日。幾乎在最北邊的安努斯納克牆角看見了鵝莓。

一八五四年五月二十七日。那些剛長出來不久的鵝莓大小和豌豆一樣。

一八五三年七月三十日。在 J‧P‧布朗家的地裡看到了一些。小水珠一樣，很光滑，紅色，從果實內透出一條條縱向的細紋，兩端略扁。（這裡看到的不像種在園裡那種早熟品種那麼早就開花，結出的果實顏色卻和後者結的有幾分相似，也會是深紫或藍色，不過更光滑，含更多膠質。這種鵝莓很酸，味道更重。）

80　梭羅在原稿上用鉛筆寫道：「就是費爾海文山。」

一八五四年七月十日。大多野生鵝莓都變黑了，也脫水了。

一八五六年七月十九日。在 J・P・布朗家的小樹林裡又摘到一捧，果形都很漂亮，顏色有紅有紫，甚至還有幾個仍青青的，可能很快就全熟了。味道還不夠，不像人工種植的。

喬什利如是說：「鵝莓可見鄉間各處，它的果實又稱刺葡萄，果小，熟者色呈紅或紫。」

林奈則稱其為加侖子鵝莓（Grosenlanceoe），並說：「此物北美洲尤為多見。」

金絲桃
Hypericums

這種學名叫「Hypericum ellipticum」的東西六月十日在地勢低的地方初露容貌。儘管當時它們的外殼還沒裂開，但看到它們紅色的蒴果[81]也著實讓我開心。

麥類
Grains

每年，裸麥生長之迅速都令我吃驚一回。

按傳統的說法，一七七五年康科德戰役[82]時，蘋果樹開花了，地裡也麥浪滾滾了。我向一位老先生討教這事，他說不認為那時的麥子已經長得那麼高了，而應該只有幾寸。四處觀察，結果五月十四日看到了裸麥在地上就是這個樣子，又過了

---

81 蒴果（capsule）是果實的一種類型。由兩個以上的心皮構成，成熟後自己裂開，內含許多種子。如棉花、芝麻、百合等的果實即屬「蒴果」。

82 一七七五年四月十九日發生在美國民兵和英軍之間的一場戰鬥。

119

些日子才在草地上找到它們。

七月十一日，收穫季節展開，收麥人在樹叢後方收割裸麥，我只聽到大鐮刀刷刷聲，而他們也許看不到上游處悄悄行走的我吧。

到了七月十三日，遠處傳來連枷的敲打聲，我心頭頓時襲來一陣秋意。回想往年情景，我明白這聲音會斷斷續續持續一整個秋天，甚至冬天，唉。正如塔瑟詩中所寫：

> 打麥呀，打呀，打呀，不斷打呀，
>
> 一直打到來年五月來臨。
>
> 打呀打呀，糧食滿盆，
>
> 灑落在地的餵飽家畜家禽。
>
> 打呀打呀，下雨也不停工，
>
> 這就是我們的勞碌命。
>
> ——《五月農事》（*May's Husbandry*）

一八五一年十月八日。農民收穫蘋果和玉米，並將玉米脫粒。

十一月一日。儲藏玉米。

一八五八年九月十三日。聽到打連枷聲，是為小麥脫殼。此地的人們這樣做已有兩百多年了。這種聲音還能夠流傳多少年？

一八六〇年七月三十日。今年第一聲連枷聲傳來。也許某位農夫急於想把穀倉騰出些地方，抑或是等著糧食下鍋。打的是小麥還是裸麥呢？也許兩者兼有。

聖皮爾認為，如果我們對果實的概念更清晰，就會把樹上結的果實也納入莊稼，而不僅限於禾本。但這樣一來——「假設我們把莊稼的概念延伸到森林的產品，那麼這麼多年它們損

毀於戰亂兵變，或焚於孟浪粗心之人造成的火災，或遭遇颶風連根拔起，或洪水襲來悉數盡走，任何國家要補齊這些損失都需要數十年不可。」

阿方斯·德·康多[83]說過：「通過對很多人的觀察，法布林[84]先生相信禾本山羊草能被人工種植成一種麥子。而這種禾本山羊草本身似乎就是一種羊吃的草改良而來，在歐洲南部非常多見。有人認為這要歸功於戈登先生，因為是他將改良後的種子在野生山羊草中大量實行播種，這樣一來才有今日的小麥出現。」他說小麥在亞洲都是野生的，尤其在小亞細亞和美索不達米亞。

鳳仙花
Touch-me-not

一八五六年七月十四日。鳳仙花種子發芽了。

一八五二年九月二十七日。槍膛開花，它的管束像子彈一樣噴出──就這樣把種子播向四周。我的帽子裡有一些這種管束，它們就在我的帽子裡這麼爆裂了。

一八五○年七月三十日。悄悄地，它們開始發芽長葉，幾乎讓人察覺不到。說起來會嚇你一跳：已經有莖了，還有小小的氣孔，顏色是綠的，深淺不一。

83　Alphonse de Candolle（1806—1893），瑞士植物學家，著有《植物地理學》（1855）。這部書是當時植物地理學所有一切知識的綜合和總結。

84　Jean Henri Fabre（1823—1915），法國昆蟲學家及作家。

野生冬青
Wild Holly

　　到七月十四日，濕地野生的冬青果開始變紅，活像酒鬼的眼睛，外表卻如同蒙上天鵝絨般。也許在所有的漿果中，這是最美的一個——細長的枝條上長滿精緻的葉子，冬青果就擠在這些葉子裡，在枝頭搖曳。

蕪菁
Turnip

　　看到野生蕪菁。七月十五日。

　　另外一天黃昏時分，冷得手指都僵了，我集中心思改進拔蕪菁的作業技術，一心想趁它們沒凍壞時就拔出來。這樣的天氣裡做這事挺有趣。這些蕪菁那麼飽滿，如此翠綠，同時還在為來年儲存養分，這真是不宜錯過一看。在那些已經開始發蔫的綠葉子中，我看到露出點點深紅，那就是圓圓禿禿的蕪菁，有的都快鑽出地面了。看到它們，不禁聯想到被冷風拂紅的面頰。的確，這兩者還真有關聯。只要你播過種，那麼任何收穫，哪怕是冒著第一陣冷風，手指凍得發麻，也其樂無窮。

芝菜
Scheuchzeria

七月十五日，芝菜[85]。

一八六〇年七月三日。在戈文濕地看到了綠油油的芝菜果實。看上去就像一棵挺得直直的草，和一些竹片般的茅膏菜混雜長在一起，從許多苔蘚中脫穎而出，生長在開闊地帶的池塘邊。它的果實被鉛灰的小蓇葖包裹，一兩根細枝就是它用來探查動靜的工具。

一八五五年一月十日。在歐洲蔓越莓濕地，看見池塘邊緣的冰上，有很多老鼠屎般、藏有芝菜種子的小蓇葖，就這個樣子，很細地排成行，多處分布，這樣就能更好更多地吸收陽光。它已經將身下的冰融化了一寸多。可以確信，有些動物以這些種子為食。

一八五八年七月十三日。芝菜現在開花結籽了，除了戈文濕地，它們還長在列頓湖一帶。

阿龍尼亞苦味果
Chokeberry

阿龍尼亞苦味果[86]七月十六日開始成熟，它的最佳季節緊接在美洲越橘之後，要等到八月中下旬。九月初則開始發爛了。

看到那些還沒長得夠大夠好的阿龍尼亞苦味果，年紀小的

85　沼生草本，長十至三十釐米，基部有葉鞘和葉舌。花莖高十至二十釐米，直立，著生數葉，上部的莖葉披針形，較小，呈苞片狀。總狀花序，著生三至十花，花梗長約三毫米，後伸長達一至二釐米，花被片六，黃綠色。果為膨大的蓇葖果，每蓇葖含兩種子。

86　又名黑果腺肋花楸漿果。

採摘人往往會錯當越橘摘下然後放進籃子。在生有藍莓的濕地裡也常常長著阿龍尼亞苦味果，而且兩者幾乎同時成熟。抬頭看到從高處枝頭垂下的阿龍尼亞苦味果，容易讓人忘記它們中看不中吃的特點。有的阿龍尼亞苦味果樹高至少八英尺，甚至高達十二英尺，但你絕不會發現有什麼動物會吃樹上黑黑的阿龍尼亞苦味果。這是一種不被人叫好的漿果，儘管在一些濕地阿龍尼亞苦味果樹只有三至五英尺高，黑壓壓一片的果實，也沒人採摘。教人感到這個世上的阿龍尼亞苦味果實在太豐饒，豐饒到過剩了。但凡我們能加以利用的東西，造化都不會慷慨給予。

一八五三年八月三十一日。維爾山上有大片阿龍尼亞苦味果，果結得密密麻麻，粒粒大得像小櫻桃般，把枝條都壓彎到地上，整個地上黑溜溜的。像這樣結得密密實實的漿果，我還是頭一回見到。

一八五八年八月十二日。今天吃了高灌藍莓。但還是滿想嘗嘗結出一大片密密實實的阿龍尼亞苦味果。沒人想過要吃它們，它們於是就待在樹上把樹葉壓彎了。看上去應該很甜呀，吃起來才知道果肉乾乾的，而且很刺喉嚨，讓嗓子有冒煙的感覺。

一八五六年八月二十八日。繼美洲越橘和藍莓之後，阿龍尼亞苦味果現在也處在結果的高峰期。由於沒有任何人或動物過來採摘，所以果實都能留在樹上，把枝條都壓彎了。它們的數量不少於美洲越橘，初入口有種甜甜的令人愉悅的滋味，但馬上就覺得果肉有如乾了的紙漿，口感很讓人難受。不過一大片阿龍尼亞苦味果樣子十分壯觀，大自然的本領究竟有多大，我們很難一言概之，只知道絕不能小看，除了要養活我們，大自然還有很多兒女需要滋養呢。

八月二十五日，雖然阿龍尼亞苦味果依舊密密掛在枝頭，但有些已經乾得發黑了。

一八五三年九月四日。阿龍尼亞苦味果發出腐爛的氣味。開闊濕地的一些矮小的阿龍尼亞苦味果樹上，依舊掛著許多果實，會一直掛到冬天。

一八五〇年十二月十九日。濕地上的阿龍尼亞苦味果都乾了還掛在樹上，好多啊。現在它們可甜多了。

一八五三年一月二十八日。在一塊長有雲杉的濕地上，採下幾顆寒風中吊在樹上的阿龍尼亞苦味果，嘗嘗，還挺甜的。

一八五八年一月二十九日。濕地裡到處可以看到乾了的阿龍尼亞苦味果。

一八六〇年八月二十六日。馬西亞・邁爾濕地，這裡生長的阿龍尼亞苦味果比別處都大（比藍莓還大），而且阿龍尼亞苦味果樹也特多，視覺衝擊得令人眩暈。在這一望無邊密密匝匝、無人品嘗的阿龍尼亞苦味果林裡，我費力地想踩出一條路，長在樹幹低處的葉子現在也乾枯了，並泛著紅色。這時的阿龍尼亞苦味果果肉依舊難吃，乾巴巴的，但汁液的味道挺不錯，也許適合用來釀酒。

一八五六年八月二十八日。繼越橘和藍莓之後，大量黑黑的阿龍尼亞苦味果和黑櫻桃都成熟了，兩者今年都逢大年。

七瓣蓮
Trientalis

在七月十六日前，我就開始在森林裡看見七瓣蓮的果實了，顏色是帶有一點藍色調的白、也有點像灰燼的顏色。

臭菘
Skunk Cabbage

　　七月十七日，臭菘[87]結果。八月和
九月間，在割過草的低地上，看到臭
菘結出黑糊糊的、有鱗葉包裹的果實，
粗糙得猶如一個個研肉寇的舂臼一
樣。它們幾乎貼著地面 —— 幾乎完
全平臥在地上 —— 托出形似草莓但碩大的橢圓形果實，可發
出的氣味卻與草莓全然不同。時常可見到被割草人劈開後扔
著的臭菘果，住在小房子裡面一樣的種子就裸露出來。臭菘
裡層呈青綠，很柔嫩，由於鐮刀砍下時至多齊地面而削，它
們大半部仍藏在沒有耕種過的土裡，所以基本上能保持皮肉
完整。臭菘的果實也這樣就落到草叢裡。這種形似北極松松
球（nothern pine-apple）的果實最大的居然有三英寸長呢。七
月底，割草人把低地的一些草割光後，會意外地發現：儘管
他從自己的地和園子裡依然能得到收穫，老天爺卻早已滋潤
孕育了這如此碩大的果實放在這裡了。春天我們在臭菘植株
上看到的臭菘果方才成型，現在這些果實已經成熟 —— 這就
是所謂肉穗花序[88]。整朵花最後只剩下花粉囊不斷長大，一旦
成熟就變成黑色。

　　我有一度根本不記得還有這麼一種早春就出頭的花

87　這是生長在溫帶沼澤和草原中的植物，生長時會發出難聞的氣味。
　　其花期長達十四天左右，花苞內始終保持著二十二攝氏度的溫度，
　　比周圍的氣溫高約二十攝氏度。花有臭味，卻引誘著昆蟲飛去群集，
　　成為理想的「禦寒暖房」。
88　一種似棒的肉質穗狀花序，通常開有被包在鞘狀佛焰苞內的小花，
　　有天南星屬植物的特徵，如馬蹄蓮和天南星。

兒——都被我們忘了，花兒深深地藏在草地中間，為了讓果實邁向成熟，葉子大部分都腐爛了。我們之中可有人想到：曾聽到蜜蜂在花兒的佛焰苞[89]上嗡嗡飛過；從沒人會在意它們！春光明媚時節，那些小巧玲瓏的喇叭花讓人們多少感到眼前一亮，真的讓人很難將花與眼前變成這樣黑糊糊的醜東西聯想在一起。把臭菘果帶回家後，朋友們總猜是松果什麼的，幾乎沒人能確切說出它的家族。放在屋子裡一週後，果子變軟、發枯，然後裂開，散發出甜絲絲的氣味，幾分像香蕉，聞起來以為該果可食。可是我才放進嘴裡，就覺得火辣辣的。沒人會吃它，不過春天走在河灘邊，常看到會有二十至三十個棕色的堅果在地洞口或淺灘上，我想大概是老鼠在收藏它們吧。

沙櫻
Sand Cherry

　　沙櫻的成熟期起於七月十八日，到了八月一日或稍後幾天才是最佳時期。

　　一八五二年六月十日。看到枝上長出的小結節狀，和加拿大李差不多。

　　一八六〇年八月十日。有些已成熟。

　　這種果子俏皮好看，哪怕有人認為「尚可入口」，仍是中看不中吃。不過偶爾也發現過一些味道還過得去的沙櫻，至少比稠李好點吧。這種果子成束結成傘形花序狀[90]並垂下，一束

89　一種包含或襯托花簇或花序的葉狀苞，如天南星和馬蹄蓮上都有佛焰苞。

90　指單個花莖從同一個地方長出，頂端扁平或圓的花序，如洋蔥和細香蔥。這裡是指沙櫻結果形態。

少則兩顆，多則二十來顆，都由一處花梗生出。愛默生、格雷和比奇洛[91]都認為沙櫻在本州（新罕布夏州）是稀罕物品，可是在康科德市一帶實在平常，不管地勢高低，還是草原牧場，都見得到。果實直徑約八分之三英寸，長約十六分之七英寸。

欣德[92]在其著作《一八五七年報告》中提到，他曾在（明尼蘇達）伍茲湖上的小島上發現過沙櫻，並說「土著稱其為涅克米納，甘甜可口」。或許在那個地方沙櫻不但長得茂盛，味道也好得多。

龍血樹果
Clintonia

七月二十日看到龍血樹果，整個八月都看得到它們。

一八六○年七月三十日。美極了。

這種植物就長在濕地邊緣陰涼的地方。結出的漿果顏色深得特殊，近乎黑的紫色，有的是靛藍色（也像一種中國藍 —— 有人稱「水晶藍」）。它們的果實也是成傘形花序狀，兩至五個成束結在頂端枝上。那些樹枝大約有八到十英尺高，裂開冒出花莖，然後就在這裡結果。龍血樹果橢圓形或有點方圓形，大小如豌豆但頂端凹陷。此時龍血樹的葉子依舊綠油油，濃濃密密，在地上投下一道道美麗的影子，而龍血樹果就被這些樹葉托起一樣，果葉輝映形成的畫面如詩如幻。而它們也的確如好詩一樣少見並少為人知。正是藉這種植物的花 —— 由花結出果 —— 葉才能持久鮮活。

91　Jacob Bigelow（1787—1879），美國當時著名的醫生兼植物學家。

92　Henry Youle Hind（1823—1908），出生在英格蘭的加拿大地質學家和探險家。

到了八月底，果實幾乎都掉光了。

鼠麴草
Gnaphalium Uliginosum

鼠麴草已經結籽了，應該在七月二十日的時候就會熟成吧，還是要更久？

玉竹果
Polygonatum Pubescens

七月二十二日能看到玉竹了。又過一個月，玉竹葉就被食客採光了。一八五三年九月四日，這時看到的玉竹是最好的了，也許一日就是這樣了。

這種精緻的植物長在山邊，漂亮葉形包裹的葉莖婉轉低迴，通常結兩顆青中帶藍色的漿果，實際上那大小如豌豆的漿果是深綠色，不過外裹一層帶著藍色的粉霜，吊在葉柄上，輕輕搖盪。通常，每株玉竹會長有八到九個這種從葉腋伸出的傘形花序，纖細精巧，約四分之三英寸，輕輕垂下，婉約動人。每把這樣的精緻小傘在末端又一分為二，所以結出的果當然也小巧玲瓏 —— 它們順著葉莖從下往上長，每一顆的直徑不過八分之一英寸，大的也不過八分之三英寸。

高灌黑莓
High Blackberry

七月二十二日，我採到了高灌黑莓，只怕這是今年第一批呢，一般來說要等到八月初才能看到它們大批出現，而八月十八日就是黑莓最旺盛的時候，它們可以一直長到九月。

向陽的山坡上，它們掛滿果子，黑亮亮的和紅的、青的都混雜在一起，枝頭輕垂，與香蕨木[93]和鹽膚木[94]為伴。在地勢低的地方或路旁肥沃的土壤裡，它們密密麻麻長在一起，結的果實也大一些。無論在哪裡，能採到的漿果中高灌黑莓都是最精美的，的確如此。但如果在這個季節到晚一些的（比方說八月二十五日），你再去看會覺得它們更精緻美麗，這時低灌黑莓和美洲越橘基本上都早被採完了，你不要去那種塵土飛揚的大路邊，而應該去布滿岩石的矮林地，那裡濕度高一點，又遠離大路，唯有那裡的黑莓才能逃過採摘人的眼和手，安然無恙地待到完全成熟，靜悄悄半掩在濃濃綠葉下，禁不住要把樹枝壓彎。許多結結實實的果子落到潮濕的泥土裡，摔得扁扁的，或是掛到香氣清爽、枝葉帶刺又生脆脆的綠蕨上，被你我之輩踩得稀爛。這裡的黑莓新鮮，黑得發亮，飽含果汁，隨時都可能從枝頭落下。現採現吃，和家裡客廳的茶几旁供人享用的黑莓有什麼不一樣？這也是一種人們愛吃的漿果。

　　新罕布夏和緬因兩州的高地上，果味甜甜、果形長長像桑椹樣的高灌黑莓，只長在鄉間大路兩旁的窪地裡，似乎向路上的行客打招呼。這位行客也常常走下大路，鑽入比他頭還高的叢林，採摘飽餐，補充精力，重新上路。

　　直到八月底和九月一日還看到有些地方黑莓果仍然不少，人們很難注意到那些地方有黑莓的藤蔓蜿蜒（我倒很清楚該去哪裡才能採到那樣的黑莓）。走到近處，還不會想到這裡有黑莓，因為看不到它們的枝藤，它們低垂，混入那些綠蕨和鹽膚

93　北美洲東部的一種芳香的落葉灌木（香蕨木屬）。
94　一種灌木或小喬木，長有複葉、綠色成簇的小花、紅色覆毛果實有　　幾個物種，如毒常春藤和毒橡樹。

木裡隱藏起來了。這些黑莓中，熟至發黑的居然不到一半，被陽光照射的那些已經開始乾萎，而在蔭涼處的依舊水靈新鮮。

康科德一帶有兩種黑莓很特別，一種是新罕布夏州到處可見的那種形似桑椹的，還有一種學名叫「Frondorus」，果形圓球狀，很大，一簇的結果數並不多，果實光滑，並味道清新；剛結出的果子呈淺淺的粉紅色。

吉羅德曾說這是「普通的懸鉤子」，「成熟時汁多甘甜，且微帶熱氣，故食之感覺甚佳也」。

即使大路邊的黑莓蒙上滿塵灰了，仍然味道甜美。

美國稠李
Choke Cherry

七月二十三日美國有的稠李[95]開始熟了，到八月二十幾日則都全熟了。那時，我看到的稠李大小已有如小豌豆了。

在其著作《新英格蘭觀察》中，伍德這樣評說我們的稠李：「比英國本土的櫻桃要小，若沒熟透幾乎一無是處，根本沒法吃。咬一口，滿嘴苦澀；咽下去，喉間就像吞下蠟一樣難受。這真是一群紅色的小流氓，我就這麼叫它們。按英國人的分類法，它可以算作一種英國櫻桃，其實和印第安人一樣未被歸化。」

這一帶沒有其他植物像稠李可以沿著籬笆栽種當做樹籬。

---

95 又名野櫻桃，原產於北美。其漿果淡紅色，味酸澀，故俗稱噎人果，但也可用來製作果凍和保藏食品。

美國稠李樹齊人高，掛滿一串串結在梗上的果，每串總有兩到三英寸長。果實大小如豌豆，色澤黑亮，圓形或略微橢圓，才剛進入八月就乾萎了——至少開始乾癟——卻仍能讓嘴巴半天都是麻澀澀的。毋庸置疑，人們往往光看它外表會上當，以為它是甜蜜蜜的。即使再過一個月，它吃進嘴裡還是澀澀的，留在舌頭上的果汁和口水相遇後味道變得更怪，就像往茶裡倒進了酸牛奶。從外表看來，美國稠李胖嘟嘟的，圓潤可愛，可是味道實在不堪，不過它們的模樣（尤其將熟未熟之際）也可以彌補這種不堪了。看看十到十二個果子組成的一串串俊美稠李，每一顆都光滑、鮮紅、神祕，（半透明的也一樣嗎？）誰也不會因為它們味道差而不愛它們。不過，一旦八月底還能找到稠李——顏色暗淡，熟透了，乾了，反而倒還入得了口。至少比很多我吃過野果的味道好些，只是吐果核很麻煩。

美國稠李樹不算什麼大樹，高不過二十英尺。薩卡其瓦人認為它們的果子：「雖然不好吃……乾了以後弄碎了可以做成調味料，做肉餅用[96]。」

一八五四年五月二十二日。枝頭的串串稠李密密麻麻地擠在一起，因為太緊密而不透氣，結果有些都爛了。

林奈說：「北美洲人認為用稠李（Cerasus virginana）……來餵家畜很危險。」

紅豆杉
Yew

紅豆杉果（Taxus americana）大約在七月二十五日成熟，

96　出處不詳。

在樹上還能至少繼續待到九月十二日。

我只在康科德的一處見到過這種有趣的小灌木。它很少結果，頭一年生長的杉樹上，在距樹尖處四到五英寸的樹枝上零星結著幾顆。這些小果子看上去簡直不像天然的，就像蠟製的一樣，是所有漿果中最令人看了驚歎的一種。為什麼呢？首先它結在一種常綠的鐵杉樹上，我們很難把這種柔軟鮮豔的漿果與這種樹聯繫起來，它的鮮紅和杉樹針葉的深紫色對比強烈，相映成趣。（猛一看還會覺得意外，以為在鐵杉樹上看到枸杞子了？）第二個原因就是它的外表，太不自然了，怎麼看都像是一個蠟製的小果子——外形像一只杯子，但是厚厚的更像個小巧的臼，底部則有一顆深紫色的種子。鄰居們都不相信在康科德還能有這樣的漿果。

野蘋果
Wild Apples

八月一日前後，蘋果熟了，不過我認為吃起來再怎麼香，也不如聞起來香。包一個在手帕裡，比任何店鋪裡買得到的香水效果都好許多。有些果子的香氣與花香一樣，著實令人難忘。就算在路上撿到一個長得凹凸不平的蘋果，一旦聞到它的香氣就想到果實豐收季節[97]，就想到蘋果園中紅紅的蘋果堆成了山，堆滿了蘋果酒作坊。

又過了一兩個星期，走過果園或花園，總會有那麼一段路飄著蘋果成熟後散發的香氣，尤其在黃昏時分特別濃郁。盡情

97　原文是「...reminds me of all the wealth of Pomona...」，「Pomona」是羅馬神話中的果樹女神。

享受這種芳香，用不著分文，更不會為了付錢而有打劫的念頭。

　　所有自然生長的東西都散發出某種香味，吃起來有種難以捉摸的美味，而這些正是它們最寶貴的地方，這也是人們無法複製進行買賣的地方。天下果子千萬種，沒有任何一種完全美味是我等凡夫俗子能品嘗到的，如有此人，那必非凡人，唯不凡的人方能領受到每種果子的神奇美味。這個世界上每顆果子都能製成瓊漿美食，但人類的粗糙味覺卻無法感受，這就好比我們到了原本諸神居住的天堂卻毫無覺察。每當出現一個特別工於算計的人，把又香又大的蘋果運到集市上去賣，我總覺得看到一場角逐：一方是這人和他的馬，另一方是馬車上的蘋果，而我心裡總是向著蘋果那一方。普林尼說蘋果是最重的東西，牛只要看到一車蘋果也會流汗。趕車的人一心要把蘋果運到它們不該去的地方，也就是要往非常糟的地方去。剛一上路，那些蘋果就開始一個個從大車上溜走。車老闆不時停下來查看，拍拍麻袋，覺得貨物都在，可我卻分明看到蘋果一個接一個飄搖升天，帶著它們最美好的那一部分去了天堂，運到市場上的只是它們的皮囊和果核。這已不能稱為蘋果，而是一堆果渣。諸神可以藉其永保青春的那種伊敦 [98] 蘋果就是如此嗎？想想看，如果讓洛基和特亞西 [99] 帶回老家約坦海姆 [100] 的是這種東西，而等到他們容顏乾皺、頭髮灰白時再吃，那還會有之後的善惡交鋒、天下大亂嗎？不會了。

　　一般到了八月末或九月，冷風頻頻吹來，尤其遇上夾帶雨

98　北歐神話中的女神，專事保管有使萬物青春永駐之神力的蘋果。

99　北歐神話中的邪惡精靈，在巨人特亞西（Thjassi）幫助下盜走伊敦保管的蘋果，後將之藏起致諸神衰老，於是人類受難。

100　北歐神話中巨人之家。

水的大風時，蘋果會被吹落不少。風止雨停，果園的蘋果往往有四分之三落到地上了，它們圍著樹靜靜躺在地上，摸起來硬硬的，但青綠誘人。如果蘋果樹是長在山邊，只怕就滾到山腳下了。不過有人失之，有人得之——所有人都走出家門撿蘋果，這下子今年第一塊蘋果餅就能吃到口，而且還不用花多少錢呢。

十月，樹葉落了，這一來樹上的蘋果就更顯眼了。有一年，附近一個小鎮上，我發現那裡有種樹，所結的蘋果數量是我前所未見的多，走到路邊都可以伸手摘到黃澄澄的蘋果。粗粗的樹枝被那麼多果實壓折了，彎得像小孩的細藤一樣，顯然這種蘋果樹不同於其他種。就連樹頂部的枝幹也被壓趴，被一直結到頂的果實壓得四散而垂下，就像畫裡看到的菩提樹那樣。有本英文老書裡寫得好：「大樹結蘋果之時，向人謙卑施禮。」

蘋果當然是萬果之尊，只有最美麗的或最睿智的人才有資格受用，這正是它的真正價值所在。

十月五日到二十日，看到蘋果樹下放好了大桶。有一人正精心挑選接著放進桶裡，我於是上前攀談。他拿起一顆有些污點的蘋果，左看右看，還是沒放進桶裡。如果要我表示看法，我會告訴他無論選擇哪個，都會有污點。因為他擦去了果皮上的那層粉霜，這一來也就擦去了最優秀最美好的部分。夕陽西下，涼意襲人，那農夫不得不加快手腳。最後，見到的只是幾張梯子，無語地斜倚在樹下。

假使我們不將蘋果僅僅視為從樹上結出的新鮮有機混合物，而是滿懷喜悅和充滿感激地將其視為上蒼贈與的厚禮，會是多麼美妙。有些英語諺語還是滿值得採納借鑑的，以下引用的大多都是我本人在布蘭德的《名言俗諺》（*Popular*

Antiquities）[101] 讀到的。比方說「聖誕前夜，德豐郡的農人結伴攜蘋果酒來到果園，還帶著烤麵包，以多種形式向蘋果樹表示敬意，以求來年蘋果豐收」。這些表示敬意的儀式包括「把酒澆在樹根上」，「把烤麵包掰碎撒到樹枝上」，「圍坐在當年蘋果結得最多的一棵樹下，連飲三巡」。其祝酒詞如下：

> 向你舉杯，親愛的蘋果樹，
> 願你發芽開花多多，香氣撲鼻遠萬里；
> 願你結果多多，來年喜開外，
> 裝滿頭巾裝滿帽，
> 裝滿筐，裝滿桶，裝滿袋！
> 賣了換成錢，
> 全家笑開顏。
> 哈哈！

英國的很多地區除夕之夜還舉行俗稱「喊蘋果號子」的活動。一些男孩兒結伴，依次來到各家果園，圍著蘋果樹，不斷念誦這樣的句子：

> 樹根呀，扎得緊緊的！樹尖呀，伸得高高的！
> 上帝保佑，來年豐收。
> 每枝每杈，蘋果個個大；
> 每棵每株，蘋果多又多。

---

101 儘管梭羅自稱是在布氏書中讀到的這些諺語，但實際上出自勞登著作《名言摘錄》（*List of Books Referred to*）。

然後其中一位吹牛角號，其餘的就在號聲伴奏下齊聲高唱。在喊號子過程中，他們會用小樹枝敲打樹幹，據說這是對樹敬酒的表示，也是對果樹女神獻祭的古風繼承。

赫里克 [102] 在詩中唱道：

> 向果樹敬酒，願來年，
> 無論李梅梨杏都豐盛；
> 你敬果樹心誠與否，
> 回報自有注定。

我們自己的詩人尤其該多寫些歌詠蘋果酒的詩，他們理應比英國同行們寫得更好，否則就太虧欠他們的繆斯了。

一些被人工加以改良的蘋果樹（普林尼稱之為「urbaniores」）就講到這裡打住。我更想一年裡不被季節所拘，往返年代悠久的果園，瞧瞧沒有被嫁接改良過的那些蘋果樹。它們種得無序，有時兩棵樹緊挨在一起。樹不成形還不說，那種亂糟糟的排列，令你以為種樹人只顧打盹甚至不理會它們如何長大，而且在當年栽種時也是迷迷糊糊地犯睏。但凡被嫁接過的絕不該長成如此。今日我說這話是有些懷舊的意味，因為那樣天然自在的景象已被毀壞殆盡了。

我們鄰縣有一石頭多的地方叫東溪鄉，非常適宜蘋果樹生長，那裡種下的樹，只要長得出土，根本不用花心思打理，不像別處時時得費神勞力。據當地人解釋，由於土地石頭太多，

---

102 Robert Herrick（1591—1674），十七世紀的英國詩人。

加上離家遠，他們就不願費事去犁耙翻耕，所以也就任那些果樹自然地生長。那裡的果園總是（或曾是）面積很大，卻無什麼條理。哪裡是果園？蘋果樹和松樹、白楊、楓樹，還有橡樹都混長在一起，但照樣花開得豔，果結得多。每當看到在這樣樹種多樣的地方，看到樹頂圓圓的蘋果樹上掛滿紅彤彤的，或黃燦燦的果實，與周圍濃濃的秋色和諧輝映，我總是驚歎。

十一月一日，來到山崖邊，發現那裡長出一棵小小的蘋果樹，一定是鳥或牛把蘋果籽帶來，終於種子頂開岩石發芽，長出地面，在亂石叢和野生樹木中，居然成長茁壯，還結了果子。在這樣的季節，果園裡的蘋果早被人採光了，而這棵樹上的蘋果卻尚無一點被霜給凍壞。就那麼長著，帶著一股瘋勁，一樹的綠葉，乍一看好似長了刺，而那些蘋果還是綠綠的，結結實實的，似乎就是到冬天才會好吃。有的蘋果掛在枝上，隨風輕搖，但有半數已經落在地上，或被掉下的樹葉給遮掩，又或順著石頭滾下山了。看來這塊地的主人毫不知情。它哪天開花，哪天結出第一個果，除了山雀誰也不曉得。沒人在這棵樹下圍成圈跳舞，對它敬酒，現下也沒人來理會它的果子。據我觀察，光顧它的只有小松鼠。這棵小小的蘋果樹完成了兩件事——結出果實，還向藍天高高伸出枝枒。多麼神奇的果子！得承認它們的確比多數漿果都要個兒頭大，而且放到家裡還能順利過冬，直到來年春天依舊味美質好。既然眼前就有這樣好的蘋果，我何必惦著伊敦的永保青春果呢？

歲末時分，我艱難地爬到這個地方，雖早已過了蘋果收穫季節，但看到這一樹蘋果，不由得對它肅然起敬，而即使我吃不到它們，也為大自然如此慷慨感到滿懷感激。就在這麼一個亂石成堆、野樹遍布的山邊岩石叢中，這棵蘋果樹生長著，

不是有人刻意栽種，也非昔日果園遺跡，只是自然而然地生長，和松樹一樣，和橡樹一樣，自然而然生長在那。我們所認為有用並有價值的果實大多要靠我們栽種照料，比如玉米，比如穀類，比如馬鈴薯、桃子，還有各種甜瓜。這些都要我們播種育苗，可是蘋果樹像人類一樣學會了獨立生活，學會了經營自我。它不僅隨人飄洋過海被動地來到新世界，從某種程度而言，它也像人一樣主動來到這塊土地，任由牛呀、狗呀、馬呀將它們的種子帶到什麼地方，無論在何處它總能在土生土長的原生樹林中找到自己的生根處，並蓬勃生長。

　　就算當它在最惡劣的地方，結出了口味最酸澀、山楂般的蘋果，也能向人們證實這一點：蘋果的高貴。

　　話說回來，這裡的野蘋果再野也和我本人一樣，絕非此地土生土長之物，流入此地前仍然經過教化改良。另一種更具「野性」的是遍布這裡鄉間的一種山楂。「從未被人進行過任何改良」，米肖 [103] 如是說道。從紐約州到明尼蘇達州，再往南走，它們隨處可見。米肖說「它們一般高約十五到十八英尺，但也可以看到高約二十五到三十英尺的。」他還說那些長得高的「非常像普通的蘋果樹」。「其花色白，雜有些許玫瑰紅，呈傘狀花序。」花香獨特好聞。據他說，山楂的果實直徑約一英寸或一英寸半，非常酸；可用來釀酒或做成非常好吃的蜜餞。他總結道：「一旦經人工種植，山楂結的果就不再好吃，而且也很少了。聊以可慰的是它依舊開花，花的芬芳如常。」

　　直到一八六一年五月，我才終於看到了山楂樹。就我所

---

103 一植物學家，生平不詳。

知，除了米肖做過相關介紹外，現代植物學家中無人認為山楂值得一提。因此山楂對我來說也愈發神祕。我精心設計了一趟旅行，專程去賓夕法尼亞州的格雷德，據說這片沼澤地上長著最好的山楂樹。我有想過是否該先到苗圃觀察這種植物，或許日後能將其與歐洲的山楂區分開來，但轉念又怕那裡也許不會有。最後我去了明尼蘇達，剛一進入密西根，我坐在車裡就注意到路旁有棵樹開著粉白色的花。起先我還以為那是一種蒺藜，但馬上一個念頭出現在我腦海裡——這就是我苦苦尋覓的山楂，而且正是如此。在一年中的這麼一個時期——五月半——它們花開滿樹，從車裡可以看到滿山遍野都是它們的花。可是車不肯停，一直把我拖到密西西比河的腹地，於是我根本沒機會碰一下山楂樹，我這番經歷說是當了一回坦塔羅斯 [104] 一點也不為過。等到了聖安東尼大瀑布，人們告訴我這裡離那些山楂非常遙遠，我聽了好不沮喪。好在後來在距大瀑布以西八英里處，我到底還是找到了山楂樹，不但去摸了，還聞了，並採集了花的標本。這個地方大概是它能生長的最北端吧。

就像印第安人一樣，這種山楂也是地地道道在本土生長繁衍。儘管如此，它們是否真比那些蘋果樹和蘋果樹的主人還要堅強？我對此感到懷疑。那些人生活在窮鄉僻壤，而那些樹的前世也曾被人栽種照料，卻偶然地落腳蠻荒之地，由於這裡的土壤適宜它們，它們便生根在此了。沒聽說還有什麼樹比它們更固執，也沒聽說還有什麼樹比它們更能抵抗天敵。它們的故

---

104 希臘神話中一位國王，因殺死自己兒子給宙斯吃而被打入陰間並被罰站立在水中，當他想去飲水時水即流走；上頭掛有水果，但當他想拿水果時水果卻退開。

事的確有得一說。可以不斷向人這麼講述：

　　五月初，我們在牧場放過牛的地方看見野蘋果樹剛剛發芽——就像薩德伯里（加拿大南部）的諾伯斯科特山頂上和東溪鄉發生的一樣。這些長出的小樹最終會有一兩株能禁受旱災和其他非常事件而活下來——當然，它們生長的地方是第一道屏障，足以防止草木被侵害蠶食，還有其他的危害。

　　　冉冉兩年 [105]，春夏秋冬，
　　　小樹長大，與岩石比肩高；
　　　極目更遠，也心胸開闊，
　　　從此更不怕野獸飛鳥；
　　　但磨難也不斷，
　　　考驗著青青的樹苗；
　　　老牛無聊，啃斷樹幹，
　　　小樹好不煩惱。

　　這次很可能樹還很小，牛把它當草啃了。不過下一年樹會長高些，若公牛再來就會認出，原來在老家還見過呢，現在也到這裡落戶了呀。蘋果樹的葉子、樹枝和香氣都是公牛很熟悉的，於是牠停下來向野蘋果樹打招呼，問對方怎麼來到這裡的，表

----

105 這段以「冉冉兩年……」開頭的詩在梭羅的日記裡發現，於一八五七年十月二十八日所寫。

達了他鄉遇舊友的驚喜。「你怎麼來的，我就是怎麼來的。」蘋果樹答道。公牛聽了，又想想，覺得不管怎麼說自己還是有權利啃這棵樹苗的。

就這樣，一年一度，公牛來到這裡啃蘋果樹，而蘋果樹並沒有因此停止生長。哪裡被啃掉一根樹枝，就會長出兩根新枝。就這樣，蘋果樹把愈來愈多的枝幹朝一切可以抵達的地方使勁伸——崖邊的空洞裡，岩石的縫隙間，就這樣，蘋果樹長得雖然不高，卻愈來愈壯實。終於，雖然還不是一棵真正的大樹，但也枝繁葉茂，想欺負它也不那麼容易了。枝葉長得最密的地方也是最堅強的地方，而野蘋果樹的這種堅強和密集也遠在其他果樹之上。有時踏在它們剛露出地面的黑色嫩枝上，你還以為是踩在杉樹落葉上；走在山頂，冷風陣陣，而這正是蘋果樹要最費心與之對抗的東西。難怪近似蘋果樹的山楂樹最後要長出刺，因為隨時都會遭到侵害，刺就是一種防護。不過雖然長出刺了，它們可不尖酸刻薄，只是甜酸可口[106]。

我剛才提到的那一塊牧場，石頭遍地，而蘋果樹就喜歡這種地方。到處都有一小塊一小塊的泥炭地，上面布滿經年長在那裡的灰色苔蘚。就在這些苔蘚中你會不斷發現蘋果樹的樹苗，而且還有很多蘋果籽黏在上面。

每年牛群都會把樹周邊啃一遭，這一來就像定

---

106 原文是：「there is no malice, only some melic acid.」

期修剪樹籬一樣，樹愈往上愈尖，整個樹形成了很漂亮的圓錐形，往往高四英尺左右，彷彿被園丁精心修剪過。在諾伯斯科特山的牧場和山坡上，當太陽還沒升到很高，那些山楂樹所投下的陰影線條也十分精緻。對於在這些樹上築巢的小鳥來說，濃濃的樹葉也是阻止雕鷹的掩體。幾乎所有的鳥都會棲息在它們身上過夜，我就看到一棵樹上居然有三個知更鳥的巢，其中一個直徑約有六英尺呢。

　　一眼就看得出來，有些樹已經有些年頭，如果從它們落腳的那天算起，也確實是老樹了。可是眼見它們還在抽條長枝，心想它們還有好些年都會只能待著，你又覺得它們其實還很年輕。我數過一棵只有一英尺高（但也有一英尺寬）的山楂樹的年輪，發現這棵樹居然已經有十二年樹齡了，可是看上去那麼結實，那麼有活力。由於它們都不高，所以走過的人不容易留心，同樣栽在果園裡十二年的樹早已經結果可觀了。不過這件事從長遠來看，有所獲也意味著有所失——那就是雖收穫了果子，但卻失去了樹的活力。這也是它們的金字塔原理——結果愈多，最後所剩下的精神元氣愈少。

　　就這樣，這麼過了二十年或更久，牛群每年來，使得這些樹總是沒法長高，就只好往旁伸展著長，直到某天實在無法再往橫裡去了，它們就索性做起籬笆防護——讓一些分出的新枝往上長而不受到傷害。這些新枝開開心心向天空伸出臂膀。蘋果樹從來沒有忘記過高尚的追求，驕傲地開花結果。

就是用這樣的策略，蘋果樹機警地戰勝了呆頭呆腦的牛。現在，你知道蘋果樹是怎麼慢慢長大的了，你就不會覺得它只是區區金字塔形的一個東西了，你會明白就在這樣一棵樹裡面，漸漸沖天長出一兩條主枝，上面結出的果子會比任何果園裡的樹都要多，因為它積累十多年的精力都用來滋養這一兩枝往上長的樹枝。不用等很久，它就會變成一棵真正的樹了，一棵樹形如金字塔一樣的樹，枝幹層層交疊，所以看上去又像一個正在計時的沙漏。先前底部那些往外擴展著生長的枝幹都不見了，這樣一來，它能包容那些牛來自己樹蔭下歇息，在樹幹上蹭蹭癢，甚至可以嘗嘗樹上的果實，因為這一來就可以把它的種子帶到新的地方去。

就這樣，牛群得到了樹蔭，也得到食物；而蘋果樹也開始了一段新生命歷程。

究竟應該如何給蘋果樹苗剪枝呢？是在齊鼻高處修剪，還是在齊頭高處呢？時至今日，已成為一個不容忽視的問題了。牛來修剪時只啃牠的嘴搆得著的地方，我認為這個高度很合適。

儘管山楂樹、野蘋果樹會遭到來此遛達的黃牛踐踏，或來自其他方面種種不利或傷害，這種不被注意的小灌木卻受到小鳥們的鍾情，因為牠們可以借這種小樹掩護躲避老鷹。終於到了山楂樹開花的時候，然後就結果了──雖然小小的，但卻是真真實實的果子。

十月即將結束，山楂樹上的葉子也都落光，我就見過這樣一棵樹的主幹。我對這棵樹的生長進行了長久細緻的觀察，幾

乎認為光禿禿的它已經忘記自己的使命，不料就在這時它結果了 —— 有綠色的，黃色的，還有淺紅色的。它自身向外長出帶刺的枝幹形成了一層盔甲，牛啊什麼的都沒法突破這些荊棘吃到山楂果。這可和其他的山楂樹不同，不知是什麼品種，於是我急忙摘下果子嘗了嘗。范‧蒙斯[107]和奈特[108]發明了無數果樹名稱，卻沒為它安個名字。看來這一種屬另一個系統 —— 是范‧母牛（Van Cow），拜託牠和牠的夥伴們，尋得了許多新的植物品種，遠比前面提到的那兩位大家發現的多得多。

在那如此艱苦的條件下生長的山楂，卻結出這麼好吃的果實！雖然山楂果小小的，但即使不說它們好過那些果園裡的水果，至少也毫不遜色。嚴酷的生長環境成就它們的美味。牛或鳥不經意地把它們在遙遠的山坡岩石間種下，於是它們堅毅地破土發芽，沒有人留意，但這些恰恰可能是所有山楂中品質最好的。總有一天，那些外國的王室權貴會認識它們，那些皇家學會的學者會急於推廣它們，但至於那塊土地上的人，除了脾氣古怪也一無四處的所有者，恐怕就沒人會知道了，或除了所有者的鄰居外誰也不知道。波特種和鮑德溫種就是這麼回事。波特（Porter）和鮑德溫（Baldwin），分別都是蘋果的品種，就像金帥、紅富士一樣，不過它們是以品種發現者的名字來命名。

就像發現野孩子我們會興奮激動一樣，發現任何一種野蘋果品種我們也會興奮激動。新發現的野蘋果很可能是一種很棒的新品種，此舉對人而言是多麼好的教育呀！人類不也是這樣

---

107 Jean-Baptiste Van Mons（1765—1842），比利時著名的化學家和園藝家。

108 Thomas Andrew Knight（1759—1838），英國著名的園藝家和植物家。

嗎，根據自己所擬定的最高標準來決定哪些人種天賦特權並值得繁衍，但其實往往是看人的出身或運氣。只有那些天性最能堅持、最堅強的果實才能保護自己生存下來，戰勝困難，發芽生長，然後把自己的果實又播向冷漠的大地。詩人也罷，哲人也罷，政客也罷，就是具備這種特質的人，他們就從這樣的荒涼牧場上走出，把那些外來的高貴者遠遠甩在背後。

同樣對知識的追求也往往如此。那天上的鮮果——赫斯佩里得斯園中的金蘋果[109]——由一條百首之龍日夜不眠地看守，只有像赫拉克勒斯[110]那樣的人不屈不撓才能採得到。

無論濕地、林間和路邊，只要土壤適宜，就能稀稀落落地發芽生長，並迅速長大。這就是野蘋果能得以到處生長的方法，堪稱為最了不起的方法。長在密林間的多半都又細又高，我常常能從這樣的樹上採下一些蘋果，味道較淡。帕拉狄烏斯[111]說：「大地上到處生長著蘋果樹，沒人種植，沒人照看。」（Et injussu consteritur ubere mali.）

長期以來，人們都持這麼一個觀點：如果那些野樹結的果並不好，那麼就可以將能結出好果子的枝條嫁接在野樹上。不過我並不是要找這種樹做嫁接，而是一心要找這種樹結的果，我這種野性是什麼也無法改變的。因此，這種說法不適用於我身上：

---

109 金蘋果是希臘神話中三位女神的名字，她們與一條龍一起看守長有金蘋果的花園。

110 希臘神話人物，大力士，曾因犯罪被罰做苦工，其中一件苦工就是採下金蘋果。

111 愛爾蘭地區的第一位基督教主教，在羅馬天主教教堂裡，被尊為「聖人」。

野果
Henry David Thoreau

最嚮往的就是

栽種香梨。[112]

　　野蘋果也好，山楂也好，都要等到十月底和十一月初才能吃。它們熟得晚，要到那時味道才好，但外表仍如此抖擻。我這麼歸納它們的優點——也許農人不以為然——那種狂放的味道有如繆斯之神，給人豐富靈感，使人活力充沛。農人總以為他桶裡裝的必是最好，錯矣。他要是和我這個步行客一樣，有好的胃口和豐富想像力（可惜他是不會擁有這兩種東西的），才會明白純粹的好。

　　就這樣，一直到十一月一日，這些野蘋果就那麼掛在樹上也沒人採摘，該不是土地主人壓根就沒想過要採摘它們吧。它們屬於那些和它們一樣狂野的孩子們，我還認識其中幾個特別調皮的孩子呢；它們還屬於田野中眼神狂野的婦人，對她們而言一切都是寶貝，無論什麼都要撿拾回家；它們更屬於我們這些行客。見過它們，就擁有它們了。很久以前，這種權利在一些古老的地方就得以行使了，而正是在那裡，它們學會了生存之道。有人告訴我道：「赫里福郡早些時候就有撿蘋果這樣一個不成文的習俗，也就是說在收穫蘋果時一定要記得留一點在樹上，那就是留著讓人『撿』的。農夫離開後，一些男孩子就會扛著爬杆、空著口袋上樹去『撿』。」

　　被當野果採的這些樹，其實都是這一片土生土長蘋果樹的後代。我還是個小孩的時候，那些土生土長的樹就老了，現在

112 引自英國玄學派詩人安德魯‧馬維爾（Andrew Marvell, 1621－1678）所著《英雄頌——歡迎克倫威爾自愛爾蘭歸來》（*An Horatioan Ode upon Cromwell's Return from Ireland*）。

早已不結果，只有啄木鳥和松鼠還常常光顧它們。主人早就懶得管它們，根本不相信樹枝上還會長出東西來。稍稍站遠點打量這些樹，會以為從它們那裡除了不時掉下的苔衣外什麼也得不到。但對它們的信念會讓你得到回報——走近了，看到樹下的地面上有一些挺新鮮的蘋果，有的大概是從松鼠洞裡掉出來，上面還有小牙印兒呢，因為牠們就是這麼咬著往洞裡拖的。有的裡面還鑽進了小蟋蟀，這些小蟲正安靜地享受大餐呢。如果樹長在濕地，那蘋果裡還可能有蝸牛呢。樹頂端殘留的棍子和石塊，讓你相信曾有人非常渴望能把那些果子打下來。

雖說我認為這些野蘋果味道好過那些嫁接的，在《美洲水果和果樹》（*Fruits and Fruit Trees of America*）[113] 一書中，我仍沒有找到任何有關野蘋果和山楂的記錄。經過十月、十一月、十二月、一月，或者到二月，甚至三月這麼久的日子，這些蘋果的味道變得更純，也就帶著濃濃美國風格的野勁，吃著讓人神清氣爽。鄰居中有一老農，他說話總是一語中的，他就這麼說：「它們哼嘰脆蹦蹦，勁兒足。」（They have a kind of bow-arrow tang.）

要用於嫁接的那些蘋果似乎都經過精心挑選，通常更看重的是味道適合大多數人、個頭大、結果多，而非它們帶有什麼強烈的獨特味道；同樣相對於美豔，人們更看重的是不易遭受蟲害、更具一般蘋果特點。說實話，我不相信那些園藝家們精心挑選的果品目錄。說那些蘋果像是「最受喜愛」呀，又「無與倫比」呀，還「登峰造極」呀，但我嘗了只覺得風味平淡，

---

113 該書的作者是美國園林建築師和園藝家唐寧（Andrew Jackson Downing, 1815-1852），此人也是白宮和美國國會場地設計者。

根本記不住。與野蘋果相比，人們吃著只覺得「有意思」，而不會在舌尖感到濃郁的香氣，也不會因為覺得津津有味而咂嘴。

在我們心裡，果子對人類溫順、慈祥。那這種野蘋果有些的味道辛辣或澀苦，汁水非常酸，又如何呢？這樣還能算是果子嗎？我還是會把這些果子送到釀蘋果酒的作坊裡去。味道不好，那是因為還沒熟透呀。

也難怪，那些個頭不大、顏色鮮豔的果子被看做製造蘋果酒的最佳原料。勞登就引用《赫里福郡報導》（*Herefordshire Report*）裡的話：「個小的蘋果若品質沒問題，往往比個兒大的更被看好，因為小個兒的果皮果核比果肉多，而果肉榨出的汁濃度低，味道也淡。」他還說：「大概是在一八〇〇年吧，赫里福郡的西蒙茲博士[114]就做過試驗，將果皮果核榨汁做酒一桶，又用果肉榨汁做酒一桶，然後將兩者進行比較，發現前者酒勁醇厚，酒香濃烈，後者則口感甜但酒味少。」

伊芙琳[115]則聲稱一種叫「特紅」（Red Strake）的蘋果是當時最被人看好的釀酒原料，他轉述紐伯格博士[116]的話說：「我聽說，澤西人都普遍這麼認為，蘋果的皮愈紅，就愈適宜做酒。在酒廠大桶裡，皮不那麼紅的總會被揀出來。」至今人們都還是這麼認為。

到了十一月，所有的蘋果都夠熟了。當初農人認為有的蘋果賣相不佳而沒採摘，任其留在樹上，現在對路人來說成為極品。不過有一點很值得注意——我為之大唱贊歌的野蘋果在

---

114 此人身分不詳。

115 John Evelyn（1620—1706），英國作家，他的日記發表於一八一八年，是一本他所處時代的有價值的歷史記錄。

116 Dr. Newburg，身分不詳。

野外吃起來味道是如此清爽、特別，一旦拿回家裡，味道就變得粗且澀，十分不堪。

那種叫「漫步者」的蘋果拿進屋，就連漫步者自己也咽不下。人的舌頭會止不住要把它們頂出去，就像吃到不好的山楂，這時人們就覺得還是院子裡種的好。而到了十一月，這種問題就不復存在了。所以，黑夜沉沉，提德瑞斯邀請梅利布斯[117]到自己家過夜時，主動提出將以熟了的蘋果、鬆軟的栗子款待後者——我經常收穫味道好且口感清爽的野蘋果，以致納悶於為何人們不把這樣的樹種到院子裡。於是我就採下，把衣袋裝得滿滿帶回家。一旦在房裡書桌旁坐下接著取來吃，總沒想到味道會變得那麼差——酸得簡直能讓松鼠的牙倒掉，讓松鴉發出哀鳴。這些野蘋果掛在野外的樹上，歷經風吹雨打，霜凍日曝，也就將各種天氣特質悉盡吸收濃縮，轉化成種種味道，讓我們一一回味。總之，它們只宜隨採隨吃，也就是在野外吃。

若想好好領略這些十月份長大的果子的美妙滋味，就得在十月或十一月裡走到野外呼吸那時的清新空氣。戶外的空氣和鍛鍊變化了人的口味，久坐時覺得不好吃或難以下嚥的果子，這時也會覺得分外可口。野蘋果就得在野外享用才好吃，你的身體已被鍛鍊啟動，風霜凍得你手指僵硬，聽樹上的殘葉被淒厲的風吹得嚓嚓響，松鴉空中盤旋著尖叫。乍時，那放在屋裡酸澀的果子卻成為外頭最好吃的東西。有些蘋果實在應該標記：只宜野外寒風中食用。

當然囉，所有滋味都值得品嘗，不過每一種滋味只在特定

---

117 此兩人都是維吉爾詩作中的人物。

一段時間內才會令人覺得可口。有的蘋果有兩種截然不同的味道，其中一種只適宜在家裡吃，另一種則專門適合戶外食用。一七八二年，一個叫皮特‧懷特尼的人從諾斯巴諾夫市給波士頓學院學報撰文，就提到那裡有一種蘋果樹：「結的蘋果總具有完全對立的特點，同一個蘋果會一半酸，一半甜；或者有的蘋果酸，有的蘋果甜，整棵樹都像這樣集矛盾於一身。」

我家鄉的紐肖塔克山上有一棵野蘋果樹，結的蘋果帶種苦味，我覺得非常特別，而且很喜歡。每次都是吃完大半個蘋果後這種苦味才爬上舌尖，並停留在那裡久久不散。吃的時候，還會聞到這種蘋果散發出南瓜蟲的氣味。吃起來還真有滋味，好似在獨享什麼美食呢。

聽說在普羅旺斯有種梅子叫「噓噓梅」（prunes sibarelles），因為這種梅子太酸了，吃後舌頭許久無法恢復感覺，以致不能吹口哨。也許是因為人們總在家裡吃這種梅子，如果到了屋外，置身夠刺激的環境中，誰說吃了就不能吹呢？恐怕還能吹出高八度音，而且更加動聽呢。

樵夫在三九寒冬幹活，總喜歡擇一陽光得見的林間空地進餐。邊享受微弱的一縷陽光，邊夢想夏天到來時太陽的光會是多麼暖洋洋，而事實上，這時的身子分明很寒冷；對只懂得窩在書房裡的書呆子而言，這類經歷是光想都痛苦的。同理，也只有在野外才能好生領略消受天然的苦辣酸辛，五味雜陳。在外面認真幹活的人壓根不會覺得冷，待在屋裡反倒令他們冷得難受。對溫度的感覺如此，對味道的感覺也是這樣；就如對冷熱的體會一般，對酸甜的體會也會因地而異。人們平常被慣壞了的味覺，所排斥的酸味和苦味，這種天然的濃烈刺激，實在是最好的調味品。為了能好好享用這些野蘋果，千萬要讓你的

味覺，保持對這些天然調味品的敏感 —— 你需要活力旺盛、良好健全的感覺，味蕾也不能動不動就軟塌塌的、無精打采，而應該健康地在舌頭和上顎保持活力，才能好好感受味道。

和野蘋果打過這麼多交道，我終於明白為何許多不被現代文明人接受的食物，在未開化地方卻受到歡迎。後者的味覺就是戶外人的味覺，而只有野蠻的人和野蠻的味覺才能更好地體會野果的美味。所以，要能享受蘋果 —— 果中之王 —— 的活力並為之陶醉，究竟要多少適應野外生活的健康胃口啊！

> 我沒有鍾情所有的蘋果，
>
> 因為不是所有的蘋果都好吃香甜；
>
> 我並非渴望傳說中可以延年益壽的蘋果，
>
> 也並非想要泛著粉紅的神奇青蘋果，
>
> 不要那種，會讓人聯想到誰的可惡老婆，
>
> 也不要這種，據說會引起紛擾爭鬥。
>
> 這些都不要，不要。我要的只是從樹上採下的

蘋果。[118]

所以呀，人們在野外想的和在屋裡想的不一樣。我真希望自己的思想能和野蘋果一樣，也能讓路上行人欣賞，而不強求他們返家後的認同。

幾乎所有的野蘋果都長得凹凸不平、果皮粗糙、顏色暗淡，但怎麼看都覺得它們有種大器。但凡那種所謂特別醜陋的

---

118 出處不詳。

蘋果必另有特異之處，甚至會因此令人覺得美。比方說，會有一抹晚霞的紅暈在突起的瘤上或特別的凹陷裡。夏日絕不會不在蘋果的某一面留下痕跡，一片紅色的星星點點，就是和那些曙光與夕照迎來送往的見證；有的地方會出現生鏽似的黃褐斑，就是陰霾和霧氣的紀念物，那段時日什麼都會發黴；蘋果表面大部分都是綠綠的，就是大自然慈祥面孔的寫照——綠綠的，就像田野一樣；也可能會是黃色的，那則表示味道特別醇厚，因為那種黃色或微微的褐色是豐收的象徵。

這些蘋果，我說的這些蘋果，美麗得妙不可言。這些蘋果不是什麼亂糟糟地方的蘋果，而是祥和寧靜的康科德的蘋果。[119] 無論長得多麼樸素平凡，都能有自己的天地。寒霜給所有的蘋果輕輕刷上一筆，沒有例外，於是有的豔黃，有的粉紅，有的深紅，這種顏色的區別取決於它們曬到多少時間的太陽，此外多少面積能曬到太陽也很重要。有的只有淡淡的胭脂紅，有的則帶著通紅的斑斑點點（就像乳牛身上布著斑點一樣）；還有像是將地球塗成稻草黃後，用紅線標出經線一樣，數不清的血紅斑點從果梗的凹陷處有序地散布到另一端；更輕拂過一抹抹微微帶綠的暗紅，好似一處處青苔，一旦沾上水，這些淡淡的暗紅就融合化為一個個鮮紅的大圓斑；那些表面粗糙、顏色又淺的則常通體灑滿深紅小點，好似上帝在揮筆為秋葉著色時不慎將一些顏料灑上。此外，還有一些果肉呈紅色，似乎吃透了胭脂，讓人誤認是仙女園中的蘋果。這正是與夕陽晚照輝映的蘋果，太美了，美得讓人不忍心吃下肚。但同海灘

119　原文是：「apple not of discord, but of Concord.」這是雙關語，因為梭羅住在康科德（Concord），而 concord 的意思是和諧。

上的貝殼，這些蘋果藏在林叢、秋風中與凋零的秋葉為伴，或躺在濕漉漉的草叢，待人去尋覓，卻不希望被放到室內乾掉，顏色枯萎。

　　前往釀蘋果酒的作坊，再為那兒一大堆的蘋果取合適的名字，絕對是天下一大樂事。生怕對人的創造發明要課稅似的，並非以偉人名字命名的那些蘋果，只能用不登大雅之堂的土話和方言取名了。一種野蘋果有了赫赫大名後，會有誰興匆匆地舉行一個命名受洗儀式，並做它的教父呢？要這樣的話，拉丁文和希臘文將疲憊得不亦樂乎，還是用我們普通人說的話來叫這些野蘋果吧。我們可以從以下這些事物獲得靈感呢：朝陽、夕陽、彩虹、秋林、野花、啄木鳥、金翅雀、小松鼠、呱呱鳥、彩蝴蝶等，還有到了十一月仍漫步旅途的遊人、蹺課的頑童，都能幫我們想出好名字。

　　一八三六年，倫敦園藝學會的果園裡有一千四百多種果樹，都是經人確認，記錄在冊的。可是仍有很多他們沒收進目錄的，更別提我們這種邊遠地方生長的東西了。

　　我們再舉一些蘋果作為例子。不過，對於不使用英語的地區所生的蘋果，我仍然不得不用拉丁文命名，因為這些蘋果早已聞名遐邇在全世界了。

　　現在就開始羅列，第一個就是林蘋（Malus sylvatica）；接著是藍宋鴉蘋果；還有長在樹林深處窪地的一種蘋果（Malus sylvestrivallis）和長在牧場窪地的一種蘋果（Malus compestrivallis）；在古老酒窖的洞口長的一種蘋果（Malus cellaris）；草甸蘋果；鵪鶉蘋果；蹺課孩子蘋果（Malus cessatoris），孩子們經過這種蘋果樹不論何時總要使勁敲打，不怕遲到，非弄些蘋果下來才走；漫步者蘋果——你在找到這種蘋果前就往往已經迷路了；天美（Malus decus-aeris）；十二月；心裡美（Malus gelato-sotula），化凍後雖然難看，但非常好吃；康科德蘋果，很可能就是那種「Malus musketaquidensis」；阿薩貝特；斑點蘋；新英格蘭之酒；紅毛栗鼠；青蘋果（Malus veridis）則有很多別名，沒完全成熟時就叫「morbifera aut dysenterifera」，或者叫「puerulis dilectissima」；阿塔蘭忒[120]，因為阿塔蘭忒為撿這種蘋果而停了下來；樹籬蘋果（Malus speium）；圓子彈（Malus limacea）；鐵路蘋果，很可能是從列車客車廂裡扔出的果核裡長出來的吧；小時候吃過的非常特殊的蘋果，它的名字不曾收入任何目錄——Malus pedestrium-solatium；還有掛在枝頭已被人幾乎忘卻的大鐮刀蘋果；伊敦蘋果，就是洛基在園子裡發現的那種永保青春神奇蘋果；凡此種種，我有一卷長長的單子，上面的個個都好，難以一一列出。正如古羅馬文人博達厄斯在談及農耕時會借用維吉爾的詩翻寫一樣[121]，我談到蘋果時也要借用博達厄斯的詩句如下：

　　縱有千條舌，

　　縱有百張嘴，

---

120 希臘神話中一位捷足善走的美女，她答應嫁給任何在競走中能戰勝她的男人。希波墨涅斯和她比賽時，扔了三顆金蘋果引誘她停下來去撿而取勝。

121 博達厄斯在談及農耕時借用維吉爾的田園詩翻寫道：縱有千條舌，縱有百張嘴，縱有金石聲，寫出萬行詩句，也無法說盡這一切。

縱有金石聲，

也無法說出所有蘋果的名字。

　　十一月過了一半，此時多數野蘋果已不再那樣漂亮，且也
紛紛墜地，不少爛在泥裡了，而仍完好的那些味道卻更好。穿
行在幽靜的林間，將聞山雀的歌聲更加清亮分明，秋蒲公英已
經合上花頭，還溢出了漿汁。這樣的日子，人們普遍認為不可
能外面還留下蘋果沒被採摘，但經驗豐富的搜寶人卻依舊能收
穫頗豐，滿載而歸，口袋裡往往裝著嫁接過的樹上所結的蘋果
呢。有一塊濕地幾乎荒無人煙，我知道就在這塊濕地邊長著一
棵紅蘋果樹。草草一眼看去，你根本想不到樹上此時還會有什
麼蘋果；但細心觀察，就會看出門道來。那些結在外側的蘋
果已變成棕色了，行將變爛，但潮濕的葉子後不時微露出粉嘟
嘟的笑臉。此外，憑藉經驗豐富的犀利眼光，我總能在樅木樹
林、越橘叢、乾枯的沙草堆中發現野蘋果，甚至岩石的裂縫也
能發現 —— 雖然常同時塞滿了飄入的落葉。彎下身查看已倒
下的蕨類植物，它們身邊落下厚厚的樅木樹葉和蘋果樹葉，都
開始腐爛，這時也會有所收穫。因為我明白蘋果就藏在這 ——
那些經年被枯草填滿的深坑、從樹上落下的葉子都能幫助它們
隱身，也成就了它們的最佳包裝。就在蘋果樹四周這樣一些隱
蔽處，我找到蘋果，個個都水汪汪的，摸起來如絲光滑，有的
也許已被野兔啃過或被蟋蟀鑽入咬過，有的還帶著一兩片葉。
但它們無論如何都塗滿果霜，和儲藏在家的大桶裡的一樣好，
一樣熟透了。即使說不上更好，那至少也比家裡的要脆生得
多，鮮活得多。如果上述的地方還找不到蘋果，我就會到樹根
部長出的吸根之間瞧瞧，那些吸根到處亂長，到處安家，野蘋

果往往落在這些吸根間，被落葉遮蓋住，這一來哪怕牛聞到它們的氣味也無法找到。就算我沒準備好，哪怕抗拒不了紅蘋果的誘惑，卻往往也能把衣服左右邊的口袋都裝得滿滿的。在清冷的日子裡，距家四五英里的地方，我先從一側口袋掏出一個吃，再從另一側掏出另一個吃，這是為了保持平衡。

從托普塞爾[122]的著作裡瞭解到格斯納[123]（似乎他對阿爾波特信奉至極），也從他的著作裡瞭解到，刺蝟如何將蘋果採到並拖回自己洞穴裡。書中道：「刺蝟靠吃蘋果、蠕蟲和葡萄為生。一旦看到地上有蘋果或葡萄，刺蝟就會在地上打滾，把這些東西扎到自己刺上，然後拖到洞穴中，做這件事時牠口裡只含一個。一旦途中掉下一個，牠就會甩掉身上其他的，然後再一一將其扎到刺上，這才重新前進。所以，牠一路會發出拖拖拉拉的大車聲響往洞穴裡趕。如果洞穴裡還有小刺蝟，那這些小東西就會匆匆地把大刺蝟身上的戰利品卸下，當場大嚼起來。吃剩的就留作他日食糧。」

十一月將盡，沒有爛掉的蘋果雖味道更加醇厚，很可能也更好吃了，不過顏色變殘有如落葉，而且緩緩地結冰了。天氣可真刺骨呀，小心謹慎的農民把一桶桶蘋果收進來，家家都有蘋果和新釀的蘋果酒，這正是把蘋果和蘋果酒放進地窖的時候了。第一場雪過後，放在戶外地上的蘋果有些仍探出通紅的笑臉，而埋在雪下的蘋果也可能依舊完好，能平安度一冬。但總

---

122 Edward Topsell（1572—1625），英國傳教士，最為後人記得的是他寫的《四足獸史》（*History of Four-Footed Beasts*, 1607）和《蛇史》（*History of Serpents*, 1608），這兩部書主要是基於康拉德‧格斯納的研究成果寫成的。

123 Conrad Gesner（1516—1565），瑞士博物學家，創立了目錄學。

體而言，此時它們開始結冰，變得很硬，並因此凍壞。雖然還沒爛掉，顏色卻像烤過的一樣不堪。

　　通常，十二月還沒過完，野蘋果就解凍了，這是第一次的解凍。一個月前，都還是酸得要命，對那些吃慣水果的人來說簡直難以下嚥；被凍住以後，只消一絲陽光也會化開蘋果裡的冰，因為此時的它們對陽光十分敏感。一旦化凍了，會發現每顆蘋果裡都是濃郁甜美的蘋果酒，比任何地方釀的蘋果酒都要棒。我對它們的喜愛遠大於一般酒。這樣化凍的蘋果個個都盛滿瓊漿美酒，你的上下顎就是榨汁機。而尚未化成汁的部分，每一口咬下都充滿甜美，簡直濃得化不開 —— 依我看來遠勝於那些從加勒比地區進口的鳳梨。有一陣子，我因自己居然成了半個文明人而感到慚愧，於是懷著贖罪的心情去採吃農夫們心甘情願留在樹上的蘋果，結果興奮地發現那些蘋果竟變得如同橡樹苗的葉子一般。讓這些蘋果被凍住，硬得像石頭，然後某天遇上一場雨或稍高的氣溫，就化凍了，這一來，不用蒸煮也能得到蘋果酒。蘋果掛在樹上，從風裡借得天堂孕育的芳馥馨香，造就佳釀。有時你揣著滿滿兩口袋蘋果回家，等到了家裡，才發現有些已經化了，那些冰就成了蘋果酒。但若是被反覆凍過的蘋果就不會這麼好了。

　　和這種經由嚴寒霜凍催熟的北方果實相比，那些還是半熟狀態就運過來的南方水果究竟好在哪裡？我曾拿了一個賣相不佳的這種蘋果，把較光滑的那一部分對著同行夥伴，想騙他吃。而現在我倆都起勁地四處採下往衣服口袋裡放，一掰開就能痛飲美酒，並用圍巾包住以防止果汁滴滴答答流下，於是就更加喜愛這種好酒了。還有什麼蘋果能藏到我們用棍子敲不到的地方呢？

這種蘋果在市場上是看不到的。我心裡有數，那裡賣的蘋果完全不是這樣，那裡賣的蘋果乾和蘋果酒也絕不是這樣。當然，並非每個冬天都能造就這樣的蘋果。

野蘋果的輝煌時期就要結束了。在新英格蘭，它們即將過氣。來到某些舊日果園裡久久徘徊 —— 其中大部分一度成為蘋果酒酒坊，現在卻連酒坊也不見蹤影 —— 不禁浮想聯翩。聽說那山邊遠方的一個小鎮上有一個果園，裡面的蘋果落下後沿地勢滾到圍牆一側，堆到足足四英尺高，而由於果園主人怕做蘋果酒，索性就把樹也砍了。一來社會大刮禁酒風，二來引進的嫁接技術盛行，所以在荒蕪的草場上和樹林裡能看到的那種土生土長的蘋果樹，在別處已看不到。估計一百年後人們再走到這裡的田野上，無論如何也不會體驗到從樹上打下野蘋果的樂趣。唉，可憐的人呀，還有很多令人心曠神怡的事他都沒法領略了。儘管鮑德溫蘋果呀，波特蘋果呀已經到處生長，但今天我家鄉的果園難道真比一百年前要多嗎，我感到懷疑。百年前，這裡凌亂種著果實適宜釀酒的蘋果樹；百年前，這些蘋果樹不費人們半點心思，只消把它們種下就行，它們結的果成了唯一的果園產品，人們吃蘋果做成的食品，喝著蘋果釀的酒。家的圍牆邊隨意插下一根枝，然後就由它碰運氣了。現在可看不到有人能像那時一樣，如此隨意地胡亂插枝種樹，什麼小路邊啊，窄巷裡啊，林間窪地啊，統統不會再種蘋果樹了。現在有嫁接好的樹苗，得花錢買，所以必須好好種在自家房前屋後，還得用籬笆圍起來。這樣做的最終結果是：我們大家只能在大桶裡才能找到蘋果。

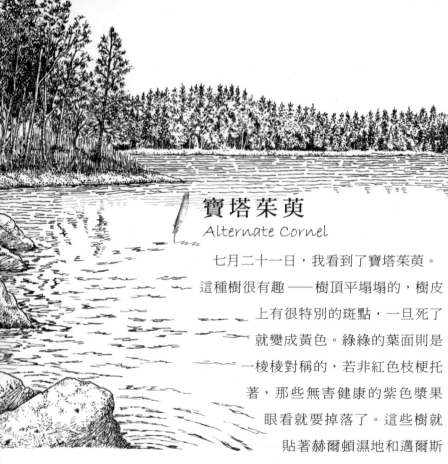

寶塔茱萸
Alternate Cornel

七月二十一日，我看到了寶塔茱萸。
這種樹很有趣——樹頂平塌塌的，樹皮
上有很特別的斑點，一旦死了
就變成黃色。綠綠的葉面則是
一棱棱對稱的，若非紅色枝梗托
著，那些無害健康的紫色漿果
眼看就要掉落了。這些樹就
貼著赫爾頓濕地和邁爾斯
家之間的圍牆生長，而這些漿果則是最早結出的山茱萸果子，
它們呈傘狀花序排列，顏色很深，近乎暗紫，圓溜溜的，一
顆緊緊地挨著另一顆，在枝頭高高翹起。不過若待成熟就會
落下，否則就被鳥吃了。到了八月二十八日，幾乎看不到果
子，但由於那些光禿禿的果梗是傘狀排列，反而更加美觀，
就像仙女張開的手指一樣俏皮，遠遠看去造型就像十來根細
棍紮在一起。這種樹色彩明快，也無遮無攔，看上去總覺得
像童話裡的情景。

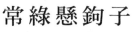

常綠懸鉤子
Rubus Sempervariens

七月二十六日，常綠懸鉤子在地勢較高的開闊地方開始結果了，但大面積結果還要等到八月中旬，而要到八月底才會完全成熟，那約略在二十五日吧。九月七日時我還看到大片的常綠懸鉤子掛在樹上，不知究竟會結到何時。

這是一種晚熟的黑莓，生長在低地，像樹林的窪地、草甸的周邊、槭樹濕地等，都是它們的家。沿著藤蔓長出小小的、表面光滑、四季常綠的葉子。開闊的窪地裡，它們會長成一大片，就像在地上鋪開了一床七八英寸厚的墊子。一直到多數低灌黑莓的果期過了，它們才競相結出果來。它們的果子很酸，酸味奇特得讓人難以接受，所以沒什麼人會吃，但這些果子又確實是可以食用的，有人稱其為黑色蛇莓（snake blackberry）。為什麼和蛇聯想在一起，我始終沒弄明白，大概它們某些方面和蛇有幾分相似，當然囉，蛇也經常出沒潮濕陰冷的地方，而這正是這種果子生長之處。一旦藤蔓下面有樹樁，那麼藤上的果子就分外結得多。

鹿角漆樹
Staghorn Sumac

一八六〇年七月二十六日，鹿角漆的花期剛剛結束，果實還是像以往一樣漂亮。

偃毛楤木
Bristly Aralia

偃毛楤木的漿果露面始於七月
二十八日，果期盛時在八月，到了九月
四日就開始變味變色了。

這種植物多半密密長在河邊沙灘上，或
是苗林的周邊，球狀果實排列呈傘狀花序，大小如一般的山
楂，顏色或深藍或藍中帶黑，和薩沙果的顏色很接近。結著
果的細梗同樣長短有序地散開，形成一把直徑為兩英寸的小
傘，然後再組成圓錐花序。我數過，一掛裡竟然有一百三十
顆小漿果呢。位於中心的那些熟得最早。

歐白英
Solanum Dulcamara

歐白英又叫昏睡果（nightshade berry）[124]，初嘗帶點苦
味，過了一會兒就覺得甜甜的，果期自七月二十八日開始，
八月和九月是結果高峰期，淹在水裡也能堅持到十一月還果
掛枝頭不落地，不過那時也多少有些憔悴了。

歐白英的果實鮮紅，比花好看得多。也是結實纍纍後在枝
頭輕輕垂下，但比任何其他植物更優雅動人。河灣淺水中歐
白英結的果尤為活潑耐看 —— 呈苗條細長的橢圓形。（任何
垂下生的漿果都呈橢圓形。）在我見過的漿果中，只有歐白
英排列得最為整齊好看，一簇簇近乎六角形，彷彿大黃蜂的
蜂巢。傘狀花序果柄雖獨立，但彼此之間並不疏遠，也不至

---

124 歐白英生產於北美，有毒，故又被稱作「Deadly Nightshade」。

密集，堪稱疏密適宜，而且層層疊疊，自下而上，錯落有致，分布均勻，結出的果自然也生得舒坦自在了。

歐白英樹的色彩多麼豐富啊——綠色的花梗和細枝，花托和花萼又是一種罕見的鋼藍色，微微透著紫色，而果實則是鮮紅或半透明的櫻桃紅。

比起貴婦掛的耳環，沿著河邊輕舒曼展身姿的歐白英更加綽約，風情萬千。可是在人們眼中卻偏偏是毒藥。不可貌相，的確如此。居然有毒，這不簡直是對美的侮辱和褻瀆嗎？何不讓人吃了中毒呢？這一來人們再吃那些沒毒的漿果時，就不覺得難吃了。

吉羅德描述道：「名先苦後甜果，又名森林昏睡果。」他沒有把我們的歐白英果形容成「要命果」（deadly nightshade）：

> 和蔓生植物一樣，先苦後甜。果木本莖上分出許多細小的爬藤，然後攀援附近的樹籬灌木而長。經年的老莖顏色發灰或呈白色，而後發的則是鮮綠色，最嫩的莖往往和葉子一般綠。莖幹易折，內為絮狀物。葉型長，面光滑，葉端非常尖銳，只比賓得草略鈍少許。葉子靠莖幹處單側長出幼葉一片。花小簇生，每朵瓣五，花瓣呈非常美麗的藍色，中間有一黃線若隱若現。花期過後結出簇生小果，相互擁簇狀若珊瑚；初時味甘，不久便變得非常難吃，刺鼻難忍。其根粗大，多細鬚。
>
> 人們認為其汁有活血化瘀的功效，可用來治療從高處摔下或外傷所致的瘀傷。

以上引語最能體現吉羅德風格。由於它們多生長在河岸邊岩石縫裡，所以想去採摘就得冒「高處摔下或外傷」之險。

延齡草
Trillium

七月二十二日到二十四日，延齡草的果子已成粉紅色，到了三十日左右就熟了，而果期的高峰是在八月半，一直延續到九月。

認得延齡草花的人多半不認得它的果。延齡草的果是漿果，非常大，也很漂亮。六角形，完全膨脹開後直徑大約有四分之三英寸或一英寸，這也是它結子播種的時候了。延齡草長在濕地，藏在綠葉子下的果子被紅色花粉囊包裹。有的純紅，有的紅色中帶有一些深色小點，還有的是櫻桃木退色後的紅色，時間愈長，紅色愈暗。到了八月，延齡草生長旺盛，爬滿大地，獻出果實。那些長在岸邊坡上的就垂下來，紅色的果實泡在涼爽的河水裡，隨著水流輕輕蕩漾。

也許延齡草的果子就是特意要讓自己如此鮮紅，好吸引飛禽來啄食吧。

法國人薩迦（Sagard）在《人在天涯》（Grand Voyage）中描述在哈倫鄉下看到的一種果子時說道：「這裡有種紅得近似珊瑚的植物，藤貼著地上。葉子很小，像月桂葉，精美成簇，可以食用。」

茱萸草
Dwarf Cornel

茱萸草又叫御膳橘（bunchberry），七月底結果，其果在

山上可以留得久，但在地勢低的地方幾乎難見。它的果實通紅，顆顆成串，而每串中間就是一個由葉子組成的花輪。只要上過高山的人必吃過，也不會忘記，雖然它並不常被人當作食物。倒是愈往北，可食用的果子愈少，人們會把這種果子和山楂都當寶。到了高高的山上，稍不經意就會跨過了一叢茱萸草。

西葫蘆
Summer Squash

一八六〇年七月三十日，發現西葫蘆已經變成黃色了。

黑櫻桃
Black Cherry

野生黑櫻桃七月三十一日開始熟了。它們生長在林間的苗地上，最興盛的時候是在八月，並至少能持續到九月中旬。

米肖說過：「美洲森林裡最多的樹之一就是櫻桃樹。」通常在林間苗地裡的新生代櫻桃樹結果最大，果形最美，果汁最多，味道也最佳。而品種不同，情況也會有所差異，比方說樹形愈小的，就比樹形大的結果要大得多，也好吃得多。這些櫻桃樹結果的高峰期在八月二十八日左右，算是果實豐盛吧，有些枝條都沉甸甸地垂下了。到了九月一日，越橘不是乾了就是被蟲咬壞，旅人所能採得的食用果子就只能靠這些了。

鳥很喜歡這些櫻桃，九月一日那天，一棵結了果的黑櫻桃樹上居然密密麻麻停的全是鳥，樹像是會動一樣。周圍靜悄悄，只有這棵樹上不斷有鳥飛來飛去。

它們結的果太多、太稠，常常一把擼下來，黑的、綠的、沒長好的，嘩啦啦，根本捧不住。那些長不好的則具很好的儲藏作用，是這個時節的好東西——聽說有人還專用這樣的泡酒喝，並將其美名為「櫻桃提神劑」。通常只要在樹下鋪開布單，然後搖晃樹枝就能採集到了。記得有一次我也用這法子採集，結果準備拉起布單的一角時，竟然在落下的黑櫻桃裡發現一枚十六世紀的一角硬幣。

一八五九年九月一日，對鳥而言，野生的紅櫻桃和接骨木果也夠多了。

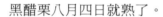

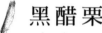 黑醋栗
Black Currant

黑醋栗八月四日就熟了。

我發現三、四處地方長著野生醋栗。被喬什利稱之為「紅色的黑醋栗」（Red black currant）。

狗舌草
Hound's-tongue

八月一日左右吧，看到狗舌草開始結籽，八月中旬就多半都結籽了。

沒有多想，我就採了一把它們的小堅果用手帕包起來，回到家費了好大勁兒才把這些小東西從手帕上一一弄下，還把手帕多處弄得掛絲。我只知道本城有一個地方天然生著這種東西。一八五七年春，我從前面提到的那些種子裡拿了一些送給

一位年輕小姐[125]，因為她想在花園裡種點什麼，還拿了一些給我的妹妹[126]。狗舌草難以見到，我想讓它們變多些。兩位小姐滿懷期許，等了好久好久，終於如願以償，於是雀躍歡呼不已——因為直到第二年這些狗舌草才開花。花開的時候那種特有的芬芳令人欣喜，但花開過後這種東西就很討人嫌了——它們的種子總是黏上人們的衣服，有一次我足足花了二十分鐘才把衣服上黏的這些小東西弄乾淨。那位年輕女園丁的母親[127]時常會去花園裡走走，總發現自己的裙裾上帶回了許多這樣的小小麻煩製造者。

所以還是把它從花園裡遷走為妙。反正我的目的也達到了。

薊
Thistle

約莫是八月二日吧，我看到薊花的冠毛在空中飄浮。那現象一直持續到冬天，但八月和九月比較明顯。

被稱作加拿大薊的品種是一年中最早的，金絲雀——牠的拉丁名字叫薊鳥（Cardulics tristis），因為牠以薊為食，「carduus」在拉丁文裡則是薊的意思——是緊接我之後第二個知道薊已經長好的。牠迅速到這種程度：幾乎薊的花頭才剛乾掉，金絲雀就飛過來，把花頭啄碎扯下，然後散落一地。我只是很久才遠足一次來到這裡，而金絲雀卻

---

125 這位年輕小姐是愛默生的女兒伊蒂絲·愛默生（Edith Emerson）。
126 即索菲婭·梭羅（Sophia Thoreau）。
127 即愛默生的夫人莉迪婭·愛默生（Lydia Emerson）。

每年都在此不斷盤旋，難怪逃不過牠的法眼了。

羅馬人的金絲雀，或薊，一定和我們的不一樣，因為普林尼聲稱那種金絲雀是鳥裡個頭最袖珍的，但無論如何，金絲雀們食用薊的種子絕非近來才養成的習性。薊的種子會一直黏在花托上，若非金絲雀啄開，種子就會在花托裡爛掉，或等花托墜下才會落到泥土裡，所以金絲雀是幫助薊播撒種子的助產婦。靠金絲雀的幫助，薊的種子除了被吃掉，也得以隨風飛揚，命運於是有了多種可能。

從最後的結果看來，所有後代都被類似的本能驅動，也能說是為了同樣的目的而行動，因此當薊花頭打開時，那些種子就不斷往外擠。談及這種也是英國金絲雀主食的植物時，穆迪[128]說他注意到：「那些長著茸毛的種子幾乎整個夏天都在空中飛舞，使得空氣好似充滿了粉末。將超常的繁殖力如此發揮到極致。」他還說道：「那裡一年到頭都不斷飄揚著種子，即使秋天的薊花頭沒被風吹落，那麼千里光[129]也開花了，還有蒲公英之類也都加入空中飄舞的隊伍中。」

薊的冠毛呈灰白色，比馬利筋[130]的冠毛更粗糙，而且飛上天的時間也較早。第一眼看到它們飄在空中我總心有所動，覺得這是它們在提醒我季節的流失，我總把每年第一次看到它們的日子記下來。

值得注意的是，現在常見到它們低低飛落在水面漂流，瓦

---

128 此人身分不詳。

129 千里光（groundsel），一種植物，有傘狀，且通常為黃色的頭狀花序。

130 馬利筋（milk-weed），馬利筋屬植物，有乳白色汁液，通常葉對生、花色各異且聚成傘狀，果莢綻裂後落出帶絨毛的種子。也作silkweed。

爾登湖和費爾港水面上漂浮的都是它們。比方去年一個下午，約五點鐘，雨剛停，在瓦爾登湖上我就看到距水面一英尺高處飄著好多薊的冠毛，冠毛裡幾乎已經沒有種子（也許早把種子播種到別的地方了吧），但當時卻沒有風呢。就好像湖水有電流吸引著它們卻又保護著它們，讓它們待在離水一英尺的高處而不落入水中。很可能它們從不遠的山腳或山谷被風送到這裡，因為風認為如此開闊的水面可以變成它們的遊戲場所，讓它們好好散散心呢。

薊的冠毛就像一個了不起的熱氣球旅行家，能橫穿大西洋，把種子帶到大洋另一邊播下。如果它就在哪裡的曠野落下，那麼那裡就一定是它老家。

耶穌誕生前三百多年，特奧夫拉斯圖斯[131]就對天氣的徵兆作了如此描述：「當薊的冠毛飄到海面上，那就意味著風力已經很大了。」菲力浦在《蔬菜種植史》（*History of Cultivated Vegetables*）中寫道：「牧羊人看到薊的冠毛在空中飛旋，哪怕感受不到半點風，也會急忙趕著羊群找個安全地方躲藏，並大聲喊叫：『老天爺啊，保佑那些船隻平安回家吧！』」

 # 糙葉斑鳩菊
Cohoshes

糙葉斑鳩菊[132]，白的也好，紅的也好，都在八月六日開始

---

131 Theophrastus（371 ？ B.C.—287 ？ B.C.），希臘哲學家，繼亞里斯多德之後的逍遙派領袖，並修訂了亞里斯多德在植物學和自然史方面的著作。

132 斑鳩菊（Cohoshes），菊科植物，一年生直立草本。其根部提取物為黑生麻，含大量雌性激素。

結果，到了八月三十一日果實最多。其果實可以一直保持到九月二十三日還不落下。

九月一日左右，走進陰涼潮濕地方的人會被眼前所見景象驚呆——白色糙葉斑鳩菊象牙色的果實一排排豎在那裡，被四周的濃綠托襯得分外醒目。那些果子就像包裹著珍珠液，白得透光，在花托處的深紅上有個深棕色或黑色的小點，好似小精靈的眼睛。

紅色糙葉斑鳩菊比較少見，它的果實想當然是紅色的，生在細長的枝梗上。我曾採下一段糙葉斑鳩菊的枝梗，圓圓的枝梗上生著排列整齊的果實，單枝就有兩英寸半長，四分之三英寸寬，約有三十個果實，都是紅紅的。糙葉斑鳩菊的果實呈橢圓形，長十六分之七英寸，粗十六分之六英寸，一側有一細紋，其花長約八分之五英寸。依我所見，緬因州的糙葉斑鳩菊果實相較此處早些成熟。

羅馬人科納圖[133]對上述兩種糙葉斑鳩菊，作了以下淺顯的描述：「烏頭一種有毒的植物。白如雪或紅如血（Aconitum baccis niveis st rubris）。」

蔓越莓
Common Cranberry

一般的蔓越莓究竟何時熟，這只怕無人能夠回答。也許它們從來就沒真正熟過，可能在霜凍到來前就已停止生長，也未可知。尚未成熟前，它們根本沒法吃，一直到打過霜後才會變軟，然

---

133 斯多葛等派的哲學家，生活在尼祿統治時代。

野果
Henry David Thoreau

後等到秋天將結束才轉成大紅色。有些地方的蔓越莓到八月六日顏色就變深了，還不到九月一日甚至就能採摘了。有的年成中也會像這樣早早變色，於是人們就搶在霜凍前採摘。我曾見人們到九月二十四日才採摘，而一般都在九月五日開始，二十日結束。

七月中旬，蔓越莓已經大如豌豆，看到它們會不禁聯想到那將至的季節。八月，蔓越莓局部變紅了，尤其是缺水的地方或較高地方，如草場邊的沙地上，非常養眼。有的甚至已整個都紅了，就像刷過亮漆的櫻桃木。

如果八月底還沒被採摘，通常蔓越莓就會遭霜凍，而因此數量大減。這時發生的洪水也會使長在水邊的蔓越莓變軟，發爛。有人認為蔓越莓會受多大傷害取決於水溫。我注意到有些地方，它們之所以受傷害是由於被水浸過就無法熟化。有時人們不等水退去就開始撈蔓越莓，回家後攤開弄乾，再挑出熟爛的扔掉。

九月中旬，我在我們的河裡划船，見到很多人在那邊，不是忙著收乾草，而是沿著河撈蔓越莓。採集人捧著大筐徐徐走著，用這只籃子他就可以撈到蔓越莓，而他的大車就跟在身邊。我還瞧見很多人蹲在草場上用手採，想必是些女人及孩子。

果形橢圓像梨的那種蔓越莓並不多見，往往人們把它看作和圓形為同一品種。我就看到有一個人在自家院裡採摘時，特意把橢圓的挑出來放，是因為他認為這一種好得多。顏色是隱約雜著淺紅的赭色，果肉稍硬，果形略長，和薔薇果或加拿大李子有幾分神似。他還告訴我，這種蔓越莓不和其他品種長在一起。

一八五三年秋天，我們的草原遭到罕見的洪水侵襲，沖走

大量的蔓越莓，根本無法可撈，只好眼睜睜看著它們被沖到另一頭，和著被洪水一起裹挾而下的草、葉呀什麼的一起，一直被帶到下游河岸，漂在岸邊水面。十一月十五日那天，我來到草原，看到還有許多蔓越莓仍長在藤上，在窪地匍匐著，相當壯觀。

還是那一年的十一月二十幾日，我平生第一次撈蔓越莓。那時划著自己的小船，我看見一個破耙子就要被水一路沖往大海，於是將它救起。緊接著，草原下游的岸邊一片紅色，原來蔓越莓和一些雜物都漂來這裡了。大約幾百英尺[134]的水面都被染得紅彤彤的。我撈了滿滿一船——除了蔓越莓，當然還連水帶草梗的。不過把蔓越莓清理出來又得花一番力氣。後來去了一次，從收穫中拿出兩個半蒲式耳去波士頓賣，換得四美元。

從水裡撈出這麼多蔓越莓，也讓我深入瞭解這些有礙河流的東西。混著的草梗和葉梗主要為草原上的草和蔓越莓的葉，還夾雜小喇叭樣的蝸牛、個頭不大的黑色小鴉蟲、一小段一小段被麝鼠啃過的萱草根，偶爾還會發現一隻青蛙或一隻小彩龜，這些小動物身上還披著雪花，都個個活蹦亂跳呢。我就靠一根鐵釘耙，把這些東西都撈到船上。

我還發現，若要撈蔓越莓最好要趁洪水時節，得搶在水退前，這時風刮得也大，它們就被一路呼啦啦地沖到岸邊了。而只消找一個蔓越莓最多的水面，一人執一糞耙攔住和蔓越莓漂在一起的雜物和浮在水面的草，另一人則用一支普通釘耙將一些草梗和蔓越莓撈到船上，那些草梗能托住蔓越莓，這樣才能

---

134 原文是「...fifteen and twenty rods off...」，譯時折算成英尺，以方便讀者。

確實撈起。

　　有一次，我動了用蔓越莓做生意的念頭。我迫於生計不得不去紐約賣鉛筆，於是就想，何不捎些蔓越莓去賣，豈不更好？經過波士頓時，到昆西市場打聽了一下行情。那裡的一個商人把我帶進他的地下室庫房，將他的存貨展示給我看，並問我想買乾的還是新鮮的。我讓他們留下這麼個印象：我要的量相當大，這讓那些貨棧老闆一下子感到振奮起來，因為蔓越莓的價格看來有望漲了。後來我又上了很多紐約來的郵船，向船長們打聽貨運蔓越莓的價錢，分別問了乾的、新鮮的價格，有一艘快船的主人還非常急於成交這批生意。但我仍然不敢冒失，空手到紐約，再去那裡的市場打聽蔓越莓賣價。結果發現在那裡，就連頂級東部蔓越莓的價錢也比波士頓的低。

　　三十年前，我曾在梅利亞姆的牧場上採摘過蔓越莓。採著採著，突然，我聽到背後有人走來，回頭一看，正是被我們孩子叫做老福斯特的那一位，他力氣可大了。我拿起小桶拔腿就跑，像所有十二歲的男孩子一樣，仗著年紀小行動敏捷，沒多久總算把他甩到後面一大截。他仍不依不饒地在後面追，我翻牆回到村子，躲在房子後，這才甩掉了他，他也同時甩掉了我。那次以後我才知道，原來蔓越莓也是私有財產。

　　在《一八五三至一八五六年加拿大地理調查》（*Geological Survey of Canada for 1853, 1854, 1855, and 1856*）中，我看到這樣的話：「在尼皮辛湖區（Lake Nipissing），一個印第安人告訴我，他和家人（妻子和兩個年幼的孩子）一天很輕鬆就能採摘到四到五桶[135] 蔓越莓（沒說明什麼品種），然後拿到一個叫

---

135 此處桶（barrel）作計量單位，一桶約合一百二十至一百五十九升。

石巴阿馬明（Shi-bah-ah-mah-ming）的地方，每一桶能換到五美元。但這樣好的生意卻也給他們出了難題：因為獨木舟每次的運量很少，更何況湖上無冰期又很短。」

十一月中旬，這時霜凍過的蔓越莓也都完全熟了。我又有新發現，那就是此時草原上仍有極少量的蔓越莓，味道竟變得非常棒，和春天採到的越橘味道一樣好。如果草原上的水多，那麼到了這個季節就該慢慢退去。這也往往提醒人們，此時蔓越莓該真的熟了。有時到了十二月，還能找到少量的蔓越莓，它們沒有被霜凍壞，果肉還結實。的確許多已經開始變爛，但還有很多的味道變得更醇厚，潮濕和嚴寒只使它們加速成熟，而且正值冬天，因此不會腐爛。我們這一帶的居民都喜歡這種能媲美春天越橘的蔓越莓呢。

有時，洪水趕在霜凍之前襲來也不無好處。這有利蔓越莓平安過冬，來年春天仍能保持新鮮好吃。

三月，河水漫入草原並把那裡沖得乾乾淨淨，我立刻發現有人划船趕著去撈蔓越莓，彷彿一整個冬天味覺都很受委屈似的，他現在迫不及待地要用一道美味沙拉慰勞自己。這位搜索蔓越莓的好獵手心裡有數該去哪兒，連麝鼠都沒他快呢。不過，一般來說，我們基本上還是按照季節食用這種東西，它好吃的酸味是酸橙無法相比的。在木斯克塔奇德草原上，這種蔓越莓就是沙拉汁和醋的代用品。我總是堅持這一點：不妨先嚐一點點，看自己是否能接受。不久，春天帶來清風陣陣，就會把這些蔓越莓一股腦吹到河岸及草原邊，夾雜著那些亂七八糟的草梗、樹葉什麼的，幾乎和蔓越莓果凍結在一起。孩子們這時候就去打撈呀，然後用量杯量著去賣呀，可有得忙了，連鴨子也不甘心，會潛到水下尋覓那些還沒被沖走、依然掛在藤上

的蔓越莓。

　　春天，我們渴望著酸的滋味，蔓越莓就能滿足我們的需要。只有在春天裡，才會吃到令人神清氣爽的點心。酸味讓人開心，更讓人意識到春天就在身旁，這是春天的味道，而也正是我從草原採得的蔓越莓的味道。這種酸味一掃而去那冬季的渾渾噩噩，而有了蔓越莓做的調料，一直到來年你都不必再用別的調料做增味劑了。甚至到十一月份的感恩節，蔓越莓的味道雖已不那麼濃郁，但仍然是餐桌上最讓人振奮的東西。浸泡在水中的蔓越莓比任何情況下都更要美麗，所以無論在集市上還是在船上，賣主都會問你是想要乾運，還是保鮮運 —— 也就是濕淋淋泡在水裡。但我認為，只有春天的草原、濕地那些泡在水裡的蔓越莓才堪稱真正的新鮮，真正的水汪汪。記得有個小男孩因為吃多了蔓越莓而當場送命，屍體在河岸上被發現，而我總認為，是因為他在死前無法每天都如願地吃到蔓越莓，才會暴食而死。

　　在草原的水中划船時，常常可以不用管舵，只消坐在那裡眺望四周，就會發現一大片蔓越莓，它們居然逃過打撈而優哉地漂在小船的龍骨下。成百上千個紅彤彤的小傢伙掛在藤蔓上，使勁想浮出水面。這兒確實太值得駐足留戀，若下次還能找到這個地方，倒不妨多來幾次。

　　我曾在哈威奇和鱈魚角[136]麻薩諸塞的普羅文斯鎮看到大片人工栽種的蔓越莓，其中某些一塊田的面積達十或十二英畝。這樣的蔓越莓田通常都在濕地或草原裡，緊挨著一片湖或池塘，然後人工墊高一點，使其高於水面，再鋪上白沙，種下蔓

---

136 位於麻薩諸塞州麻省的一個半島。

越莓，每行間隔十八英寸，行間有藤蔓交織，青苔點點，很快地長成一大片綠油油，煞是好看。

西瓜
Watermelons

西瓜這玩意，最早的一批在八月七日到二十八日就可以吃了，後幾天的那些也算是熟得較晚的。它們還陸陸續續地熟，直到霜凍。還是在九月最為美味。

約翰・喬什利是新英格蘭的老居民，他認為西瓜「堪稱最適宜這裡」的作物。他說這種東西「顏色像是被草揉了以後的綠，也可以說是多汁的綠；熟了以後也會混有黃色。」

九月帶來了纍纍碩果。我首先想到的是瓜類和蘋果。

和冬天的相比，我們九月裡吃的東西真是全然不同呀！我們更少光顧肉店了，相反的，我們會邀請肉店老闆來咱家的院子玩。

老實說，我是有些看不起那些不會種西瓜的人，和認為西瓜不好而不願意吃的人。要這樣的話，那他們三歲就應該跟著帕里 [137] 去極地。這些人在航程開始前就領足了補給，我現在知道那是多久前的事了，而那些吃光的肉罐頭足以給他們立個紀念碑。

我們和鳥一樣，也應該隨不同節令吃不同的東西。這個季節就該吃汁水多的瓜果。酷暑難耐，大家都像發高燒的病人，把西瓜當成唯一賴以活命的東西。在這種日子裡，麵包、牛油

---

137 William Edward Parry（1790—1855），英國航海家，曾三次指揮遠征隊尋找西北水路（1819—1820, 1821—1823, 1824—1825）。

和西瓜就是最有營養也好吃的東西，多多益善。

在這個季節，我無論划船或搭車去採摘野果，都不忘帶上幾個西瓜作為途中的飲水補給。沒有什麼美酒佳釀如它們包裝方便、味道上乘且清爽宜人。帶著這種綠色「大罐」裝著的美酒，到了目的地後，就把它們放置在陰涼地方或水裡，待享用時沁涼沁涼。

如果在家裡，想弄涼一顆從太陽底下摘回的西瓜，就不要用水，因為用水澆淋後容易把熱氣逼入瓜裡。較為可取的方法，是切開後放到地窖之類的陰涼地方，過一會兒就好了。

辨認西瓜是否成熟的方法有很多。若對某片瓜田很熟悉，當然就知道那塊地裡每一顆瓜的特性，也就知道哪顆瓜會最先熟了。如果瓜田位在山上或山腳，不妨先挑揀最接近中央部分的那些，或是看上去最老的。

就顏色而言，色澤陳舊、沒有果霜的往往是熟瓜的標示。有的瓜綠油油，很新鮮的模樣，還披著重重果霜，可是打開一看卻生得很。而若碰到皮色暗綠且厚、果霜也掉了的瓜，那就可放心地打開來吃。

如果瓜藤還很新鮮，但瓜蒂卻枯了，就算搞不清楚狀況，也一定表示裡頭瓤紅而且沙，是顆好瓜。第二種方式，是用手指敲打再聽聲音，瓜裡空隙若愈大聲音愈低。熟透的瓜，聲音有如男低音，生瓜則像男高音或假聲[138]。還有人大動作地用擠壓來選瓜，如果擠壓時瓜內發出嚓啦嚓啦的開裂聲，就是熟了，但別人不可能讓你用這法子挑他的瓜。最好連藤都不要

---

138 假聲尤指男高音的歌唱聲音，特徵為不自然地產生高於正常範圍的聲音。

碰，這樣顯得太貪吃，也不利瓜生長。這都只是小孩子的把戲。

有人告訴我，他不種瓜是因為他的孩子會把所有的瓜切開。我倒認為，他實際上是在說自己管教不當。他教育孩子的方法顯然有誤，按孔夫子的標準來說，這樣的人也不能治理國家[139]。有一次，我站在百葉窗後，看到他的一個孩子竟翻越柵欄，坐上我院子裡一顆很早就結的西瓜，掏出一把折刀要往瓜裡捅，我當然立即大喝，制止了他，還給他上了一課，告訴他這裡可不是他老爹的家，不可以由著他亂來。這顆瓜後來也褪去果霜，長得大到驚人的地步，味道也很甜，但瓜皮上一直有個疤痕，就是那小偷瓜賊用刀劃出來的。

那個農夫只好在離家很遠的玉米地或馬鈴薯地中間種瓜。我散步時常常會經過他的瓜地，這會兒我瞧見西瓜田是貼著胡蘿蔔地，而胡蘿蔔的葉子可以掩飾一旁的西瓜葉，兩種葉子是有幾分相似。

有句老話這麼說的：一隻胳膊夾不住兩顆西瓜（You cannot carry two watermelons under one arm）。其實就連夾一個也難走遠，因為瓜皮很光滑。有一位女士告訴我，她去林肯郡拜訪朋友，她本打算步行回家，不料告別時友人贈送一個很大的西瓜。抱著這只滑溜溜的西瓜，她擇路穿過瓦爾登樹林，而這個樹林在傳說中素來是精靈妖怪出沒之處，人皆敬而遠之。樹愈來愈密了，她心裡也更害怕，西瓜也愈來愈重，她非得不斷地換手抱著。最後，八成是精靈妖怪作祟，那顆瓜突然從她臂膀中滑了出來，跌到地上，頃刻就在瓦爾登的路上碎成一塊塊的了。嚇得發抖的她連忙撿起一些包在手帕裡，慌不擇

---

139 「欲治其國者，必先齊家。」出自《大學》第一節。

路地以最快速度跑到康科德的大街上。

若霜凍來臨瓜卻還沒吃完，那就把它們放進地窖，如此一來，能一直放到感恩節再拿出來吃。我曾經看到樹林裡有一塊地上的西瓜都凍住了，拿回家一切開，瓜瓤像紅水晶似的晶瑩剔透。

據說希臘人和古羅馬人並不知道西瓜為何物。當年走進沙漠上的猶太人則非常懷念這種用希伯來語叫做「abbattichim」的東西，這也是埃及人的水果。

可以說英國的植物學者對西瓜瞭解甚少。能找到的資料就是吉羅德在《種植史》一書中〈果瓜〉一章中的相關資料，他是這麼說的：「這種果瓜皮裡的果肉可以食用。」

斯賓塞[140] 在《逸聞》（*Anecdotes*）中寫道，伽利略曾將阿廖斯托[141] 的《奧蘭多》（*Orlando*）比作一塊瓜地。「你也可以不時在地裡的旮旮旯旯找到一些好東西，但基本上地裡都是不怎麼有價值的。」蒙田[142] 則引用奧里利烏斯·維克托[143] 的話：「戴克里先大帝[144] 取下皇冠，聲稱要過『自己的生活』，但不久又坐上皇帝寶座，並宣布：『如果你們看到我在自家果園裡栽的樹長得有多好，種的西瓜有多甜，就絕不會勸我回

140　Herbert Spencer（1820—1903），英國哲學家，試圖在其系列論著中將進化論運用於哲學及倫理學。

141　Lodovico Ariosto（1474—1533），義大利作家，史詩喜劇詩《奧蘭多》（1532）是其主要作品。

142　Michel de Montaigne（1533—1592），法國散文作家，其散漫而生動的有關個人的散文被認為是十六世紀法國散文的最高表現形式。

143　Aurelius Victor（320 ？—390），羅馬政治家兼歷史學家。

144　羅馬帝國皇帝（284—305 年在位）。

來。』」戈斯[145] 在《阿拉巴馬來信》（Letters from Alabama）中是這樣評論西瓜的：「我認為英格蘭還沒人知道此為何物；在倫敦的市場上我還從沒見過有人出售此物。」可是在美國到處都有西瓜，尤其在南方更多：

> 黑人有自己的西瓜地，就像他們有自己的桃子園一樣。種出早熟的好西瓜，培育超過他們主人有的品種，對他們來說可是件大事情呢。……法國王妃曾經希望「吃冰的時候不涼得難受」，西瓜可謂對這種想法付諸實現的樣板。……每天傍晚，從地裡將一車西瓜運至家中，供一家人第二天食用。在這種暑熱的日子裡，人們幾乎不工作，不過吃西瓜可是來往中的大事。客人坐定後，先上一杯涼水以示歡迎，接著大呼僕人端上西瓜，主賓都有份。有的西瓜刀還沒剖到底就開裂了。女士們將靠近外皮的口感較硬的部分切成星型，或是任何漂亮的形狀，糖漬後保存，冬天食用。

接骨木
Elderberries

接骨木果子要到八月七日才會熟，大面積成熟則在八月二十五日，高峰則在九月四日到十二日。七月底它們的果子還是青幽幽的。

---

145 Philip Henry Gosse（1810—1888），英國自然學家，《阿拉巴馬來信》（1859）為其著作。

八月二十二日，接骨木樹枝因結果而被壓彎，不過多數果子才剛長成，許多還是花呢，當然花事也將盡了。八月底的時候，一簇簇傘狀結成的黑色果子很引人注目，讓樹枝沉得撲倒在柵欄邊上。果子愈來愈熟，就愈來愈大，也愈來愈重，終於自己也撐不住就耷拉下來，整棵樹也就被壓得垂下。十分明顯，同一棵樹的枝頭上那些還是綠色的果子仍然硬朗，哪怕半熟的果子也墜著，而全熟的就索性垂直耷拉下來。結著果子的傘狀花序枝若還沒耷拉，可看出形態非常整齊：從中間向外分出四小枝，距離平均，都以中間為核心輕輕垂下，中心的則挺直不倒。

很容易就能採到滿滿一籃接骨木，果子大而相對輕，據說可以做很好的染料。

九月一日以後，越橘已經開始乾燥，也過氣了，這時氣勢最大的野果就數野櫻桃和接骨木果了。當然，難怪常見這些樹上停著鳥兒。到九月二十幾日，那些鳥——有知更鳥的幼鳥，還有藍鶇等——已經沒有接骨木樹上的果子了，就連那些結過果子的細梗也被牠們啄光。這時再去採摘接骨木果就太遲了。

晚熟越橘
Late Whortleberry

現在晚熟越橘上場了。有種黑果木（dangleberry）——又叫藍越橘（blue tangle）——直到八月七日才完全長好，到八月底才大面積成熟。

這種果樹比美洲越橘樹高得多，是後者的兩倍，而且非常漂亮。像塗了層白霜似的葉子呈現出一種灰白的綠色，生長在潮濕地方的灌木叢內，在多雨的天氣會生得很好，而就這樣一

棵樹來說，它結果的數量確實太多了。這算得上漿果中最俊俏的了——圓溜溜的，果皮光滑，顏色藍澄澄，個頭也比其他品種的越橘大，並且看上去更顯得通透。它們結在長長的細枝上，果梗約有兩到三英寸長，就那麼吊在枝上晃來晃去，有時果梗還會纏在一起。沒有經驗的採摘人會視它們為有毒的東西而繞行，那樣想也不無道理，這種果子的味道雖然不錯，卻有強烈的收斂作用，而且和九月成熟的大多數果子相比，它的味道多少有些遜色。九月第一個星期的最末兩天，這種果子是此時能吃到的越橘之中最新鮮的。這一帶並不容易看到它們，只在有的年成裡能採到一點兒，大概夠做個布丁吧。

齒葉莢蒾
Viburnum Dentatum

　　齒葉莢蒾的小果子約莫在八月七日長出來，九月一日基本上就長齊了，有些果子能整個九月都掛在那裡呢。七月過了一大半，我也曾見過它們，依然綠綠的。

　　在莢蒾中，這一品種是最早結果的，結的果也是最小的，所以它的葉比果更引人注意。那些小果子的變熟會先從一側開始，先熟的一側會出現一個顏色很暗、看上去好像爛了的小點。八月中旬，沿河一帶的山茱萸堆中呀，柳樹林裡呀，蘑菇叢內呀，總會混有它們的身影。可以這麼說：只要其他植物身邊有空的地方都能看到它們。齒葉莢蒾果子很小，擠在一起，圓圓的，直徑大約十六分之三英寸，味道很糟。果子成熟後的顏色是很暗的淺藍色，也有鉛灰色的，如果拿近看還會發現它們其實算是光滑。

李子
Plums

　　從外面引進的加拿大李，八月八日結果了。

　　在《新英格蘭觀察》中，威廉·伍德寫道：「在這裡，這種李子要優於一般的李子，儘管這裡的櫻桃要比其他地方的櫻桃差（指的是沙櫻）；這種李子黑中帶黃，大小如道森果，味道甚佳。」卡蒂埃[146]提到加拿大的印第安人和法國人的做法一樣，將李子曬乾過冬食用。喬什利還在新英格蘭發現圓李子，顏色有白有黃有黑，和英國本土的大不同。納托爾[147]在其大作《北美森林志》（*North American Sylva*）的注中對一種名為美洲李的野生李子做了以下描述：

　　　　北美很少有其他植物能像這個品種的李子這樣分布廣泛——從薩卡奇灣到哈得遜灣，延綿不斷生長在喬治亞、路易斯安娜和德克薩斯等州的原野上。西部的紐約州也多見此物，有些原住民還將其種植在住所周圍（我一八一〇年就親眼看到過），種植方法同於契卡索李種植。……（這種果實）有的地方通體長成黃色，但大多有一側略帶紅色，或紅黃色。

146　Jacques Cartier（1491—1557），法國探險家，他曾力主加拿大屬於法國。

147　Thomas Nuttall（1786—1859），英國博物學家，曾在美國工作和居住三十三年。

毛果越橘
Hairy Huckleberry

　　毛果越橘（Gaylussacia dumosa，var.hirtella）在八月八日左右開始成熟。

　　這種越橘不多見，只生長在野外人跡罕見處，如陰冷的苔蘚濕地，在那種地方還有小石楠（Andromeda polifolia）和濕地蘭（Kalmia glauca）。另外，有種土壤結實但人們不愛去的窪地，也是它們的生長地。毛果越橘果實為橢圓形，黑色，短毛鬚長在外部，使它質地粗糙。就我所知，本市及周邊所有的越橘中，就只有這個品種不宜食用。當然，某些越橘的品種——如鹿樹果、蹲越橘等也不宜食用，但那都長在這個州的別區。長在濕地上的毛果越橘淡而無味，而長在窪地硬泥地裡的則味道重一些，唯果皮上的毛太粗糙，吃在口裡很難受。和黑果木一樣，毛果越橘也被認為應該歸類於越橘。

　　一八六〇年八月三十日，在邁諾特家的硬地上看到毛果越橘，感到非常意外。邁諾特在這塊地上種過馬鈴薯，現在卻長出好多好多的毛果越橘，不是一兩棵結了果而已，是整片地結了果，在此之前，我只在濕地上看過這種植物。那塊硬地上結的果味道比較好，不那麼淡，可是有毛所以仍然難吃。這種果實沿著枝一串串地結，比其他越橘的果稠密。因為果皮上那些毛，這種橢圓形的黑色果實難以下嚥。

　　我想它們依舊生長在這裡，和一些本地的其他草木一起駐守此地，因為邁諾特是一個守舊的人，不會帶頭做新鮮事，也就不輕易對自己土地行改良之舉，所以他那塊地基本還是原樣，仍保持原生態。因此那裡的越橘也就都是老樣子。

厚皮甜瓜
Muskmelons

八月十日厚皮甜瓜成形了,這種晚生的青皮甜瓜要等到霜凍後才真正成熟,人們那時已將瓜藤砍去。一八五四年八月十日我摘下第一個甜瓜,另一年則是在八月二十三日,而一八五三年是在八月十二日。

從其顏色和香氣可判斷黃皮品種是否熟透。它們熟的速度可謂之迅速,就彷彿迫不及待地對你說:「摘下我吧。」早上,你把熟透的全部摘下,當晚再走近,會發現又有一兩顆從意想不到的地方冒出,等著你採。一天天日頭從東走到西,陽光就這樣把甜瓜染成黃黃的。那些不斷變得更熟的瓜,被自己發出的香氣出賣,皮愈粗糙往往瓜愈好,那些青皮甜瓜更是如此,照此方法挑準沒錯。李子、葡萄,總讓園丁手忙腳亂忙個不停,照我看來,這些難伺候的東西如何都比不上甜瓜。

古人怎麼培育出西瓜的,這不好說,但甜瓜的前身一定比葫蘆或瓠果好不到哪去。古時有瓜叫做「cucumis」或「cucushita」,估計就是它了,古代園丁大概也就這麼認為。特奧夫拉斯圖斯談論過,說他的翻譯加沙(Gaza)稱其為「pepones、cucumeres,或是 cucushita」,而他認為 cucumeres 的皮很苦。所謂 cucumeres 似乎就是一種黃瓜。他還說:「當季風刮起的時候,麥加拉學派 [148] 的人就揮鋤翻地,種下 pepones、cucumeres 和 cucushita,而且用不澆水的方法使這些東西更甜。」他常常提到這些瓜果,尤其是後兩種;還說如果把 cucushita 的種子浸泡到牛奶裡,結出來的果肉會更軟。而

---

148 古希臘小蘇格拉底派之一。

科盧梅拉[149]則補充道：「如果將 cucumis 的子泡到牛奶裡，以後結的瓜味道就會更甜。帕拉迪烏斯[150]則聲稱如果想讓甜瓜香氣更濃，不妨將種子埋在乾燥玫瑰瓣裡。科盧梅拉關於如何處置 cucumis 和 cucushita 的詩可以為證：

若要長久享受吃瓜的歡樂，

長形的嘛不妨拿起，找到最細的一處，

取下那裡十粒種子；

如果圓形的，團團像個大肚皮那種，

就取它最靠中間的子；

這樣的種子結出的瓜多，

味甘如蜜，

芬芳撲鼻；

……

古諺云：激流是孩子最好的游泳教練。

顯然他說的是葫蘆或瓠果。

德·康多勒[151]在談到硬皮甜瓜時引用了奧利維爾·德·塞爾[152]一六二九年說過的話：「普里尼常常把黃瓜和甜瓜混為一談，分不清此物非彼物。」德·坎道爾[153]還說一個叫赫爾拉

---

149 Lucius Junius Moderatus Columella（4—70），古羅馬作家，作品多與農事有關。

150 Rutilus Taurus Aemlianus Palladius（363—425），羅馬作家，作品多與農事有關。

151 Alphonse de Candolle（1806—1893），瑞士植物學家。其著作《植物地理學》（1855）是當時植物地理學所有一切知識的綜合和總結。

152 Olivier de Serre（1539—1619），法國植物學家。

153 De Candolle（1806—1893），瑞士植物學家。

的西班牙人一五一三年說過：「如果甜瓜長得好，就算沒人吃，也是世間最好的果實；如果沒長好，那就是壞果實，壞透了。」他把它拿來比喻女人。

吉羅德筆下的甜瓜是：「希臘文裡的『μη´λον』指蘋果，而這種瓜很可能就是當時被叫做『μηλοπε´ων』的，即『Melopepon』；因為 pepon 類果實有蘋果的香氣，所以想必這種果實也有蘋果的香氣；此外它還帶有麝香，所以又叫麝香氣味的甜瓜（Melons Muschatellini），或麝香瓜。」

一八五八年九月十三日，園中的甜瓜和南瓜皮色都變黃，濕地裡的蕨也變黃了。

聖皮爾[154]說「我們的果樹容易脫皮」，並大談柔軟的果實落地易碰傷等等，他接著又補充道：「對果實的形狀和大小進行改良並沒有什麼不好。許多果實的改良就是為了使人容易吃進去，例如櫻桃和李子；有的是根據是否便於手拿而改良，例如梨子和蘋果；還有些個頭大的像瓜一類，但也有能切分的標記，適宜一大家子或很多人共用；不但如此，就連在印度也是如此，例如佛手，還有我們的南瓜，都是可以拿來和鄰居分食的。」我還想加一句：西瓜也是如此，雖然它摸起來沒有一棱棱，打開也看不見有什麼切分的標示，但瓜皮的顏色是另一種提示 —— 按顏色標示的區域切下去，就成了一塊塊適中的分量了。也許這種瓜之所以沒有明確切分標記，是在暗示自己對人有益無害，因為一個夠一家人吃的西瓜也同樣能被一個人吃得乾乾淨淨。

---

154 聖皮爾（Saint Pierre）是法國傳說中漁民的守護神。此處的聖皮爾身分不詳。

常常由於雨水過於充沛，甜瓜會開裂，而味道這時還不甜呢。

馬鈴薯
Potatoes

八月十一日，人們開始挖馬鈴薯了。

一八五一年七月十六日。鄰居早幾天在一座山上挖出馬鈴薯，一個個大小和板栗差不多，所以又被放回泥土下蓋起來。這時用不著再給馬鈴薯除草了。

最早出土的馬鈴薯在八月十一日，有些人從那時開始挖。眼看要到八月底了（大概是二十日到二十三日），這些人挖得更起勁。馬鈴薯還沒完全長好，但他們動作很大，把推車和大桶都弄到地邊開挖了，一來生怕馬鈴薯會在土裡爛去，二來擔心其價格會下跌。人們現在一大早甚至半夜就動身，把馬鈴薯和洋蔥運到市場上，下午歸來時筐和桶裡已空空如也。

到了八月底和九月，那些還在地裡的馬鈴薯才真正長好了。

無論大自然奉獻了何種果實，我們都為之感到欣喜。大自然以此讓我們相信她的生命力多麼旺盛，同時給我們如此寶貴的果實。哪怕看到橡樹上結了許多橡果也讓我開心。走過低地，看到地頭堆放著那些個兒大大的圓馬鈴薯（雖然它們看上去像會令人中毒），也能令我快樂。把這些塊莖果實送給你，好嗎？如果你還不滿意，那好，你可以換個花樣 —— 把它們種到地上去。回報多豐厚，也多美呀！對農夫來說，和一年裡其他作物的收成相比，馬鈴薯也許不算什麼，但在我眼裡，簡直就和紐約市人口的增長一般神奇迅速。十九世紀五〇年代，紐約市人口劇增，速度之快是全美之最。但同時引發了不少問

題，以致美國各地報紙上的頭版頭條總是與之相關。這些結在根上一串串、圓溜溜的馬鈴薯，和我認識的其他果實一樣，都是豐收年成的象徵，甚至更好，至少我認為比一串串葡萄好，也的確如此。

一八六〇年七月二十八日。一位男子帶我到一條街上，指著那裡孤零零的一堆馬鈴薯給我看，要知道那堆可是從一株馬鈴薯的一條根莖上收穫的。一共有二十個，有的直徑差不多一英寸，而像葡萄般結成一串的直徑大約五英寸。這麼一串馬鈴薯提供的鉀鹽就足夠我身體所需了。後來這些馬鈴薯又在郵局展示了些日子。

一八六〇年七月三十日。經過塞瑞斯‧霍斯莫爾家的馬鈴薯地，看到挖出的馬鈴薯堆放在沙地上，由於下雨了，所以馬鈴薯上又蓋了沙子。看得出來，每兩壟馬鈴薯中間都是一堆。由於今年雨水多，氣溫低，所以產量特別高。

一八六〇年八月二十二日。馬鈴薯地真是風光無限，這句話一點都不假。儘管很多人都不以為意，然而，就算藤葉發黑快爛了，就算淨是爛馬鈴薯的氣味，但正是這種馬鈴薯地比馬鈴薯本身更能證明馬鈴薯的價值。夏日陽光下，蟋蟀嘶叫不停，蚱蜢到處活蹦亂跳，在被雨水沖涮過、驕陽曝曬過的坡地上常可見到拱出地面的馬鈴薯，似乎大地已容不下它們了。而農夫也懶得對它們操心，認定這些馬鈴薯一定會自己好好的，當初他不就是漫不經心地在這裡和河灘邊隨隨便便種的嗎？真是不小心就發財了。現在他只想歇歇，看播種後的勝利成果，然後躺在祖先種的大樹下舒舒坦坦睡個午覺。我走過他身邊，看到他攤開手腳，躺在一塊水牛皮上，穿件短袖上衣，沒戴帽子，光著大腳丫。他躺的這塊地方就是他家門前的草地，挨著

路邊。躺在那看一會兒農業報紙，睡一會兒覺，不時翻翻身，因為家裡養的雞和火雞會悄悄地走在他身旁轉圈。

今年的馬鈴薯收成太好，有個總會來推銷一些神奇貨色的小販，居然變成我家常客，老想打聽我還有沒有多的大衛斯種苗[155]。難不成他打算不再做小販生意，而改種馬鈴薯了嗎？有個農夫的地窖修在山頂上，為了扛馬鈴薯上山可費了他很大力氣，所以他邊扛邊大罵這些馬鈴薯太重了。但就算再重，他心裡也是喜孜孜的呢。

收穫葡萄的時候到了，橄欖也熟了。肥沃土地出產的果實，含有多麼豐富的鉀鹽。就像糖廠造糖一樣，大自然這樣製造鉀鹽，實在太好。

我總覺得一個豐收年份最值得炫耀的就是馬鈴薯的收成了。為什麼沒人在紋章刻上一串馬鈴薯呢，它們難道不就和「d'or」（黃金）和「d'argent」（白銀）[156]一樣嗎？

不久前莫爾家在買來的一塊濕地上新開了一塊地，撒上草木灰和泥炭作肥料，現在那裡的馬鈴薯多得誇張。馬鈴薯連在新開的荒地上居然也能長得這麼好！一位愛爾蘭人告訴我說，他在林肯郡開了一片荒地，先清理掉地上的雜草樹木，把草、樹根都挖出來燒成灰鋪在地上，足足有六英寸厚。然後種下馬鈴薯，就再沒管過，連草也沒除。一天晚上他和別人去那裡挖馬鈴薯，挖出的整整裝滿七十六個大桶，這樣還沒挖完，隔天早上他又去挖。

九月過了一半，田野裡盡是挖馬鈴薯的農人，個個都臉朝

---

155 是一個馬鈴薯的品種，據說產量豐富。
156 根據紋章學，紋章底色為黃色和白色分別表示黃金（d'or）和白銀（d'argent）。

土專注地挖，誰也沒注意到我走近了。到了十月底，人們要搶在泥土結凍前把馬鈴薯全挖出來。

一八五九年十月十六日，從韋特爾家的地窖口前走過，旁邊就是一塊沙質馬鈴薯地。那裡的馬鈴薯遲遲未被挖出來，藤有許多已埋進山邊的沙土裡，似乎被人遺忘了。這種狀況，想挖出這裡的馬鈴薯就得借助土地草圖，然後用棍子來捅了。這家農人是該計算一下，還剩多少天就無法收回這些馬鈴薯。

記得有這麼一位農人，對如何種莊稼有自己的一套主張，並能引用新理論來證明，他就在一大塊地上種了馬鈴薯。他把壟間距離設計得很寬，而且一壟壟栽得筆直，讓所有同行讚揚不已。但這位老兄偏偏忘了挖馬鈴薯，等他想起時土地已經凍得板結，當然也就糟蹋了那些馬鈴薯。

歷史書上都這麼寫：馬鈴薯是沃爾特・羅利爵士[157]從維吉尼亞引進到大不列顛的。事實卻是美國並非馬鈴薯的原產地，美國也是從南美引進的。T・W・哈里斯博士[158]親口告訴我說，曾經讀過德・坎道爾早年在法國寫過的報導，裡面就說馬鈴薯原產於維吉尼亞，於是博士就給他了一封信想糾正這一說法，但德・坎道爾回信說：博士描述的那種普通的馬鈴薯恰恰就是野生馬鈴薯或最原生的維吉尼亞馬鈴薯。

在《環球遠航》（*Voyage round the World*）一書中，查爾斯・達爾文提到曾在南美的克洛諾斯群島（Chronos Archipelago）看到野生的馬鈴薯，其中最大的一株足有四英尺高。但其塊莖

---

157 Sir Walter Raleigh（1552？—1618），英國大臣、航海家、殖民者、作家。他是伊莉莎白一世的寵臣，曾在愛爾蘭和卡迪茲活動，考察了圭亞那，在維吉尼亞州移民，把菸草和馬鈴薯傳入歐洲。

158 T・W・哈里斯博士當時在麻薩諸塞州劍橋的哈佛大學任教。

相當小，一般直徑約在一兩英寸左右，「和英格蘭馬鈴薯無論是氣味還是形態都近乎一樣；但煮熟後縮小很多，而且稀糊糊的，味道也很平淡，不苦」。

引吉羅德文如下：

〈維吉尼亞馬鈴薯〉

維吉尼亞馬鈴薯地面上的藤為空心，柔韌，無論何種土壤上都可以糾結延伸到很遠。藤梗結節處長出較大的葉子，在此種葉子上又生葉子，葉片大小不等，對生，從綠色漸漸變紅。所有的葉形都像山芥葉，但較大。剛入口覺得像青草，然後感到刺激、怪味。長出葉子的地方也伸出細長的莖，上面開出淡雅好看的花來，每一朵花未開時都像一片葉子。這些莖曲折生長，有時數根絞在一起，使那些花看似不同形狀的多片葉子，直到其中一朵開了才明白原來是些花。花是淡淡的紫色，每一花瓣有一淺黃色細紋，看上去如同淺紫中混入黃色一般。花心有一大塊黃色或金黃色物體，此物中又有一綠色針狀物立起。花開後結出圓形果實，大小如野生紫李或野李子。色由青轉黑，待黑即可採摘。果內有白色種子，大小和芥菜籽差不多。根粗大、肥厚，為塊莖，和普通馬鈴薯相近，但不如後者大，也不如後者那麼長。有的塊莖圓如球體，有的則為橢圓或蛋形，長短大小亦不等。緊貼著莖長出的那些根上，不但有很多疙瘩，還長出許多根鬚。

正如克魯休斯[159]所報導，這種馬鈴薯最先在維吉尼亞被發現，自然它就生長於該地。我收到從維吉尼亞採集的根，種在我的園子之後，長得和在它老家一樣好，別名為諾曼貝加（Norembega）。

紅莢蒾
Viburnum Nudum

紅莢蒾[160]果八月十一日開始變熟，而要到九月一日才是它最好的時候，更之後則好景不長，通常九月中旬就掉光了，莢蒾花（Viburnum lentago）還沒落，它們就落了。

這種果子美麗得好像有毒似的，完全成熟前可謂五顏六色，斑斕驚豔，大概是從周圍一切吸收了各種精華所致吧。它們以單獨的聚傘花序長著，一簇果子中刮去果霜後就呈淡綠或粉綠，玫紅或紫紅，深紫或黑。最後陸續地熟了，變黑了，蕭瑟在枝頭。通常每只果子的大小、形態也各異，橢圓的呀，矩圓[161]的呀，圓的呀，各式各樣。然而一般都呈現一種獨特的橢圓型，即一側比另一側長些。有的圓葉圓得各有特色，不但形狀像蘋果，個頭也較其他大得多。

八月初這些果子就長出來了，初生時呈白色或粉色。一

---

159 Carolus Clusius（1526－1609），植物學家兼園藝學家，一五七三年至一五八七年間曾擔任羅馬皇帝在維也納的花園主管。
160 由於該植物原產地在美國和加拿大，又稱為美國紅莢。
161 植物學術語，形容果形雖圓但有近似平行邊的延長形狀。

般而言，不久後就變成綠綠的。那些長在高處曬較多太陽的那一側，很快就透出深深的紅暈，或者略帶深紫，若擦去果霜還可以看到些黑色，而另一側仍綠綠的。雖然紅莢蒾果頃刻間就熟了，但熟的時間並不一致。到了八月中旬，紅果子有些已紅得發紫，而同棵樹上還仍是許多青綠。再過片刻時光，就算有些果子已通體紫色了，不少果子卻還青綠依舊。究竟如何一下由玫紅變成紫色的呢？讓人不可捉摸。這時掛著果子的藤蔓也夠壯實了。我採下幾顆粉色的小果子放進帽子，回到家再看，已變成很俏皮的紫色。一天傍晚，我採了一共五十三顆果子回家，採的時候都是玫紅色，第二天早上其中的三十顆就變成了深紫色。某天下午四點半鐘，我又採了一把，都是綠綠的，略泛點點粉紅。兩個小時後，也就是六點半，我回家一看，有九顆已轉深藍，第二天又有三十顆變成深藍色，看來並不見得非先變紅色才能變藍變紫。此外，本來又硬又苦的果子變成深藍色後，也變軟，還變甜，有種野櫻桃的味道，只是果核很大。這真是奇特而且意想不到的化學變化啊。

有的甚至還有種葡萄乾的甜味，確切形容味道像棗。

一八五六年十月底，在紐澤西的珀思・安博伊[162]，看到和紅莢蒾同一家族的一個品種，那裡人叫它黑山楂（black haw），儘管我們這兒的紅莢蒾果早已落盡，這種樹還密密麻麻掛滿了果，維持了三、四個星期仍然如此。由於那些深紫色的果子長滿了樹，所以把屋前屋後點綴得很漂亮。和一位先

---

162 美國紐澤西州中東部一城市。梭羅一八五六年十月二十五日到十一月二十五日曾在距該地一英里的鷹木社區（Eaglewood Community）作過訪問。

生[163]散步途中，我走近一棵這種樹，採了一大捧果子吃了。這可讓同行先生很吃驚，在此之前他根本不知這果子是沒有毒的呢。這事在當地一所學校傳開以後，那一帶的這些樹很快就失去這些可愛的飾物。在紐約，這種果子叫「奶媽果」（nanny berry）。不過那種樹和我們這裡的最大不同在於它有刺，而我們的沒有。當時要走近這種樹，我還真費了不少力氣弄開那些帶刺的樹枝，它們長得可密了。

八月底九月初，紅莢蒾果堪稱此時最引人注目的野果。濃綠的樹葉在枝上依然俊秀硬朗，而比肩而生、色彩絢麗的果子這時卻垂下了，濕地的野性和美麗因此而平添了幾分——當然這更讓我這個行走此間的人有了胃口，儘管不知道這些果子叫什麼。

九月三日。雖然這種漂亮又相對少見的果子並不被人視為可食用，但畢竟此時是它們光彩亮相的季節。我們能不斷地耗費力氣採集能愉悅味覺的果子，然而，卻不願花區區一小時採集能愉悅視覺的果子，不可理喻。實際上，一年中如此的時光，我們哪怕只出去採一次果子也是值得的，這種果子雖不那麼廣為人知，但美麗如花——它們就是從花裡冒出來的——把這些美麗的果子放到籃子裡，不論是什麼——商陸果也好，海芋果也好，梅迪亞果也好，荊棘果也好，都不拘，就採下放進籃子。現在正是採美麗果子的時節，可是孩子們卻不能跟著放假，去痛痛快快地摘採。為了培養他們的想像力，為了他們身體的健康，應該要給孩子們放假才對。布丁也好，餡餅也

---

163 這位先生叫馬庫斯‧斯皮瑞恩斯（Marcus Springs），是當地富有的奎克黨人。

好，都是我們生活裡不應忽略的東西。反正在這種日子，我會拿起筐出去尋找野果，而且還採了薄荷和紫苑。

有些年份紅莢蒾果結得分外多。一八五六年九月三日，在它們結得最茂盛時，我在沙布希濕地就採到足足有四到五夸脫之多。那些樹上結的果子色彩形態千變萬化，讓人難以想像，就好像你在濕地上的無數花壇之間穿梭跳躍。彷彿仙境裡的花園。只有身臨其境你才能見到那種美不勝收的景色。即使枝頭上已經沒了，但目睹、採集它們之後混著放進一只筐裡仍會令你驚歎。挎著一筐紅莢蒾果和山茱萸果回家，然後擺出來一一比較，其樂無窮，絕對值得。

歐洲花楸
European Mountain Ash

可以看到熟的歐洲花楸[164]果是在八月十二日。大批成熟則在九月一日，之後整個九月都掛在樹上，斷斷續續地熟。

七月二十八日。看到金絲雀的幼鳥啄食窗前的歐洲花楸果。九月，前院的這些歐洲花楸樹上占滿了知更鳥和櫻桃鳥（cherry bird），這些鳥忙著把樹上沉甸甸垂下的橙色果子扯下。我家鄰居發牢騷說，這些鳥先是啄了他家的草莓，現在好不容易花楸樹結了果來點綴他家房子，又被這些鳥在幾天內啄得精光。

---

164 又名七度灶。

勞登說：「在利沃尼亞[165]、瑞典和堪察加半島[166]，花楸果熟後可以當水果食用。」如此酸澀的東西居然在某些地方還有人在吃。對我來說，這果子委實又苦又澀，真不懂為什麼鳥兒喜歡吃，事實上連鳥兒也咽不下它們呢。

白果山茱萸
White-berried Cornel

八月十二日。白果山茱萸（Cornus alba 或 paniculata）結的果子開始熟，不過一八五二年八月二日它們就大片地熟了。八月中旬，果子紛紛落下，落下時往往還沒熟透呢。剛進九月它們就幾乎掉光。一八五九年九月十一日，我倒看到還有些果子依舊挺拔枝頭，白刷刷，像裹著一層蠟。

白果山茱萸和互生山茱萸的果子落下後都會被鳥兒吃掉。待它們完全成熟，會呈白色。也許它們的精彩亮相才讓八月底有了看頭。學院路、棠棣濕地和麗坡湖的森林窪地裡，它們隨處可見。這種果子結結實實，樣子頗有趣，一來是表皮的蠟質光滑，二則因為它的果梗有如小仙女粉嫩的手指，傘狀散開，就像一隻隻小手掌伸向天空。然而果子味道很苦，倒是果落了以後，傘狀的果梗更耐看呢。

---

165 Livonia，由拉脫維亞南部及愛沙尼亞北部組成，十三世紀寶劍騎士團征服該地區並使其居民皈依基督教。一五六一年騎士團解散後，該地成為波蘭、俄國和瑞典爭奪的焦點，最後於一七二一年交於俄國。

166 位於俄羅斯東部，西瀕鄂霍次克海，東臨太平洋和白令海。面積約四十七萬二千三百萬平方公里。

主教紅瑞木
Cornus Sericea

主教紅瑞木，八月十三日。

一八五二年七月二十七日。阿莎貝河的兩岸都被這些絲質般的綠色果子妝點，連石縫間也被塞滿了。

一八五二年八月二十五日。河堤上，濕地裡，放眼望去都是絲質的主教紅瑞木果，輕垂在枝頭，像一串串紫晶色的細瓷，或玻璃的珠子，還夾雜一些乳白色。

一八五二年八月二十八日。現在，沿著河岸垂在河面這些有如絲一般的果子煞是好看，多半都成了雜有乳白的淺藍，分明是這個季節送給河流最好的飾物，它們晃蕩在河水上，倒映在河面的漣漪中。它們和山茱萸的白果現正是最興盛的時候。

一八五二年八月二十四日。繼互生山茱萸果成熟之後，這種絲質般的果子也開始變化，像藍中透著綠的玻璃。然後就是白果茱萸的果實開始熟了，不過圓葉的我還沒見到。

一八五二年八月三十日。有些主教紅瑞木果的一側已經完全白了，而另一側依舊是中國藍。

一八五三年年九月四日。沿河盡是白瓷般的山茱萸果，有的連果梗都白了。

一八五三年九月十一日。開始淡出。

一八五四年八月十五日。一兩天內，山坡上的主教紅瑞木紛紛結果了。

一八五四年九月一日。是它們鋒頭正勁的時候，或深或淺的多種藍色，還有的是帶有藍色的乳白，異彩紛呈。因為它們的點綴，這裡的小路和河岸才平添了幾分妖嬈。

野果
Henry David Thoreau

一八五四年九月二十三日。主教紅瑞木的果實一下子變得像桑椹一樣，現在到了它們退場的時候——二十一日和二十二日兩天，接連的霜凍終結了它們。

　　一八五六年八月二十八日。河邊出現了紅瑞木白色的果子，還有紅瑞木棕紅色的葉子，印第安人叫它吉尼吉尼（kinnikinik）。

　　一八五六年九月三日。這些絲質般的紅瑞木果落盡了。

　　一八五九年八月二十六日。開始出現好些熟的了。

　　一八五二年七月二十七日。欣德這麼在筆下描述「這種被印第安人用來加入菸草中的熊果（bear-berry）」[167]：

　　　　草原上的印第安人經常使用主教紅瑞木樹的樹皮裡層，他們管這種樹叫紅背柳（red back willow），我看到他們把樹皮內層當菸葉抽。

　　　　這種樹皮的處理方法非常簡單。取下四分之三英寸粗，四、五英尺長的幾支樹枝，刨去外層的樹皮，然後放在火上加熱，接著用刀插入後使勁挑到六至八英寸高，分離出樹皮的內層。分離後的內層捲曲地繞著枝條，被放到地上的餘火中烘烤乾，然後與等量的菸葉混在一起，是西北部印第安人最喜歡的吉尼吉尼（kinni-kinnik）。若沒得菸草了，也常看到他們單抽熊果樹皮或是熊果的葉子。

---

167 出自欣德的《西北邊界之行》（*Northwest Territory*）。

千里光
Groundsel

千里光的種子開始隨風飛揚，時間大約是在八月十三日左右。

滑麩楊
Smooth Sumac

八月十三日開始，滑麩楊（Rhus glabra）會教人眼睛一亮。到八月底就要一展嬌顏了。七月十九日之後的一兩週內，它們漸漸變紅，隨之搖身一變而風姿綽約起來。究竟是深紅抑或朱紅呢？我也猜不準，但樹上那果子一串串，在將紅未紅之際確實最漂亮——綠果子有如在頰上抹了一層天鵝絨質地的紅雲，這時應當在八月一日，總之是八月初。

八月二十三日。從茂密的深綠色葉子中，純淨地，那些尖頭的果子冒了出來，向四面八方探望。九月初，它們就開始爛了。

十一月初，滑麩楊鮮紅或深紅的果實讓我再次刮目相看，這時不僅滑麩楊的葉子掉光，其他樹的葉子也幾乎掉光了，放眼望去，看不到還有何處綴著鮮紅。所以，滑麩楊的果子在樹上非常顯眼。此時，沒有美麗的樹葉分散注意力了，映入人們眼裡的只有這些果子。

整個冬天，它們都掛在樹上，鷓鴣、山雀，可能還有老鼠都以它們為食。就這樣，來年四月還可能看到它們。

顯然勞登這番話是引用自卡姆：「這種果子很酸，但孩子們吃了並未出現不良反應。由於顏色紅紅的，也被用來做紅色的染料。」羅傑斯教授[168] 在西利曼[169] 辦的學報上寫道：「發現這種果子裡有大量的蘋果酸，所以常在家用和藥用時替代檸檬。」

一八五六年一月三十日。某些叢的果子相當成熟了。

一八六〇年八月二十七日。在有些滑麩楊的果子間結了層奶油般的硬殼，舔了也是酸酸的，像是霜凍後形成。會不會是受凍後滲出的什麼物質呢？也可能是一種被蟲咬之後的變化。

一八六〇年九月十八日。那種美麗似乎就要逝去，那層奶油狀的白色外殼幾乎要乾了。

一八五六年一月十一日，鶴鶉和老鼠吃了些果子。一月三十日山雀又吃了些。卡姆在《旅行記》[170] 〈費城〉一節中寫道：「將滑麩楊帶果的樹枝煮了以後，能得到一種墨水樣的顏料。這種果子雖然很酸，但男孩們吃了以後並沒感到任何不適。」

鋸齒草
Saw Grass

八月十四日看得到鋸齒草（Paspalum setaceum）了。

它憔悴細長的莖幾乎貼在地上鋪展開來，上面布滿了草籽。草被收割後就看得到它們了，也令我們想起秋天的到來。類似這般的一些現象很有意思，雖然並不引人注目，但一年一度，它們提醒我們時光交替，歲月如梭。這會兒，我能確定散

---

168 此人身分不詳。
169 Benjamin Silliman（1779—1864），美國化學家和教育家，一八一八年創辦了美國科學和藝術雜誌。
170 此書即《北美遊記》（Travels into North America）。

步的時候，能注意到鋸齒草刺藤上的草籽兒都熟了。由於那些藤長得像有一道道鋸齒，所以我就叫它鋸齒草（Saw grass）。

早薔薇
Early Roses

八月十五日，兩株早薔薇所結的薔薇果紅了，通常到了九月一日已相當養眼。

這種沼澤薔薇的果子非常大，外觀扁平，圓形，顏色深紅。

一八五四年九月七日。有些沼澤薔薇果很大，好看極了，一個個圓圓、扁扁的。

瑪拿西·卡爾特說這種薔薇是：「野生薔薇，犬薔薇（dog rose）[171]……多生於濕地……按照倫敦處方，將其果肉搗碎加糖，可以用來保管酸性的鹽。」

一八五〇年十二月十四日。在羅嶺湖旁的濕地裡，看到了一大片野薔薇果，形狀卻是前所未見的多樣。其數量之多猶如冬青果。

柳葉菜
Epilobium

八月十五日。柳葉菜長出了絨毛。

一八五八年八月二十三日。好多菜籽露出來了，簇擁在一起像一根根小棒子，白色的，還有粉紅色的。

---

171 原生於歐洲的野生刺薔薇（狗牙薔薇薔薇屬），開芳香粉紅色或白色花，成功地移植到北美東部。

梨
Pear

八月十五日。野梨。

勞登曾引用普林尼這麼一段話：「無論什麼品種的梨，如果不煮熟或烤熟，都不過是一塊死死的肉。」

吉羅德說：「要想專門寫梨寫蘋果，宜另闢專章或作專著。梨的種類多不勝數，而且每一處都有特產的梨。我就認識一位對嫁接和種植非常感興趣的人，他的一塊地就種了六十個不同品種的梨，而且每種都長得很好。」——這還不算是最好的。

一八五三年九月九日。派屈克家的地上，那些野生梨樹下撿到的梨就有半蒲式耳，而且個個都完好，有的已熟了，樹上則更多。

一八五四年九月二十三日。在那裡又撿了一些不錯的梨。結得真多呀。

一八六〇年九月三日。在波茲家地窖旁看兩棵梨樹上的梨已經熟了，有些已熟了一陣子。大多味道苦苦的，還有些吃起來很粉，乾乾的。但有一顆卻很甜，它個頭大小適中，形狀顏色也不錯，堪與人工種的媲美。皮上有些紅紅的細條紋，光滑得像打了蠟。我拿回家後，索菲婭[172]很喜歡，拿去放到她的果籃裡。在那些水果中，這顆梨最好看不過了。

一八六〇年十月十一日。就如蘋果、馬鈴薯和橡樹子，梨也同樣屬於這個季節。拉爾夫·沃爾多·愛默生的花園種的很多梨樹，都結果了。由於那些梨不如蘋果粉嫩，也少了幾分詩意，所以他說自己的兒女都抱怨無法以這些梨作詩。的確，這

---

172 Sophia Thokeau，梭羅的妹妹。

些梨長相平平、顏色暗淡，但很健康、果肉好吃。它們帶有一種暗暗的黃，近乎鐵鏽，看著、摸著都像被凍了般。由於顏色如此不起眼，所以掛在樹上容易將它與樹葉混淆，不像蘋果顏色那樣高調引人注意，而很難被認出來。所以我發現，這位友人相信自己收穫的都是同一種梨，實際上卻還是忽略了某棵較矮的樹上那幾個大梨，因為顏色和樹葉太相近——綠中帶黃，還有些鐵鏽色的斑斑點點。而我看到的野生梨多半顏色更豐富，比有名的品種更有看頭。就像畫眉鳥羽毛樸素，啼聲偏偏婉轉動人，野生梨的汁多味美也出乎意料。不過，有的梨皮也還真細緻，掛在枝頭，整體竟是恰到好處。看來，不僅李子的形狀是天工塑就，梨子的重量也是上蒼精心設計[173]。

梨比蘋果的出身要高貴——種它們的人要投入多少心血呀！蘋果的採摘收藏雇人來做就行，而梨卻由這位種梨人親力親為、百忙抽空地一個個採下，再由他大女兒用紙將其分別一顆顆包好，或放入木桶，周圍放上過冬的蘋果，好像它們需要特別保護一樣。最好的房間地板上才可以擺放它們，而最尊貴的客人才配享用它們。口碑名聲好的法官大人（在任或已卸任的），才有資格在開庭休庭之間品味這些梨，並發表相關看法。

梨與蘋果不一樣的是沒有好看的外表和撲鼻的香氣。它們以味道取勝，不需要那麼精細的感覺。就是做成甜點[174]大口大口吃才開心。難怪小孩子家只曉得要蘋果，而那些前任法官老

---

173 原文是「...plum weight of the carpenter and mason, poire or pear of the weigher」，實際上「plum」應為「plumb」，拉丁文，意為鉛墜。此處梭羅應該是在說俏皮話，所以譯者作此處理。

174 原文「glout-morceaux」，根據《牛津英語辭典》這是一種用梨做成的甜點的法語名稱。

爺們就要梨。梨的品種很多，名字也都是有來頭的，多根據大人物命名，什麼皇帝呀，國王呀，王后呀，公爵呀，公爵夫人呀，都不是布衣百姓。恐怕我們必須給梨取個美國名字，這樣共和黨人才吃得下。下一次法國革命就能改變這一切了。

我手頭有一顆 Bonne Louise 品種的梨。果皮上有一些棕色或黃色的斑點，所占範圍通常約十六分之一至十二分之一英寸長，而最大的則幾乎全遮住了向陽的一側。仔細端詳，發現這些斑點其實很有序地分布著，就像一個有小氣孔的葉蓋，在果皮最薄的地方噴射出來，把那些紅點噴在果皮上，一個小點點就像一隻小眼睛。實際上每一個小點都是星狀，有的四角星，有的六角星，全使勁從皮下掙脫出來的。若說蘋果反射了太陽的光芒，那麼這顆色彩暗淡的梨（暗淡如夜空）則是由身體內迸發出星光。它們暗自耳語，慶幸藉這些星點終而成熟。當然這是特別的品種，也是個別情況。但它的確有助於我們理解，星星是如何超越時空而將光芒送往我們身邊。

桃
Peach

桃。八月十五日結果。二十四日開始成熟。九月二十七日大片成熟，一直到十月。

相傳克勞迪亞斯[175]統治時期，羅馬人才從波斯人那裡得到桃籽，然後又帶到不列顛。

一八五七年六月九日。前一天很暖和，所以當天看到樹上的桃突然熟透並蔫萎了，很是意外。更別提還見許多桃落下，

---

175 三世紀至四世紀時的一位羅馬檢察官和執政官。

前幾次下雨也沒掉這麼多呀。如果是慢慢熟的話有多好。

一八五一年十月十二日。聽說史密斯夫婦正把最後的一批桃運往集市上賣。

一八五二年六月九日。伊芙琳說：「我們興許從書上看到，起初人們認為桃樹非常纖細、嬌弱，只能在波斯一帶生長繁榮；就是在加侖[176]的時代，羅馬帝國的疆界裡，桃樹最遠仍只種在埃及。普林尼那時，桃樹移栽到羅馬市不過才三十年。現在新英格蘭的林肯郡已將桃樹作為主要農作物，並成為西部很普通的植物；近六年又被印第安人引進——這樣說也不盡然，印第安人早就種桃樹了。」

勞森在《卡羅萊納州》（*Carolino*）[177]中寫道：「一顆桃子落入土中，然後長出桃樹，三年後，或不到三年，這棵桃樹就結果了。人們習慣在樹旁一邊採一邊吃，桃核就吐到地上，於是導致桃樹長得太密，到頭來人們不得不清除掉一些樹苗，就像清除雜草一樣。若非如此，就會四處都是野生桃樹了。」貝芙麗[178]則在《維吉尼亞歷史和現狀》（*The history and Present State of Virginia*）一書中記載：種植桃樹極其簡單，「一些養豬漢就種了大片桃樹，好用來餵種豬」。

---

176 Galen（西元 130 ？—200 ？）希臘解剖學家、內科醫生和作家。他的理論奠定了歐洲醫學的基礎。
177 即他的著作《去卡羅萊納州的新航線》（*A New Voyage to Carolina*）。
178 Robert Beverley（1673—1722），美國早期歷史學家，其對維吉尼亞州殖民地歷史研究的著作價值很高。

水酸模
Water Dock

水酸模，八月十七日。

有著毛茸茸、棕色的錐狀大花序。

腐肉花
Carrion Flower

八月十七日看到腐肉花剛有果
子出現，到九月已大面積結果了。

一八五三年八月二日。注意到
正在長出綠色的球形花序，這些花序直
徑有兩英寸，掛在五、六英寸長的主莖上。有一團花序我數
了數，居然有八十二顆豌豆大小的小果子，一顆顆都是六方
體或三角形，密集地長在不到一英寸長的花莖上。整個花序
摸上去倒是挺硬的，結結實實。果球逐漸成熟，顏色也由綠
變紫，下部漸漸張開，形態也愈發像個半圓，那些果子也漸
漸獨立站在枝頭，相當漂亮，好似單花梗就有六或八英寸長
似的。果子上有一層果霜，藍藍的那種，如果擦去這層果霜，
就會看到帶著黑色的果子。腐肉花長在草地上。

海芋
Arum Triphyllum

八月十九日，海芋，九月一日達到極致。九月二十八日
依舊很多。我在七月二十二日就能看到海芋青幽幽的果子了。

海芋的果子為卵形，一串串，由青變紅，我走在濕地或

潮濕的岸邊，冷不防看到它們往往也會感到幾分驚駭。即使不能算果實中的頂級美豔，也足以令人感到明亮招眼，眼花繚亂。鮮紅、銀紅色（我堅持那的確就是印泥的紅色，像上了釉彩般明亮）的果子一束束集成卵圓或圓錐形，這些圓錐體或卵圓體一般而言，每個長有一英寸半，有時也會更長至兩英寸半，寬則為兩英寸，斜度不大，由短短的肉莖支撐（大約六到八英寸長）。

每一束上的果子約有一百粒，形態大不相同。或像梨，或似主教冠，或如小棒，一粒挨一粒地靠在一起，結果都快被彼此擠扁了。這些果子都各自從一個帶紫色（有些則帶點白）的小莢套裡迸出，隨後這個小莢套就會如一個被掏空的小口袋般地瘺了。（待果子掉了之後，這些小莢套會不會變成真正的紫色呢？）這樣一片肥沃的土地上，海芋落在地上的果子、等著被採摘的果子到處可見，更縱伸到腹地，以致這裡顯得色彩繽紛，五彩斑斕。海芋的果子大多像一種紅玉米的玉米棒兒，那種玉米棒兒短短的，下面粗上面細，尤其外面結了薄冰後有如多了一層殼，看著更像。老實說，它比星光鹿藥（Smilacina stellata）更配得上「蛇玉米」這個名字。

新生出的葉子往往嫩白，尤其靠下面長的那些，愈發嫩白。果子熟了，這些葉子也都掉了。

這些豔麗的果球零星散落在潮濕的葉子上，在濕地容易發現地上有這些小東西。它們身下的葉子就快腐爛，其中不少正是和它們長在一起的海芋葉——褐色的、白色的，都行將枯萎，躺在泥地上，仍包裹住這些果球，像拚了命要保護它們。早春，你曾經找到海芋美麗的花朵，卻遺忘這些花的預示。現在，如此色彩豔麗的果實就體現了當日預示，成為濕地上最為

亮麗炫目的一道風景，無人不被吸引、震撼。在如此一片濕地的苗地間，如果它不是有毒的，可不知該是多好的東西？

著實令人驚奇——現在有那麼多種紅色的果子了：小檗、冬青果等等。難怪有過如此豐富的見聞後，印第安人仍著迷於白人的銀紅色塗料，因為對他們而言這種顏色是再自然不過了。

我從沒嘗過海芋的果子。據說海芋的果子很燒口，有很強的腐蝕性。但是到了八月底的時候，我卻常常看到有些動物吃得津津有味呢。

海芋果這樣新鮮光滑的狀態能保持多久呢？可不是一般久，而是非常久。儘管葉和莖都軟了，變爛了，海芋果依舊新鮮有活力、色彩光亮耀眼。我不記得還有什麼果子如海芋果光滑鮮亮，不僅果子變紅後光滑鮮亮，當果子還是綠色的時候也光滑鮮亮，非常有趣。

九月二十八日，不僅在濕地見過大片大片新鮮的海芋果，某年的九月一日我還採到一大穗綠油油的海芋果，等到十八日，果子就完全變成鮮紅色。我把這些果子放在房裡，房裡很暖和，也很乾燥，這些果子卻依舊飽滿，新鮮光滑，甚至到十一月十八日，也就是採下來十個星期後，有的看上去仍舊光滑、新鮮。

毒漆藤
Rhus Toxicodendron

毒漆藤，八月十九日。葉子呈現黃綠色，瘦弱地爬在裸岩上，通常在九月之後才容易發現。

角狀的葉子讓毒漆藤被歸為三葉常春藤的一種，就像五葉山葡萄也屬於五葉常春藤家族的一員，它們現在都通稱為常

春藤。

　　一八五〇年十一月十五日，常春藤的莓果（應該是凌霄花的一種）已經乾枯，呈現黃沙般的顏色，類似山茱萸的莓果。

蒯草
Wool-grass

　　蒯草的頂端開著褐色的花，八月十九日。

美洲商陸
Poke

　　美洲商陸結果，從八月十九日到九月才長好，二十五日就進入全盛時期，一直到被人砍去（那多半是十月初的事了）。

　　我發現它們往往在亂石叢生的高地上特別興旺，在山坡新苗地上也長得茂盛。在那些地方總見這種碩大如樹的植物，微微彎著，緊挨地長在一起。到了九月，莖稈上幾乎光溜溜的，只有株頂結的果子由於彼此的擠壓而垂向四周，這時果子的顏色也近乎紫色了，非常明亮的紫色。外旋花序結的果子組成一個個小圓柱，約六英寸或更長，紫色果子成熟時基部變大呈黑色，然後逐漸變細並轉為紅色，頂端則是綠色並開出花 —— 所有的花都花瓣肥厚，葉色或紫或深紅，極其豔美。我常常會採回許多，知更鳥等也挺喜歡它們，常來光顧。

商陸果酸酸的汁可以當墨水用，買來的墨水無論藍、紅都沒它好用。九月將盡，這些只有三分熟的果子往往會帶點苦味。長在山坡低處的商陸總最先被砍。也曾在十一月，看到那些長在高處的商陸在霜凍下，仍一片青綠。

一八五二年二月九日。看到商陸種子，很有意思。十粒，黑亮亮的，每粒帶個小白點，形狀有幾分像薩巴豆（saba bean）。鳥不用愁吃的了。

落花生
Ground Nut

落花生（Apios tuberosa），八月二十幾日或更早就可以收了。落花生的藤被清除至少要等到九月二十九日。我八月二十一日就挖落花生，十月中旬還挖到過。

落花生長在低地，爬過籬笆和別的植物，在草原周邊生長。通常果實大小像板栗，也有雞蛋那麼大的。

一八五二年十月十二日。在草原邊的高堤上、鐵道旁的沙地裡，我用手就掘出一些落花生，個個雞蛋大小。晚飯時，我把這些落花生分別煮了、烤了，當成晚飯。很容易去皮，就像馬鈴薯皮。烤過以後，味道極像馬鈴薯，不過纖維略粗一點。若蒙住眼睛吃，我還會以為是沒烤熟的馬鈴薯呢。煮過的落花生反倒乾得出人意料，味道雖然有點刺激，但倒滿像堅果的味道。撒上鹽巴，那真能讓飢腸轆轆的人吃得好開心。

一八五二年十月十二日。在自家院子裡挖馬鈴薯時又挖到落花生了，不過還沒完全長好。我拿起籃子和泥鏟去鐵路旁的圍欄那兒，尋找這種「我的野生馬鈴薯」。先挖到幾團非常大的落花生塊莖，並發現有一處長了很多。有十三個的大小簡直

媲美我曾挖到的大馬鈴薯。其中最大的，長幾乎有三英寸，最細處周長也足足有七英寸呢。路上碰到的人都猜不出我籃子裡放的究竟是什麼。不過，這些個兒頭大的落花生纖維化程度更高，煮熟後我覺得味道也不如普通的好。如果將其像馬鈴薯那樣人工種植，大概會長成大塊頭怪物；不過有人[179]告訴我，說他自己還真的在園裡種過這玩意兒，就把塊莖埋在很好的土裡，到頭來卻不比一顆黃豆大。其實這東西要過一年多才能長大，只是他不知道而已。

如果藤枯死了，就不容易找到果了，除非你先前已經知道它們所在的地方。落花生的藤細長，正如我講過，看起來不像會有纍纍果實。但是往地裡挖（通常都是沙土或石頭很多的土），就能挖到五、六英寸長的根，再挖，就找到像繩結般的果實。塊莖的表皮總像有縱向的裂紋，形成一道道經線。一般根上都有很多塊莖或膨起的部分。

一八五七年八月三十一日，我脫下鞋，和其他隨身物品一起拎在手裡，沿著福林特湖邊涉水而行。走了那麼四十或五十公尺，在瓦爾夫岩，突然感到腳下踩著落花生的根和塊莖，非常吃驚——如馬鈴薯掛在根上一樣，再發現岸邊、水裡也泡著一些。這麼又走了六十公尺左右，都一直看到它們。起先我想這些落花生可能是從深水區漂來的，於是仔細地觀察，順著其中一根藤一直找下去，結果走過一片沙地，然後來到岸邊（這個湖的位置高得不尋常），最後發現那裡的沙地上都是一些被水泡洗得乾乾淨淨的根塊。我還是第一次同時看到這麼多

---

179 經考證梭羅一八五九年的日記，此人叫邁諾特·普拉特（Minot Pratt）。

落花生，若採集起來應該有幾夸脫呢。有一條藤脫離了根，長約十八英寸，另一端帶點綠色，就那麼漂蕩在水面，上面結的落花生有十三個，個個都和板栗大小差不多。這種現象非常罕見，不過一八五八年八月三十一日我又看到一次。

其實這才是真正的維吉尼亞馬鈴薯，歷史學家對這個品種有些訛傳，羅利[180]的殖民者看到維吉尼亞的土著食用此物，所以就說不列顛的土豆是從維吉尼亞傳去的。

若遇上大饑荒，我一定會到處尋找這種落花生的根當糧食。

歐洲檀木
Prinos Verticillatus

歐洲檀木，其果實多被人誤當做冬青果（winterberry）或黑檀木果（black alder），大約在八月二十幾日開始發紅，九月二十幾日就完全熟了。不過有些地方它們能掛在樹上一直到來年二月。通常在陽光充足的地方，在九月初我就能見歐洲檀木的果子開始變紅。在那些還是青綠色的濃密葉片之間，夾雜著一些紅或大紅，一串串地掛在枝上。九月中旬，那種紅顯得非常沉穩，也愈來愈鮮豔。九月二十幾日，它們相當地熟了，而十月初則是它們最好的日子。

大紅色的歐洲檀木果，直徑約十六分之七英寸，比海芋的果子輕。它們在枝頭多麼密集，遮蓋了整棵樹。與濃綠的樹

---

180 美國北卡羅萊納州的首府，位於該州的中東部。

葉相映成趣，更加活潑俏皮。那些墨綠而厚厚的葉子強調了它們的紅。現在，大多數植物的花和果都枯萎了，於是它們更奪人注目——如此有生氣、亮麗。好一派朝氣蓬勃，真夠風光。

到了十月十日，歐洲橙木的樹葉開始飄落，露出鮮亮的果子。到了十月底，樹葉幾乎落光了，於是只剩下這些紅彤彤的果子在樹上。我看到知更鳥飛來啄食，還在老鼠洞前看到被咬過的果子，老鼠說不定想把它們搬回洞裡呢。

進入十一月了，它們愈發撩人。它們自己所在的樹上，葉子一片不剩，其他樹也近乎光禿禿了，更襯托它們的風韻無限，紅得教人心醉。

知更鳥呀，鵪鶉呀，老鼠呀，也許還有些動物都把這種果子當成大餐，所以到了十一月，這些果子也沒剩下幾顆。不過我在有些地方，一月時還見它們仍為數眾多地在樹上招搖。到了十二月底，果肉都被吃完，剩下空空的果皮垂掛在枝上，那情景活像是從北極過來的訪客，因數量太多，就把森林裡的什麼都給吃空了。隆冬季節，這些果皮裹上了冰，看上去更有趣。

二月來了，看到它們顏色變深，像是銅褐色，遠看則發黑。甚至三月七日那天，這些果子已發黑，蕭瑟地掛在樹上，我還看到一隻鵪鶉飛來啄食。

一八五七年十一月十九日。鐵路西邊斯托家的苗地上，看到在樹椿下有個老鼠洞，一隻老鼠把一些歐洲橙木果的籽先清出來，然後把果子吃得乾乾淨淨。這對老鼠來說是多麼美味的東西呀！這些傢伙趁晚上爬上樹，弄下這些閃著光澤的果子，掏淨果肉裡的籽，然後弄回洞裡只挑果肉吃。地上到處都是籽。

甘松香
Spikenard

甘松香（又叫小龍葵），大約見於八月二十一日。有一年直到九月十二日才看到它們。也許它們能一直長到九月結束，而九月五日長得最盛。

一八五三年七月二十四日。我看到它們長出了綠綠的小果子，還有一些花。

九月十五日前後，在一些樹籬上看到它們一簇簇長在一起，形成了錐形的果球，橫著伸出約一英尺多，顏色像退了色的紅木。

香蒲
Cat-tail

香蒲，那大概是八月二十一日的事了。

把香蒲絨毛放在手心，抽出它的絲，看著它一點點變得毛蓬蓬一團，就像手心捧了一團霧，或像在帽裡放了一堆羽毛。你本以為搓掉了，但哪怕只剩一丁點，也會繼續膨脹成一大堆毛茸茸。顯然這種富於彈性的細絲，其內一定有種能自由伸縮的東西，長時間擠壓在果殼裡，一旦被釋放就如此不懈地伸展，盡一切可能在開放的空間尋找機會，飄到遠方播下種子。風送它們上路，途中碰到鳥兒難免，也會遇上冰塊，在遭到撞擊的那一刻，

215

它們分裂成更多小小的絮團。我再一次搓揉了一下在枝頭的絨毛，令我詫異的是這些小東西朝我指尖送來了些許暖意。當絨毛展開，基底還魔幻地露出紫紅色的色彩。你試試看，這非常令人愉悅呢。

林奈寫道：「香蒲的花粉可以充氣變大，就像石松粉一樣，所以也常被用來做石松粉的代用品。」

荊棘
Thorn

八月二十二日。紅色的荊棘果。到了八月底，可以吃荊棘果了。而果實熟得最多的日子還是九月中旬。有些地方的荊棘果會一直結到十月底。六月十九日就見青綠色的荊棘果，才剛冒出頭。

方才成熟，這些紅紅的小果就在綠葉映襯下分外討人喜歡。再過一段日子，它們會更耐看——如果折下一枝帶回家中擺放，會愈看愈想吃。這些果子好看，不僅是因為大，還是因為從花萼部分就開始發紅，紅得鮮明透徹。果形橢圓略方，鮮紅的果皮上時不時有些黃黃的、不規則的斑點。荊棘往往果結得多，有的果子微酸，但並不見得每棵荊棘年年如此。

走在路上、牧場上，看到路旁腳下結了這麼多能吃的果子真教人高興。一定有些生物指望它們維生。成熟後，荊棘果轉成緋紅。也許荊棘果像延齡草的果子，用鮮豔的色彩吸引鳥兒來啄食呢。

一八五二年九月二十八日。在艾比．哈巴德家的黃樺濕地上，有一種紅底上撒了些灰點的荊棘果，這一棵荊棘大約直徑六英寸，樹頂很茂密，簡直就像一棵小蘋果樹。樹根周圍長出

許多吸根[181]，又圍繞著樹幹漸漸長大。在康科德，這樣大又漂亮的荊棘樹我還是頭一回見到呢。現在，樹上也沒什麼葉子了，只有由長在一起的紅果子形成的一簇果球，直徑大約八分之五英寸，沉甸甸的，把細細的枝枒壓得往四周攤開，優雅地垂下。我看了覺得像一把草秸被捆在一起，又像一個被綁在手柄上的拂塵，在諾肖塔克特峰（Nawshawtuct Hill）還長著一種，果子略小但一樣漂亮，這應該是和我在加拿大看到的屬同一品種。這種荊棘，果實纍纍的時候最為耐看 —— 不僅僅因為紅果、綠葉相映而分外豔麗，更因為果實壓下枝葉向外彎下、低垂，曲線動人。老實說，這時幾乎沒有別的植物的美麗能與其相比。

直到十月中旬，樹上的果子還愈來愈紅，可是到了十月底果子多半就落了下來，染紅了地面。

威廉·伍德在《新英格蘭觀察》中寫道：「白色荊棘樹結的果實和英國櫻桃大小相似，且因其味美甘甜被認為在櫻桃之上（很可能是把沙櫻當成一般櫻桃了）。」

一八五六年九月二十五日。有些的果子已經變質，一點兒也不好吃了。

一八五七年十月五日。在沙圖科家的穀倉附近看到一些荊棘樹的葉子幾乎落光，但果子仍綠綠的，很硬。這些果子能變紅嗎？會變得好吃嗎？

一八五九年九月二十四日。還是那些荊棘樹，葉子全落光了，只剩下綠色果子，果肉結實。

---

181 從木本植物根部或幹的下部長出的枝條稱為吸根（suckers），可生成新的植物。

一八五九年三月六日。量了量一棵荊棘樹，從地面到樹頂為六英尺，實際上是從最下端的一個分支處量起的，因為這根似乎剛出地面就分了出來。這根分支粗兩英尺三英寸。

林肯夫人[182]曾引用培根爵士[183]的話說：「白荊棘和狗薔薇夏季結果很多，果子愈多，預示即將到來的冬天愈嚴寒。」

三葉鹿藥
Smilacina Trifolia

三葉鹿藥，八月二十三日。

延子蔍
Fever-wort

延子蔍[184]（Triosteum），八月二十三日觀察到結果。九月五日長得最好，一直可以保持新鮮到十月中旬。

延子蔍的果子因其特殊顏色而十分引人注目，為一種玉米黃。延子蔍幾乎平鋪著長，結的果子如榛子一般，長在輪生的葉子中間。

十一月十三日，我還看到一些很新鮮的延子蔍果子，不過延子蔍的葉已挺憔悴的了。這種植物多生長在山坡庇蔭處或是石頭多的地方。

---

182 此人身分不詳。
183 Lord Bacon（1561—1626），英國哲學家、作家、政治家。
184 延子蔍屬（Triosteum），是忍冬科下的一屬開花植物，俗稱馬龍膽草。包含六個品種，其中三種原產於北美洲，另外三種則原產於東亞。

雙葉黃精
Two-leaved Solomon's-seal

八月二十三日，雙葉黃精結果；九月最多。

一八六〇年八月一日。雙葉黃精果上有許多紅色小點，俊俏喜人。

大約七月十九日吧，我就看到這些白色、綴有美麗小紅點的果子了。到八月底，有些已全部變紅，也就表示成熟。這樣的黃精果甜甜的，但是核很大。

整個秋天裡，濕地、大地上都看得到它們，被已經乾枯的葉子托著，或包裹著。冬天，大地一片蕭索，只有它們仍待在那裡，等到來年四月，還頑固地不肯落下。樹林裡沒剩什麼樹和葉子了，只有這些零星的果子。雖然被雪壓扁，依舊通紅，也許這是某些動物唯一的食物來源。

小檗
Barberry

八月二十三日，小檗 [185] 結果了。十月一日左右結得最多。

一八五二年九月十八日，採小檗果。一八五三年十月一日；一八五四年九月二十九日；一八五五年九月二十五日；一八五六年九月十八日；一八五七年九月十六日（只採到一

---

185 小檗屬（Barberry）為常綠或落葉灌木，種類將近五百種，分布在歐洲、亞洲、非洲和美洲的溫帶及亞熱帶地區。

點兒）；一八五七年十月五日（採到很多）；一八五九年九月二十四日。

七月十九日，小檗果掛在樹上，綠中泛黃。

八月二十日，垂下的一掛掛已經開始變紅了。

九月十二日，雖說還有一半仍然黃綠，但那些轉紅的則已相當紅了，精緻可愛。普遍變紅的話，最快也要到九月二十幾日，不過有些人已經動手採摘了——都怕別人先動手呢。其實十月五日再動手採也還不遲，十月一日或九月二十幾日是小檗果真正鼎盛的時節。

小檗的果實成熟時，小檗樹也許就可以笑傲周邊的樹、自誇最美了。掛滿一串串鮮紅或深紅果實的樹枝垂下，臨著下面的岩石，由於果實愈長愈沉，樹枝也愈來愈彎，畫面非常動人。走近細看，你會發現那些果子真是一串比一串多，一串比一串好。

我知道有些採摘小檗的好去處，比如福林特湖南邊長滿雪松的山上呀，康南頓呀，諾肖塔克特峰呀，還有伊斯特布魯克縣。八年或十年前，我就專為採小檗去福林特湖南邊的山上。那裡的小檗樹隱蔽在雪松下，除了觀賞樹，還可以在樹間眺望到湖景，見不到別的人影。可是，從那裡挎著裝有半蒲式耳果子的籃子回家太過吃力。現在我經常去康南頓，因為可以輕輕鬆鬆划船搞定。

一八五五年九月二十五日。午後很暖和，划船去康南頓採小檗，同行者有姑媽們和索菲婭。僅僅在四、五叢樹上，就採到三配克[186]小檗果（此前我曾創下一個人不到三小時就採三配

---

186 容量單位，一配克相當於於七點五升。

克的記錄）。籃子滿滿，收穫頗豐，但大家的手也被刺扎傷多處，作為代價。如果能做好手的防護，那採起來將會很享受，這些果子不僅多、好吃，還個個好看。

採小檗，我自認為不會出事，訣竅是戴上手套就可以安全無虞了，但就算如此手也會扎進很多小刺。我總是用左手抓住垂下的枝條一端，稍稍抬高一點兒，把大刺弄彎，用一些樹葉墊著，再用右手順著枝條往下捋，盡我可能捋進手裡，經常就這麼連葉帶梗都捋了下來。有的枝條上的果子特多，我就索性把枝條折下，彎成幾截放進筐裡，回家後拿給大家看。有的樹結的果就比其他樹的大且多，在一些年份裡，每一串也特別長。

小檗產量驚人。一次，在康南頓一叢樹上，我就採到半蒲式耳，把筐裝得滿滿的。那一叢的基底大概只有方圓四英尺，頂部全散開垂下，墜著好多串果子。我站在這叢樹後面採個不停，離我最近的人也有幾十英尺遠，根本看不到我。本打算看看我能在這一叢採到多少，不料他們說話聲音太大，我因不願聽他們的隱私，不等他們發現就悄悄離去了。再過大約半小時，他們才會看到我划船遠去，駛向菲爾海文灣（Fair Haven Bay）。那段時間，陪伴我的有岸邊橙木上喵喵叫的貓雀，還有躲在林間嘶鳴的松鴉。

幾年前，還沒人能在採小檗這幾件事上和我一分高下，現在不同了。在我看來，小檗結的果只怕比蘋果樹還要多，尤其在蘋果和蔓越莓少的年份裡更是如此。哪怕天天採，天天吃，往往在冬天還能採到兩、三配克小檗，這當然是秋天留下的。可是家裡儲存的兩大桶蘋果就沒這麼耐吃。

若想看看小檗在大自然手下如何變身，就得去伊斯特布魯克縣。沒有任何人工開墾種植的田野比得上那裡的荒郊野地，

所有愛好自然的人都會鍾情那裡，也在那裡得到美食。那片大地上盡是石頭，終年潮濕，農人望之卻步，所以無人耕種改良。然而，卻也因此受益——方圓數英里長滿了蔓越莓、小檗、野蘋果，每樣花都開得豔，果結得多，被喜歡野果的大人、小孩視為天堂，自然也是飛鳥走獸的福地。

如果去的時候九月將盡，很可能已經有人在採小檗了。鳥聲嘈雜於叢林間，此起彼伏，但就是不見鳥在何方。我在那裡遇到一個喜歡打獵的傢伙，他平常不會提著獵槍到處走，但這時卻背上槍來了這裡，採了小檗，又打了鳥。他喜歡在這裡到處逛，碰到我也樂意停下來說說話。也是，應該接受大自然不同季節的恩賜，這個時候晚餐有知更鳥一道菜，當然比帕克餐廳[187]合算。

伊斯特布魯克的小檗樹太多也太密，簡直望不到邊。有的樹叢密得誇張，兩人隔著一叢樹卻彼此看不到對方。而且往往人採的同時，別的東西也來取用。走了兩三英里，仍沒走出小檗樹林，掛在枝上的串串紅彤彤果子就一直在眼前晃悠，為我引路，四周也都是它們，好像都是從松樹下冒出。這分明不是我在行走，而是它們在此地遊逛。

十月二十幾日，來啄食的知更鳥為這些樹帶來更多生氣。到了十一月，它們在樹上哆嗦卻不落下。我發現岩石縫中倒有許多小檗果的小籽，這當然是老鼠幹的好事。隆冬裡，烏鴉，甚至還有鷦鷯，還以它們為食。第二年的四月，居然還看到它

---

187 美洲持續營業時間最長的飯店，它位於波士頓市中心的自由之路，於一八五五年開業，波士頓奶油派（Boston Cream Pie）是該店的招牌菜。帕克一度是波士頓地區最有影響力的餐飲公司，開了很多分店。

們掛在樹上，經過一冬的冰霜雪凍，這些果子更加好吃。有詩為證：

〈小檗〉

和石楠生長在一起的小檗，結的果味苦無比，

那就耐心等待，一直到風霜把綠色的樹葉染紅，

這時的小檗果實甘甜，回味無窮。

荒山野地有它們的身影，

春天，它們的黃花枝頭綻放讓你佇立心醉，

秋天，主婦們把它們的果實放進麵包增添香味。

大路邊它們搖曳招手，

呼喚行人帶上它們一起把家回。

回憶少年時，多少次為採集它們流連忘返。

那時我心中人間美食只有小檗，

現在才知道好果子還有許多，

它們的名字我也能說上一大串。

但還是希望秋天來時，

我能看到紅紅的你，

在我心裡，你是最甜最美的果實。

這樣的樹主要靠鳥和四足動物（如牛）傳播種子。

晚秋，會在牧場的一些岩石旁看到小檗的種子，那就是鳥（多半是知更鳥）吃完後吐出的。來年五月，山崗上剛長出的小檗樹苗會被當成蘋果樹樹苗，因為牛也會像吃蘋果一樣地吃掉酸酸的小檗，結果就把樹籽帶到這些地方了。通常至少在長出的第一年裡，如果沒有旱情的話，由於這種開闊的地方還有

肥力，它們會長得很好。不過一般而言，被鳥撒到岩石邊的種籽，孤零零地長大後反倒會更茂盛。就這樣，新的小檗樹叢形成了。秋天的那一兩個月裡，那些為它們播種的飛鳥、動物的殷勤拜訪，最終讓人們發現它們。

勞登說：「在野生的情況下，小檗樹一般都只有四、五英尺高。人工栽培，則能高至十三英尺⋯⋯小檗樹壽命可長至兩、三百年，但高度不會改變。」在我們這裡，小檗樹大抵更高些，約有四、五英尺高。

無毛冬青
Prinos Laevigatus

無毛冬青，八月二十四日在沼澤發現，就像之前在狐堡沼澤看過的一樣。

紅皮西洋梨
Red Pyrus

紅皮西洋梨，八月二十四日熟。熟得最多的時候還是八月三十一日。

一八五八年八月三十一日。顯然還得長些時候。

一八五四年八月二十一日。在哈巴德家的濕地上看到一些已經乾了。

紅色的果皮光滑異常，果形略方，所以非常漂亮。在索米爾溪大濕地（Sawmill Brook Swamp）以及其他一些地方都曾見過這種紅皮西洋梨。

辛辛那提山茱萸
Cornus Cincinnata

辛辛那提山茱萸，八月二十七日。

一八五二年九月十六日還看得到它們。

有時，每粒果都一半中國藍、一半白。不過這種山茱萸的果實總是淺淺的藍或藍中透白。這樣的果和寶塔山茱萸及穿心蓮（Paniculata）一樣，很快就落了，或許被動物吃了也不一定。

一八五七年九月四日，科奈爾岩，見過的辛辛那提山茱萸中唯此處的最漂亮，也長得最好。一眼就看得出，這是它們的高峰期了，幾乎看不到淺藍色的果子了，全都是藍中透白。一株株七、八英尺高卻不乏玉樹臨風的風範，葉子又大又圓，果子色彩醒目——這裡的山茱萸真是壯觀。

木繡球
Sweet Viburnum

八月二十七日，木繡球（Viburnum lentago）結果。一八五四年九月二十四日，果實大面積成熟。一八五三年九月二十九日也看到了。八月十一日，看到有些開始變紅。到了八月二十一日，普遍開始變紅。八月二十五日到九月中旬處於最美的階段。

一八五二年六月十三日。花謝了，露出了綠綠的果實。

一八六〇年九月四日。康南頓還看不到。

九月十一日，現在這些果子長得最好了，一簇簇的特別好看也好吃。它們也像山茱萸是傘狀花序結果聚成球，輕輕垂下。每簇果球裡的每一顆果子朝外的那一半都紅得精緻通透，

而內側則碧綠晶瑩。有些已經變紫，摘一些放入帽裡，可以清楚看到半紫半綠的樣子，簡直美麗極了。

這種是冬青樹中最常見的品種，相對低地而言，倒更能在自家籬笆處見到它們。這種果子很大，約半英寸長（十三釐米左右），不到八分之三英寸粗（約一釐米左右）；甚至會有一英寸長，八分之二英寸粗。形狀有點扁，長在開闊地帶，成串的果墜在枝頭。九月一日左右，在沒有完全成熟之前，它們堪稱是這個時候所有果子中最漂亮的了。

通常，八月二十五日前後，就能看到這些沒有果梗直接長在枝上的果子。個兒不小，橢圓形，一頭尖尖的；一側碧綠，另一側因為曬到太陽而通紅，還帶著果霜就像抹了胭脂一般。在這個階段，這種果子最漂亮。再過一段日子，就會看到其中的小部分變成紫色了，與其他果子相比特別顯眼，好似要發爛了。如果不瞭解，就會把這種正在成熟的果子當成要發爛的。成熟的果子甜度相當大，味道好，只是果肉較乾，而且核扁扁的，很大。加拿大人把它拿到市場上出售。我把它們放在衣服口袋裡，像放莢蒾一樣。帶回家後，只消一夜工夫，它們就由綠變紅，由紅轉紫，果肉也由硬至軟，可以入口了，那種有點脫水的樣子滿像葡萄乾。採回一些放在家裡，每天都有部分變熟，於是你每天就有吃的了。這種果子長出來以後，轉紅就謝了。

有時還沒等到變紅，它們就變成紫色了，而往往沒變紫就先掉下，所以若想等到它們自然熟成再去採將會空手而歸。

看到松鼠在牆邊吃榛子和木繡球果。

一八五六年九月十三日。一些木繡球果仍是綠的，我就放在桌子上沒動。一個星期後，從鄉下回來，看到它們已經紫得

發黑了，果肉也乾抽抽的，味道和樣子都像葡萄乾。不過基本上只有一個大扁核在裡面了。

一八六〇年十月十三日。吃到這種甜甜的果子時，咬到團團果肉，不禁聯想到棗。核很大很扁，有些像西瓜子，不過沒西瓜子那麼長。

毒鹽膚木
Swamp Sumac

毒鹽膚木開始結果約莫在八月二十八日。

這種鹽膚木開花之前，那種光滑的鹽膚木（滑麩楊）已經結出了深紅色的果子。

如果蒙上了灰土，這種果子就是灰紅色，而不像滑麩楊的果子那樣鮮豔。同樣，這種鹽膚木的果子也不那麼稠密，結得也相當晚。似乎這一帶的這種樹結的果都十分稀少。

直到來年四月我才看到它們的果子紅了，但滑麩楊的紅果子早就露面了。

南瓜
Pumpkins

南瓜大約二十日前後就可以吃了，一直到十月中旬還沒採摘的也是有。

一八五三年八月二十七日。摘掉頂部的玉米時發現了黃黃的南瓜。

一八五二年八月三十一日。從以色列大米店（Israel Rice's）屋後的山頂上朝遠處看，我看到了他家旁邊田裡的南瓜，黃黃的。這個季節也該看到它們了。

一八五七年九月十日。大田裡的南瓜藤都砍掉了，露出了好多南瓜，都是黃黃的。

一八五七年春天，從專利局得到六粒南瓜籽，從一八五二年開始，美國農業部撥相當數目的一筆款項用來推廣一些美國農產品品種，從郵局將種子寄給索要的人。標籤上寫著：Potiron Jaune Gross── 大南瓜（Large Yellow Pumpkin or Squash），全部種下後，長出兩棵南瓜苗。後來結了南瓜，其中一棵結了一個重達一百二十三磅半的南瓜。另一棵結了四個南瓜，共重一百八十六又四分之一磅。就在我的小院一角居然長出三百一十磅重的大南瓜，誰能相信呢？這小小的南瓜籽是我對這塊園子的一種試探，它們長出的根和藤就像白鼬在地下挖洞修路，等著我這個獵人帶著獵犬去找出來。不可思議，輕輕挖幾下土，施上一點點肥，這就是我的魔法，而且很管用！正如標籤上寫的那樣，Potiron Jaune Gross，三百一十磅重，破天荒，沒人料到。這種神奇的東西是美國人自己培植的，它又向美國人作出了豐厚的報答，而且來勢不可阻擋。另一些種子也都以相似的方式回報我，每年都結果，還長出新的來。就這樣年復一年，最後我的園子已經不夠它們居住了。（在美國，這樣開心的日子除了把帽子摘下往上拋、高興地歡呼之外，還能做什麼？）簡直就像我掌握了什麼鍊金術一樣，能不斷讓這些東西愈變愈多，園子的那一角就像是個藏寶箱，取之不盡，食之不絕。是的，在這裡永遠挖不到金子，但挖吧，得到的絕對和金子一樣貴重。那個最大的南瓜後來還在米德爾塞克斯縣的大賽中獲得一等獎，被人高價買去。買主想把這個大南瓜的籽以一角錢一粒的價格出售，用這個價買到這麼好的籽也太便宜了吧？不過我自己已經留了很多好種子了。就我所知，我的

南瓜還賣到遠處的另個鎮上（也是因為特別大，所以很教人看好），那裡雖然也種了叫黃南瓜的品種，但還是和當年法國來的祖先所種的一樣，都沒我種的大。看到雜耍藝人從嗓子裡扯出絲帶，農家小子會目瞪口呆，哪怕藝人明白地說自己用了障眼法，他們還是會照樣佩服。可我的這些南瓜沒有任何障眼法，沒有任何雜耍大師的伎倆。不過人們就是喜歡暗著玩的把戲，勝過明白玩的把戲。

十月中旬，地裡幾乎沒什麼剩下的南瓜沒收的。不過還能看到農家把舊衣衫蓋在不多的幾個瓜上，這些也被摘下了，就堆在地頭。

Ｔ・Ｗ・哈里斯博士在《一八五四年專利局報告》（*Patent Office Report for 1854*）中寫道：

　　　四年前，一次偶然的機會，使我得以對南瓜和筍瓜類進行了調查，結果非常有趣。現代植物學者認為這裡最古老、也最為人們熟知的那些品種大多數原產於亞洲，尤其是印度。我的調查結果證明上述看法是錯誤的，我還發現沒有任何古代經典或作家（羅馬的也好，希臘的也好）提到過它們。雖然中世紀的一些作家提到過瓜類，但隻字未涉及南瓜或筍瓜類，一直到歐洲人發現新大陸後這些東西才被人談起。早年的航海者在西印度、祕魯、佛羅里達，甚至在新英格蘭沿岸發現了這些作物，當時印第安人早就已經將其人工種植了。新大陸或西印度被發現後的頭一百年裡，老一輩的植物學者才開始敘述這些東西，並對其加以拉丁文命名，標示其為

印度產，實則卻指美洲。所以引起後來植物學者誤解，將此處的印第安人當成亞洲的印度人。

　　透過對植物歷史的考察研究，我又對其品種進行了研究，重點放在其植物特性方面，於是就盡我所能將每年的栽種情況和收成進行匯整。這一來我更堅信南瓜（Squash）和筍瓜類（Pumpkin）的作物都原產於美洲，共有三大類：第一類是夏瓜（Summer squash），此類成熟後會有很厚的皮；第二類是冬季南瓜和筍瓜（Winter squash and pumpkin），此類有五道很深的紋路，莖也埋入較深；第三類是冬瓜（Winter pumpkin and squash），此類瓜形較短，圓柱形，有縱向紋路但並不深凹。最後的一類可能原產於美洲西部的熱帶或亞熱帶地區，大約從加州到智利一線。目前新英格蘭多見的是最後這一類中最好的一些品種，如「秋瓜」（Auntumnal），還有「美露」（Marrow）和「橡子」（Acron）。

　　一八五九年九月四日。去摘已結在樹上多日的橡果，卻發現了黃澄澄的大南瓜。這真是只有在新英格蘭才看得到的一景。不僅向日葵，所有得過陽光寵愛恩惠的瓜果也都金燦燦，在大地上耀眼喜人。

白蠟木
White Ash

白蠟木（梣樹）大約在八月二十九日結果。
最近常在小徑看見它那刀狀的果實散落一地。

蔓虎刺
Mitchella

蔓虎刺（Mitchella，英文
俗名又叫 partridgeberry 或 twin
berry）的果實八月二十九日開始
變熟，都變熟的話基本上要等到十
月，可以在枝上過冬。

　　七月的最後一天看到果子還都綠綠的，
小小的。到了九月中旬，多半仍然綠綠的。這種植物就長在
低窪潮濕的樹間苔蘚地上。現在是一八五四年九月十二日，
它們可謂半熟，帶有濃濃的綠蕨青氣。蔓虎刺小小的葉子
（如同老鼠耳朵般大小，略帶灰白色，中間有一莖）平匐在
苔蘚地上，大概它們身下就是一棵大樹的樹根吧，葉子間冒
出許多鮮紅的小果子，都是並肩兩粒而生，就像在地上打了
格子一樣。我看了就想，這些小東西實在應該叫做白珠屬草
（Gaultheria）[188]。現在被落葉包圍著，特別引人注目。

　　冬天，小山坡上或樹根上的雪融化後，或待春天來臨，
它們又會長出鮮綠的葉子。

　　蔓虎刺的果子只能說好看，不能說好吃，平淡而無味。
每每看到它們，就會想到春天和寒氣料峭的冬天。

毒漆樹
Poison Dogwood

　　毒漆樹（Rhus venenata），約莫在八月二十九日，果子熟

188　一種平臥的木質藤本植物，漿果為紅色和白色。

了。

一八五四年八月二十九
日。果子看起來熟了，而且
乾了，顏色是那種淺淺的麥
草色。

一八五四年八月二十九
日。果子開始泛白。

冬天裡，濕地上毒漆樹的黃
色果子吊在長長的果梗上就像珠寶。

它們有許多地方都和人相似，所以與它們邂逅真有親切感。
橢圓形果子長在長長的果梗上有如飾物，現在隨著果梗低低
垂下（尤其在十二月底），看上去就像破了，顏色介於黃和
泛綠的白之間，具有珍珠或蠟的光澤，與粗糙的樹皮形成對
照──美麗得邪惡。

到冰天雪地時，這些吊在長長果梗上的卵形果子會更加
動人。

儘管隆冬季節了，還是忍不住要到鐵路邊鄧尼斯家的濕
地去，因為那裡長了許多毒漆樹。這些小樹的枝莖並不凌亂，
結滿的果實掛在約一英尺長的梗上，隨意垂在那，已經乾了，
呈淺綠。覺得它們只怕就是這一帶最多產的東西，一見就忍
不住採了些果子，還折了幾枝帶回家。

我摘這種果子時，一輛外地來的列車駛過，車上一位工
作人員可能沒有權力把車停下，只好熱心地急得大聲對我警
告叫「毒漆樹哇」，還比劃著手勢提醒我。

一八五八年一月二十四日。去年留下的那些樹枝上，結
了那麼多泛著粉綠的果子，長長的果梗都彎曲了，真是令人

賞心悅目。由於果子本身已經脫水，才能長時期不落不爛，歷經寒冬也依舊粉綠，它們也是濕地最主要的一種點綴和妝扮，我常為之流連。它又何嘗非濕地那永遠不熄的生命力象徵呢？用叉子很容易搗碎這種果子，搗開後有一種酒的氣味，不知道有沒有鳥會吃這種果子。

刺果毒漆藤
Rhus Radicans

刺果毒漆藤（攀在樹上），八月三十日。

野生葡萄
Wild Grape

野生葡萄（Vitis labrusca），八月十三日。到九月十八日或二十幾日就非常多了。

特奧夫拉斯圖斯把這種葡萄歸為樹木。而科盧梅拉則認為應屬樹和灌木之間。波恩的翻譯家們認為，普林尼將義大利的藤看成和亞洲的藤一樣，這是不正確的。

普林尼曾因為維吉爾「只給十五種葡萄命名」，而梨只命名三種，就抱怨這並沒有把所有的品種都一一進行描述，「因為田野四處還有很多種呢」。他本人是這樣描述葡萄顏色的：我們的葡萄品種很多——有紫色、玫紅色，還有綠色。「芬芳無比，」他繼續寫道，「藤上的花香令人心醉……樹上長出許多藤，而從藤蔓的粗細長短來看似乎已年代久遠。波比倫尼克城（the city of Populonicun）有一座朱庇特的塑像，歲月流逝卻未曾破敗……任何樹木都不能如此經久不衰。」他說在康培尼亞（Compania），這些葡萄藤爬到高高的鵝掌楸樹上，「以

致葡萄園的雇工要求園主白紙黑字寫清楚，萬一摘葡萄時摔下來死了，園主就得出喪葬費。努馬[189]曾宣布，嚴禁用『未剪過枝的藤上所採集的葡萄』釀酒獻祭神明，這一來那些有勢有權的人怕掉腦袋就必須給葡萄剪枝」。普林尼進一步闡述道：

> 無論何時，藤蔓一旦從捆綁它的任何束縛中解放出來，都應任其自由生長幾日，好叫它隨意鋪開伸曲，最好能挨到地面，要知道這可是它年復一年的渴望啊。就像把狗從鎖住的地方放出來，牠也會在地上打滾，伸展身體，到處亂跑，天下生靈莫不如此，葡萄亦非例外。一旦能從終日糾纏的重負下解脫，當然也要稱心如意地過幾天才好。的確，天下萬物，莫不希望經年如一的生活會有些許變化，或能有片刻的休息快樂。

說到那些酒鬼時，普林尼寫道：「這些人一心以為自己才是會享受生活的人。」以智慧過人著稱的安多希德[190]給亞歷山大大帝[191]寫信，規勸後者不要放縱無度時寫道：「談及飲酒，哦，陛下，千萬別忘了入口的滴滴都是大地的鮮血呀……」

一八五四年七月十五日。綠葡萄，顆顆大如熟透了的加侖子，令我恍惚已經提前進入下一個季節了。

把綠葡萄放在小船的船頭。我們划船回家時是逆風而行，

---

189 Numa Pompilius（715 B.C.—673 B.C.），傳說古代羅馬七王相繼執政的王政時代的第二代國王，曾創立宗教曆法和制訂各種宗教制度。
190 Androcides，西元前四百年左右的羅馬作家。
191 Alexander the Great（356 B.C.—323 B.C.），古馬其頓國王。

身邊葡萄的香氣於是縈繞船上，彷彿我們就穿行在葡萄園中，四周都是熟透的葡萄相隨。我坐船尾，不時聞到葡萄的甜香，覺得就像兩岸豐收的葡萄園夾道相送我們的小船。

曾經划船順流而下，到三、四英里遠的地方，雖然沒有看到那裡有任何葡萄的影子，但一路上都有葡萄的香甜相伴。

很喜歡拿一些野生葡萄回家放在房間裡，與其說喜歡它們的滋味，不如說更喜歡它們的香氣。不過無法連藤一起放入籃中而不擦去葡萄上白花花的果霜，可是若沒有這些，它們的魅力也遜色了。

一滿架的葡萄被摘後，在樺樹高處的一根藤蔓上的一掛，因為人們搆不到而留下，孤零零地掛著，披了一身果霜，晶瑩剔透；九月的風陣陣吹過，它會怎麼樣呢？

到了九月底，雖然有些地方還可以見到成串葡萄掛著，但多數地方都不常見，只有少數還留在藤蔓上，一派蕭索，輕輕一碰就會落下。我自己就曾經只是搖晃一下白樺樹，就把纏在那棵樹上的葡萄藤上一大串乾葡萄給弄了下來。十月初，葡萄味道美極了，不過藤上已經幾乎沒有葉子了，就算有也發黃枯萎，全被霜凍糟蹋壞了。

一八五三年，已經十月份了，我划船一直到了比爾里卡 [192]，來到加格島（Jug Island）。我一度管這個島叫葡萄島（Grape Island），這次一上島就聞到空氣中到處瀰漫著葡萄成熟後的香味。一開始，我並沒有看到任何葡萄蹤影，後來才發現它們，儘管藤蔓上沒有葉子卻掛著許多葡萄，串串都熟透，還水汪汪的，落在地上，被接骨木的樹葉托著。就像獵人

---

192 美國麻薩諸塞州東北部一城鎮。

一樣，我終於找到這些獵物了，怎能不開心呢？啊，那種香甜的氣息呀，真是沁人肺腑，難以忘懷。

一八五二年九月十六日。克里夫崖邊的河畔，發現一些特別甜的紅葡萄，果肉很多，這是我吃過的野生葡萄中味道最好的。第二天我又到那裡，壓了幾條枝，準備明年春天移栽到我的園子裡。的確，它們在我的園子裡長得很好，也很早結果。我叫它們步槍手葡萄（Musketaquid Grape）。

關於一般的野生葡萄就寫到這裡。

這裡還有兩種特殊的，葉子很光滑的那種。一八五六年九月二十九日，從葡萄崖（Grape Cliff）上掉下一些，可能屬於夏葡萄吧。顏色深紫，直徑有十六分之七英寸，味道極酸，而且果肉也相當硬。難不成這種葡萄比起我九月六日在布萊特爾博羅[193]吃的凍葡萄更像凍葡萄？

一八五七年十月十八日。爬黑莓坡到一半的時候，見一處岩石上方有很多串個兒小的葡萄，當然不是最小的那種，果梗還是青的，葡萄當然也很新鮮，葉子仍在卻有些乾燥。顯然這是一個晚熟品種，其他的葡萄到十月四日就熟透了，而這些還半生不熟，也許這就是霜凍葡萄。

一八五七年十月二十八日。上面提到的那種葡萄現在終於熟了。有些甜了，但掛在枝頭於寒風中戰慄著，可憐兮兮的。它們繼續變得更熟，一直到十月底。這也是一種葉子光滑的葡萄。十月三十一日，終於熟透了，味道反而很酸，難以下嚥，不像是依格爾伍德葡萄（Eaglewood grape）。

---

193 美國佛蒙特州東南部城市，位於新罕布夏州邊界康乃狄克河上，現在是冬日旅遊勝地。

如何將那種個頭很小、果結得多的葡萄與剛剛提到的區分開來，我無法確定。

　　一八五八年十月二日。北風很大，順著風一路划船來到李家岩（Lee's Cliff），採了一配克的剛剛提到的那種個兒小、串兒大的葡萄，現在它們都變紫色了。有一兩個藤上結的特別多。一串有六英寸長，一英寸半寬，一顆緊挨一顆擠在一起，像一個圓筒。單從顏色上看，它們這時似乎正處於最佳狀態，比一般的葡萄都要熟得晚一些吧。就我所知，這種葡萄生吃絕對難吃，但我母親用這種葡萄做的果凍非常棒，堪稱最棒的果凍。

　　還有一種葉面光滑的葡萄，葉形非常特別，米肖描述過，但我至今沒發現。

　　一八五六年九月六日。在布萊特爾博羅的康奈蒂克河邊，發現了一些小小的葡萄，直徑大約只有三分之一英寸，結成的掛形就像我們這一帶最小的那種，也有三到五英寸長。這些葡萄已經漸漸開始變熟，不過很可能比我們的那種熟得更遲，因為味道還很酸，不過滿好吃的，很有特色。這是不是野生葡萄一類的呢？可能這一帶人也叫它們凍葡萄吧。

　　約莫在一八五六年十一月十日，紐澤西依格爾伍德的一個樹林裡，看到了一種深紫或黑紫色的葡萄，每串也很長，我第一次看到這種樣子的。它們落在我東道主[194]家附近的深谷裡，好在下面有乾葉子堆著，所以它們沒有摔壞。那兒三十英尺高的地方還長著一些葡萄藤，上面還掛著好多串，直到我離開那

---

194 據考證梭羅日記，這位東道主就是馬庫斯・斯皮瑞恩斯（Marcus Springs），是一位富有的奎克黨人。

兒（那是十一月二十四日）都還沒落下。雖然這些葡萄瑟瑟在寒風中，已脫水得差不多了，但味道很衝，很酸，但也不難吃，大概要等到霜凍過後才會更好。我認為發現這種葡萄的確值得，在那裡的日子就天天去採來吃，連皮帶籽全吃下，還向我的東道主大力推薦，他此前從沒注意到還有這樣一些葡萄。他說這些的味道很像他在法國吃過的一種法國葡萄。這是一種真正的霜凍葡萄，和對於夏葡萄的描寫很相符。

托里[195] 在《紐約報告》（*New York Report*）中說「Vitis cordifolia」是冬天的葡萄，是凍葡萄，「在紐約一帶並不多見」。布萊特爾博羅那裡的那種早熟的葡萄會不會就是這一種呢？

一八五六年六月二十七日。諾雄島[196]，看到山毛櫸上有普通的那種葡萄藤纏著，這種樹顯然也被葡萄藤壓彎了，這種藤離地面大概有六英尺，粗約二十三英寸，下端更粗，還分杈了。在離地面五英尺的地方，這根藤一分成三。它倒不是直著往上長，而是盤旋曲折，其間絞纏得很厲害。再沒見過比這更加原生態的了。藤就長在林中小路一側，大部分已經枯死了。路途上我們還驚動了兩隻鹿。

一八五七年十一月四日。林間小路上看到一些亂長的茅莓苗，葉子上面蓋了一層厚厚的灰白色粉霜。只有幾處的厚厚白霜被擦去，露出一些紫色，大約是打獵的人經過時無意擦掉的。植物會有這種粉質的霜還真不常見，卻很別致，我發現能用尖頭的棍子在上面簽名呢，一筆一劃都清清楚楚，當然顯示

---

195 John Torrey（1796—1873），美國生物學家和化學家，以其對北美植物帶的廣泛研究而著稱。

196 位於鱈魚角（Cape Cod）的東南伊莉莎白群島（Elizabeth Islands）中最大的島。

的是紫色的筆劃。這倒是一種新式的釉彩名片。這種粉霜到底是什麼呢？為什麼會在這呢？還有什麼別的東西也能這樣渾然天成、神奇美妙嗎？最妙的就是那一層神奇面紗，那是大自然傑作的收筆，妙不可言，令人驚歎，只有挑開那層面紗方可窺得真面目。大自然妙手丹青為它揮毫，刷下這層粉霜作面紗，人們只有挑破面紗才能領略到作品的美妙之處。什麼是爐火純青、完美無瑕？這是最好的例證。它的創造者不斷將自己無與倫比的天才想像力、創造力向其傾注，若想欣賞這幅傑作必須隔著這一層面紗。若將其比作一首詩，讀它你得先發揮想像力來詮釋。就像果子熟的過程中會將糖分濃縮累積，這層面紗也日趨成熟、沉澱彙集而成。只有藉豐富想像力才能解讀它的意義。

森林裡縈繞著濃濃的霧，稍遠的景色全籠罩在藍色的朦朧霧氣中，遠處的山巒也披上了這層藍色的輕紗。如此靄靄霧色和覆蓋苗葉的那一層粉霜相比又有何不同？這些山巒看去一片灰藍或淺紫，正也是因為被蒙在一片粉霜下呀。

卡彭特博士[197] 曾這樣說過果蠟：「它可以形成極其薄的一層覆蓋在李子和其他帶核的果子表面，正所謂果霜；亦可在葉面或其他表面形成薄薄一層，而正因這一層，如包菜、柳丁那樣的植物才能抗潮濕而不爛掉。」

珀什[198] 這樣形容野生葡萄：「多汁，黑紫色，很大，有狐狸的怪味，所以又被很多人叫做狐臭葡萄。」

貝芙麗在《維吉尼亞歷史和現狀》一書中提到一種很大的

---

197 此人身分不詳。
198 Frederick Traugott Pursh（1774—1820），英國植物學家。

葡萄，說這種葡萄「熟了以後味道仍很不好，有狐狸臭，所以被稱為狐臭葡萄」。

假萎蕤
Smilacina Racemosa

假萎蕤果實開始變熟是在八月三十一日，九月十五日就大面積成熟了。

八月底和九月都能看到在草莖頂端擠作一團的這種黃精果，都沉甸甸地垂下。一至四、五英寸長的果莖上掛著一串泛著白的果子，個兒比豌豆還小，皮上點綴著精美的小點，小點或銀紅或大紅。醒目耐看。

到了九月，果子終於紅得透亮了，也軟了、熟了，味道有點甜甜的，不過果核又大又硬。一般要過了九月二十七日才容易採集。

金錢草
Desmodium

金錢草，八月三十一日。

林子裡的金錢草果子還沒有熟。

一個午後，與人結伴[199] 行至博爾山邊的河旁，穿過岸邊一大片金錢草的草地。結果我們倆的馬褲褲腿都掛上了不少這種草的草籽，而被染綠。看到這種小鱗片一樣的草籽密密麻麻地黏在我褲腿上，不禁想起有一次散步走到一條溝渠邊，看到裡

---

199 經考證梭羅日記，這天是一八六○年九月五日，此人是威廉・埃勒里・強尼（William Ellery Channing, 1780—1842），美國十九世紀早期著名的唯一神教派使徒。

面的浮萍也是如此，串起來就像副盔甲。這反而成了此行一大收穫，我們就讓褲腿上披掛著這些綠綠的草籽，頗感自豪，相互打量又忍俊不禁，甚至彼此心中萌生幾分妒意，都覺得對方的草籽沾黏更多，更威武。同伴怪我不該為了讓褲腿黏上更多草籽，故意再往金錢草地裡走，並定下一種規則：我們既不要再特意去弄一些上身，也不要特意去清理掉，而是任其自然脫掉。信守此規的結果是：一兩天後他又來約我散步，他身上的草籽卻跟之前一樣多。這下我總算明白了，大自然會因為人的迷信而更加起勁地作怪。

爬藤衛矛
Wax-work

爬藤衛矛的果實在八月三十一日開始變成橘色，但是還沒裂開。

在八月二日前我就看見它開始變黃，一直要到九月二日前後，整串核果才會全部變黃，而這也是開始採集的時候，九月二十三日核果還沒裂開。

一八六〇年十月十四日，橘色的果殼終於裂開，露出裡面鮮紅的種子。

榛子
Hazel

榛樹的堅果成熟要等到九月一日左右。它們大約七月一日長出來，等到七月十六日到二十四日才會完全成形，這時就讓人看到秋天的風情了。

勞登說：「根據有些人的說法，榛子得名於希臘文的『kópus』，頭盔的意思。這種果子的外殼就像一頂帽子。」但也有人有另外的解釋。

看到這種毛蓬蓬的果子讓我非常愉快，小時候，我經常要採榛子回家做沙拉或布丁，手和嘴巴也因此經常沾上它們的顏色。採野果時常能採到榛子和青葡萄。

一八五四年八月十二日。榛子果殼的邊有點紅色了，這是熟了的標誌。次日，也就是八月十三日，再一直到二十四日，都見松鼠吃榛子，並把已呈棕紅的硬殼吐到地上、牆角或岩石邊。到了八月底，就連樹林中凡松鼠出沒的地方，都會有一堆堆發紅的硬殼碎片，牆邊更不用說了，但這時樹林裡榛樹上的榛子卻還是綠得很。乾了的榛子，殼上的棕色非常豐富，不似新鮮時那種棕紅，也不像板栗的深棕。每次看到這種顏色的榛子殼，我總會感到幾分興奮。

湯姆森 [200] 在他的書中《秋》（*Autumn*）一節裡，對搖晃榛樹而得到榛子的描繪：

榛子像雨點般落下，那片棕色讓人欣喜。

一八五八年八月二十四日。從現在起，會有很長一段日子我們將時時不忘榛樹林，想起原來它們也是多產的呀。現在它們該來一亮家珍了，每一處樹叢，每一寸樹籬，都有它們。樹上榛子的殼愈來愈紅，邊緣甚至帶些鮮紅了，像在提醒我快去

---

200 James Thomson（1700—1748）蘇格蘭籍英國詩人，最著名作品有預示浪漫主義到來的《季節》（*The Seasons*）。

採摘，要不就被松鼠搶先。的確，八月二十九日，松鼠就已搶在前面嘗鮮。

到了八月底，牆邊長的那些樹叢已被松鼠採光，牠們從榛子顏色還是綠的時候就開始忙了。現在這些地方撒滿了變成棕色的殼。就算你還能在牆邊的榛樹上找到榛子，也一定是瘦瘦的那種。可以想見松鼠有多忙碌。倒是人們經常走的小路兩旁的榛樹上還有榛子，松鼠還沒來得及下手。[201]

金花鼠（Striped squirrel）八月初 —— 或者說聽到連枷聲響起時 —— 就開始吃榛子了，所以要想採摘榛子就得現在動手，到了八月二十幾日能採到更多。不少人發現某一處有很多榛子後，不及時摘採，總想等個十來天待榛子長得更好再動手，結果再去時卻幾乎看不到什麼了。

到了八月底，牆邊長得那些樹叢已經被松鼠採光，牠們從

---

201 從上段末句「的確，八月二十九日……」至此句，在原稿上被梭羅用鉛筆輕輕劃去，應是想將之刪除。而《野果》在梭羅生前尚未完成，此段與後段內容，意義有些許重複，是成書的脈絡和足跡。

榛子還是綠的時候就開始幹活了。現在這些地方撒滿了顏色變成棕色的殼。就算你還能在牆邊的榛樹上找到榛子，也一定是瘦瘦的那種。可以想見這十幾天來那些日夜忙碌的松鼠，在不粗的樹上爬上爬下，從一根細枝跳到另一根。誰看過如此轟轟烈烈的榛子收穫行動──榛子大豐收了吧？對於金花鼠來說這真是太重要的時節了，忙呀忙不停呢！要是可能，牠們還真想把蜜蜂也組織起來幫忙呢。這時在外撿到的榛子個個都是瘦的。倒是那些人們經常走的小路兩旁榛樹上還有榛子，松鼠還沒來得及下手。

河邊的榛子也被採完後，我卻偶爾能在那些垂到河面的樹枝上發現一些沒被採的，大概松鼠也不情願冒險吧。有時還見荊棘叢或別的樹叢中一些鳥窩裡有榛子殼和橡樹子殼，足足堆了半個鳥窩，顯然是松鼠和老鼠吃剩留下的。

對於地松鼠（Ground squirrel）來說，這些榛子可謂意義非凡。榛樹長在牆邊，這些松鼠也住在牆邊。榛樹就是松鼠的門神，也是提供牠們食物的豐收女神。

現在這些榛子都被採光了，只剩田野的盡頭還有，因為松鼠走不到那裡。院牆不只是這些小傢伙通行的大路，也同時是防禦工事。牠們就在牆下築洞，內外不限、通行無阻，進出仰仗牆的保護。牆邊的榛樹也是牠們所仰仗的食物來源。

松鼠住在一個滿是榛子的果園裡。是的，牠們四周也許沒有榛樹，但牠們能看到任何地方的榛子，而且一定比人早發現榛子。人只是不時想到榛子，而松鼠卻是時時惦記著榛子。我們常說：「對於會使用的人來說，工具才是工具。」現在可以改成：「對於惦記著它的，榛子才是榛子。」

就算有一天發現松鼠萌生種榛樹的想法了，我也不會驚詫。

碰到一顆不好的榛子，松鼠至多只會朝裡面看一眼，絕不會蠢到去費力咬開。我在牆根下看到一些榛子，上面被咬了一個小小的洞，能看清裡面是空的就夠了。

所以採榛子要趁上面還綠茸茸的時候就動手，然後放到老鼠搆不了的地方曬乾。曬乾的過程中，這些榛子會開裂，露出裡面的堅果，幾天後變成棕色，並且脫出殼來。八月底，我看到農家的孩子們把大量的榛子攤放到樹叢裡曬乾。

一八五八年九月三日，沿著阿薩貝特河（Assabet River）撿到的榛子有一包。在這條河邊見到的榛樹多長在岸邊土壤較乾燥的那一側；至少沒有往地勢較低、靠草地的地方長。榛樹上的果子幾乎都被採光了，我採到的幾乎都來自垂在河面的枝條上，只有那裡有剩下沒被採的，看來松鼠不願冒險來這種地方。而且這一些還裹在綠絨毛裡，不像別處的邊緣部分早就變成了棕色。

有時看到荊棘叢中的鳥窩內都是橡子殼和榛子殼，一看就知道這是老鼠和松鼠幹的好事。

已經是九月十日了，居然還發現一些榛子，想必松鼠看走了眼。不過之後榛子就落了，看到榛子的顏色變成深棕色的了就要採，別再猶豫。

尖頭榛子（Beaked hazelnut）在這裡少見，雖然理論說它們是唯一長在北方的榛子。這種榛子的芒刺上有一個尖頭，果實也大得多。

一八五八年九月九日，在黑莓岩看到許多尖頭榛子（有一到三個芒刺）。為了採到它們，我的手指頭扎了很多又細又亮的刺，一般的榛子不是這樣，上面幾乎只是絨毛，而不是這樣硬的芒刺。

尖頭榛子是種尖尖的堅果，而一般的榛子鈍鈍的。前者顏色為淺棕色，果肉黃色，很甜。是不是它們結果晚一些呢？

儘管這一帶榛子多，但人們似乎並不怎麼重視，也許人們懶得和松鼠去較勁，覺得不必要搶在松鼠前面採，再說果肉只有一小塊。勞登說到這種拉丁名字叫「Corylus rostrata」的東西時說：「這種東西很堅硬，據說當地人將它當子彈用。」

大花延齡草
Medeola

大花延齡草。九月一日看到它的果，也許九月四日就進入結果高峰期，通常到九月二十七日。

一八五三年七月二十四日。花還開著，但已結出綠色的果子了。

九月二日，在一株約一英寸長的莖上，由三片底部略帶紫色、相互重疊的大葉子托起的細長花梗所結的三顆果子轉成深藍。顏色不鮮亮，但十分光滑。

到了九月中旬，那三片相互重疊的大葉子裡面什麼也沒有了，看上去倒像一只淺淺的調料碟，中間盛的就是那果子離開後剩下的幾根花梗，光禿禿的。

豌豆
Peas

九月一日，豌豆。

菲力浦在其大作《蔬菜栽種史》（*History of Cultivated Vegetables*）中寫到「Pea-Pisum」時如是道：「英國人的叫法是拉丁文的訛傳，比如塔瑟和吉羅德都稱其『Peason』，而後來

的何蘭博士又稱其為『Pease』。」我卻認為恰好又一次地證明羅馬讀音中母音「i」的讀法。

豆
Beans

九月一日，豆。

菲力浦說：「科盧梅拉當時就注意到豆可以當做糧食，但那時只有貧苦農民吃。他還說：『他們把豆和穀類摻在一起做飯食，非常簡陋的食物。』」

吉羅德則說：「四季豆還沒完全長老之前，把它連皮煮了，加上牛油連皮吃，還真是一道很精巧別致的菜色呢，又不像其他那些豆類吃了會脹氣。」至於煮好後又該如何處置呢？「把皮上一側的老莖抽去」，所以菜豆這類東西還真不是新玩意兒。

歐洲蔓越莓
European Cranberry

歐洲蔓越莓，九月一日。

一八五四年八月二十三日，蔓越莓有了一個小小的、帶些紫色點點的小果子，平躺在苔蘚上，靠近果梗的已經部分變成深紅色了。這些果子掛在枝頭細細的果梗上，果梗連著細小的葉子，果子則堅定地長在盡頭──愛默生說這是「北歐再普通不過的蔓越莓了」，在那裡蔓越莓也交易買賣。

一八五九年十月十七日。這些有趣的小小蔓越莓還不多見，只在那些地勢略高、土壤較乾燥的泥炭土山上（至少今年是這種情況）看得到，還有開闊的濕地邊緣的矮樹叢中也看得

到。在這些地方，結著小紅果的赤色果梗藉樹枝伸到岩石上歇息（除了極少數，其餘都熟了）。這點果子勉強只夠一個植物學家採回，為感恩節大餐做酸味劑。

今天午後我去採蔓越莓，就是想採這種個兒小小的蔓越莓。這的確算不上什麼宏大目標，卻不能因此拖延，因為霜凍的日子就快來臨。今年，歐洲蔓越莓和我們本地個頭稍大的蔓越莓相比究竟是什麼味道，要是能先知道就好了。本想多少弄點回家，在今年感恩節一家聚餐好做調料醬，可是實在太難達成，花了一整個下午也收穫甚少。我還是不死心，心裡盤算些餿主意——是不是應該穿過大田（Great Field），去貝克·斯托家的濕地看看呢？當然最後只是勞而無功。實際上，我也沒抱太大希望，認為就是這樣空手而歸也不見得不好。只不過當時還有另一個小小的願望——這願望雖小，卻值得去實現：把在家裡深思熟慮後的想法給付諸行動。就這樣做，讓自己超脫，不受那些街道束縛，也就是不受每日事務束縛，想做什麼就做什麼，即使那些事你的鄰人不做，而且他也無法理解你為何要這麼做。做你認為有意思的事，做成了，大獲成功，只有這樣才會產生影響，能確立所有個體和美國所有州的未來，從而不為堪薩斯問題 [202] 傷神。讓那些一心蓄奴的惡棍們滾開，讓堪薩斯成為自由州。但若一心抗爭也會有弊端，因為這時心中如臨大敵、草木皆兵，而敵人也許只有一個，在你身後卻有美

---

202 堪薩斯（Kansas）一八六一年被批准為第三十四個州。一八五四年通過的《堪薩斯內布拉斯加法案》（Kansas-Nebraska Act）使堪薩斯被組織成為一個地區。該法案規定，遵照人民主權論的原則該地區可以成為自由州或蓄奴州。一八五四年至一八五九年間該州實質上成為自由派和蓄奴派的戰場，被稱為血腥的堪薩斯（Bleeding Kansas）。堪薩斯最終被批准成為自由州。

好萬千，此刻就恰恰被你忽視了。不要放棄自己的事情，像我就不放棄我自己的。也許你會在鄰居家的火爐邊坐一下午，可能還得到報酬；我卻執意出門，把這一下午用來採摘蔓越莓的果實，哪怕採不到多少。大自然既然讓它們生長在這裡，那就得及時去採。我當然也會得到報酬，不過是以不同的形式罷了。常常執著地思考一件小事，等到忽然有一股非做不可的衝動，就放手認真去做，結果收穫意外豐富。

　　有多少學校我總覺得該去卻沒去的，已經記不清了。我傻傻地想：要是真去了那些學校念書，我可以學到多少東西呀！看到蔓越莓藤蔓彎曲生長，親近大地，扎下根來，結出果子，可曾有人想過這就是個人遠足的最佳經驗，這就是花錢最少的探險旅行，將豐富我們的生命、充實我們的心智。通常我們只對這個社會進行一些小修小補的事，而交易老本就是修碗補杯子所用的焊接材料。我的天賦提醒了我，倒不如這個下午去戈文濕地，採一口袋的蔓越莓，如此還可聞到它們的氣味，對呀，也可聞到戈文濕地和新英格蘭的生命力。這總好過在利物浦做領事，哪怕做領事可以領到數不清的官餉 —— 大概有幾千幾萬塊錢吧 [203]—— 那又如何，聞不到那種氣味呀。每個人的心中都有夢想的，人的大半生不該整日架在船槳旁躺著空想，而應搖起槳，堅定不移地實現一個個小小的夢想。不要讓生活失去目標，哪怕只是想嘗嘗蔓越莓也是一個值得去實現的目

---

[203] 一八五二年，霍桑（Nathaniel Hawthorn）也住在康科德，為當時民主黨總統提名人皮爾斯（Franklin Pierce，1853—1857 年任美國第十四任總統）寫傳記。後來作為回報，皮爾斯委任霍桑為駐利物浦的領事，每年可領俸祿五千至七千美元。此事引起朝野對皮爾斯的批評。

標。這樣做，不僅能嘗到它特別的味道，你的生命也因而豐富擴展了。它所帶給你的滋味可不是錢能買到的那樣簡單。

　　渾渾噩噩也罷，大覺大悟也好，生命都是有價值的，因為都是在一樣的環境中，二者不可能絕對地區分。大覺大悟的智慧可能會源自於渾渾噩噩。我曾寫下很多問題，想找到答案，但當時又不耐煩去多想，就帶著那張單子出門旅行。旅途中，我居然想通了很多問題，可謂出門幾日勝讀十年書。就是這麼回事，服從心底那盞更高處明燈的指引，置身自己以外的世界，如此一來踏上一條新的旅途，用你尚未蒙昧的眼光去看、去發現。無所事事、無所追求，那又如何？坐在沼澤岸邊，悠悠閑閑，哼著小曲，心滿意足，那又如何？

　　總而言之，我沒想太多就去了濕地。發現不少蔓越莓，採了幾口袋，再把袋口紮好，放到貝克家濕地的岸邊。這些蔓越莓準被水沖泡過，現在被沖到地勢較高的地方，才不至於爛掉。我脫下鞋襪放在岸上，挽起褲腳，赤腳走入水裡，往濕地中央那片土質非常軟的泥炭地步去，在這期間，有好一段路都在佇立了許多馬醉木和其他植物的叢中穿行。

　　終於，在凸凹不平的泥炭地硬土上，看到藏在那裡的蔓越莓，離水面高高的，細藤都稀稀拉拉地長在另一邊，即濕地較乾燥的一側。有些泥炭塊之間有深一英尺左右的窪地，這裡的藤蔓長得稍微密集。從結的果子來看，這似乎是兩個不同的品種。其中一種明顯的熟一些，顏色和一般蔓越莓更相像，卻紅得深一些 —— 赭色，帶黃綠色的小點，或暗紅的條紋，形狀則像梨。另一種形狀也像梨，但中間部分更突出，顏色像草莓或黃綠色，有些螢光，上面撒了很多小小的暗色點點，很像那種叫鹿藥和鈴蘭草的果子，不過這種果子較大，也沒那麼圓，

顏色更帶點紫色。差異大致如此。這兩種蔓越莓都和苔蘚安逸地躺在一起，那些果梗常整個被埋在苔蘚下（大約有一英寸半長吧），藤也若隱若現，只看得到一到三寸長的一小截，根本分不清一根根藤到底長去了哪裡。如果硬要弄個水落石出，就要小心翼翼搬開那塊苔蘚，用手指輕輕撥動試探。若長了很大的蔓越莓，藤就較硬且直，還會冒到苔蘚上面。那種顏色發灰的比較難得，因為它的顏色和它身下苔蘚的顏色差不多，乍看還以為濕地麻雀把蛋下到窩裡呢。我謹慎地用手指一點點扒開泥炭，然後順著藤蔓摸索，這樣才採到了蔓越莓，它們就像濕地在胸口佩帶的珠寶，姑且叫它們濕地珍珠吧。通常一根藤上會結一或二個，直徑則都有八分之三英寸。這些果子生在細長如線的果梗上，遠離自己的藤，所以看上去實在像鳥蛋。如果是五月，我鐵定這麼認為。這些果子就寄生在苔蘚上靠水滋養，空氣已不重要。這些苔蘚就是它們可以移動的土壤，也如一塊巨大的海綿，讓它們從中汲取水分、營養。顯然它們比一般的蔓越莓結得要早，有一些已很軟，顏色也幾乎變成紫紅了。我在濕地蹚水約走了一個小時，赤腳能感覺到較低的水涼涼的，踏到苔蘚上倒暖和些。兩種蔓越莓我都採，本想分開放入口袋，但自己有時也弄糊塗了，最後混放在兩側衣服口袋裡。

這次採蔓越莓真有意思。儘管又濕又冷，濕地卻單單只為我送出了果實，因為只有我去了呀，而且也只有我看中這些果子呀。我告訴濕地主人說那裡有蔓越莓，當他得知數量並不足以拿去出售後，就根本沒當回事。這個城裡只有我在意它們，瞭解它們的價值，然而我在意的並非它們的市價。赤腳蹚在水裡，衣服口袋裡塞滿了蔓越莓，還不斷找新的採摘，當下我真的就覺得自己比那些撈了（或雇人撈了）百桶去賣的人

更富有。時間一點點過去，我離城愈來愈遠，卻感覺到睿智在心頭對我嘉許，指引我的來去。突然，太陽從雲層後鑽出來，非常燦爛，可是雙腳依舊冰冷。真心希望能和人分享這種收穫的快樂，最好能有那麼二十個人結伴同來，但認識的人沒有一個像我這樣喜歡採果子，也沒有一個會像我這樣喜歡來濕地採果子。我拿出果子給他們看，注意到他們展露的興趣皆轉瞬即逝，都認為這種果子收益太小不值得種植，於是也就不再感興趣了。是的，費力撈一次還撈不到一品脫，斯羅康們[204]絕不會付給你多少錢的。可我倒因此更喜歡它們。我把它們放進一個簍子，揹在身邊幾天。若有位農夫或其他人，也如我跑到遠遠的濕地，蹚一小時的水只為在苔蘚上找到這些果子，不拿大口袋也不拿耙子，裝滿兩個衣服口袋就心滿意足，人們準會認為他精神不正常，會因此對他嚴加看管。他本該做的是把牛奶撇去奶油後兌些水，或把小馬鈴薯拿去賣掉再買進大的，或者打打火鐮，甚至被請去看管精神異常的人。我雖然沒有得到黑麥或燕麥，但我收集到了阿薩貝特河的野生蔓越莓藤。

米德爾塞克斯縣所有的田野、山林並非都是人工種植的，但許多蔓越莓生長的地方都方方正正，顯得很原始，簡單樸實，就像一千年前被人們開墾後，再沒有被犁耙耕耘過、被刀斧砍斫過，也沒有被撈蔓越莓的耙子攪亂過——這真是現代文明的一小塊天然綠洲，毫不矯飾，簡直如在月亮上遠離塵世、喧囂，無人打擾。我一向對大自然的安排懷著崇敬之心，將其視為最高原則，日常行動中也不敢忽視，所以對腳下的土

---

204 Slocum 是當時新英格蘭很普通的姓氏，梭羅以「斯羅康們」表示一般的人，而非特指。

地懷有敬意。我和大自然雖完全不同，卻感到自己與它彼此吸引而相互激勵。於我，大自然就像位聖女。落下的流星隕石或別的墜落天體都世世代代受人膜拜，是啊，跳出日常生活框架，放開目光，就會把整個地球也看作一塊巨大隕石，也虔誠地跋山涉水去朝拜它，供奉它。我們對外來的石頭那樣殷勤供奉，唯恐得罪，為什麼對原本也屬於天堂（可以把我們的地球看成另一個天堂）的石頭則冷漠無視，毫無敬畏呢？難道霍奇[205]家砌牆的石頭就比不上麥加的黑石[206]？難道我們家後院的頂門石就注定比不上天堂裡隨便一塊牆角石？

　　這表示若能對一草一石都心懷敬畏，人類也有希望。那些異教徒出於恐懼、奴性和惰性而崇拜偶像，這樣的異教徒遍布四處，漂洋過海，呼群喚眾，前仆後繼，都不免前往同一個地獄。照他們所言，只要我願意，就算對自己剪下的手指甲也可以頂禮膜拜。如果某人能讓一棵草的兩片葉子先後長出來，那麼他必能施惠於民。在喬納森・斯威夫特（Jonathan Swift）的《格列弗遊記》（*Gulliver's Travels*）中，巨人國（Brobdingnag）的國王發表看法時說：「誰能讓地上種出的一株玉米的兩顆穗不同時間抽出來，或種的一棵草上兩片葉子不同時長出來，誰就是俊傑，對國家的貢獻超過所有人民和政治家。」如果他能在從來都只有一個上帝（這麼樣的一個上帝啊！）的世界裡又發現另一個上帝，他就更是能造福人類的救星。真有這種事，我會不顧一切並時時嚮往，時時膜拜，猶如向日葵對太陽那般緊緊追隨。對這些令人激動、美妙神奇、莊嚴神聖事物的堅

205　當時緬因州的一位地理學家，一八三八年發表過有關緬因和麻省地理報告，梭羅看過並作了筆記。

206　位於麥加（Mecca），是被穆斯林視為聖物並禮拜的黑石。

信，使我的生命變得豐富，得到永生。如果一塊石頭能喊住我，開啟我的蒙昧無知，讓我明白自己來自遙遠的何方，還要跋涉多久——讓我知道得愈多愈好——並向我多多少少昭示未來，只我一人獨自狂喜。如果這塊石頭能對大家都這麼做，那就值得普天同慶。

按植物學者的說法，波士頓以西的內陸或更遠的地方，很多漿果和植物都被看成是野生的，而也許是大自然的安排吧，印第安人似乎偏愛這種地方。對於印第安人來說，大海要比森林更為蠻荒。同是荒蠻原野，西部卻較東部更具原始力量，更具粗獷風情！

這裡本土的這麼多奇特植物，品種各異，園丁和苗圃主人都登記在冊，很多英文書裡都有記載，卻偏偏沒被皇家學會收入目錄，這個學會的人對它們的瞭解一點也不比你多。在這塊土地上，一切都渾然天成，無拘無束。看不出有何能證明哪些是改良或是引進的，倒是園丁會說出哪種花原本種在他的花圃裡。不過，無論哪裡，只要種子在這裡安了家，發了芽，這裡就是它的老家了。

勞登描述一種濕地蔓越莓時這樣寫道：

〈苔蘚蔓越莓、荒野蔓越莓、沼澤蔓越莓、濕地蔓越莓，或者叫歐洲蔓越莓，小粒蔓越莓等……〉

蔓越莓似乎得名於它的花梗。花還沒開之前，它的花梗頂部捲縮，像鶴長在長頸上的頭一樣（Smith 和 Withering）；又或許鶴會吃掉這些果

子[207]……如梨一般圓滾滾的小果子，通紅，常有小斑點，味道特別，較酸，但可口（見《唐·密爾辭典》）[208]……原主要生長在歐洲山區苔蘚叢中；在瑞士、俄國、蘇格蘭、愛爾蘭和英格蘭北部非常普遍，英格蘭和美洲東部也常見……（在西伯利亞）這種漿果被大雪覆蓋後可以在樹上過冬，春天雪化了，人們才搶在它們掉下前進行採集，如同我們秋天採集一樣。北歐和大不列顛的人將蔓越莓用於製造夏日炎炎飲用的酸味飲品，或用來製作糕點，等等……（現在英國已近乎絕跡，靠從俄國、瑞典和北美進口。）俄國蔓越莓品質優於美洲所產……

春天，俄國以及瑞典部分地區的人們收集蔓越莓纖維豐富的枝幹，去掉葉子後曬乾，搓成繩子，可用來鋪在房頂上，甚至套在馬上拉東西。

而吉羅德稱其為「沼澤地上的漿果」（Marish worts or Fen berries），並說：「這種東西生長在沼澤地上的苔蘚塊上，就像洪荒世紀就已經鋪在那裡的石灰石或地衣上，那細小的葉片就像那裡長出的；味道酸，有收斂性！」噢，「苔蘚地蔓越莓或沼澤地蔓越莓」。

---

207 蔓越莓在英語裡最普通的名字是 Cranberry，而鶴的英語是 Crane。
208 一本植物園藝辭典，於一八三七年出版。

檫木
Sassafras

檫木[209]，九月一日。整個九月。

一八五六年九月三日。在山上發現一顆檫木果，深藍的果子長在紅色的花托中，像根小棍子。簡直就只有核，味道像柏油，我覺得一點兒也不好吃。

一八五四年九月二十四日。山上那些很大的檫木樹上有很多果子落下後餘留的紅色花托，裡面現在空空的。不過還是有那麼一兩個依舊飽滿，裡面的果子仍是綠的。熟了的果子早就掉了、被鳥吃了，只有沒有熟的才會在樹上。格雷說過檫木果深藍色，九月成熟。

就在杜德利家北邊山上的那些樹上，靠近李家，還有黑伍德家房後。[210]

灰胡桃
Butternut

灰胡桃[211]，九月一日。

一八五四年九月十三日。很多 —— 比胡桃還要多 —— 都掉了下來。

據勞登說，這種胡桃比一般的胡桃提前兩週熟，也就是在九月中旬就熟了。

---

209 又名黃樟。檫木屬（Sassafras）是樟科下的一個屬，為落葉喬木植物。該屬有三種，間斷分布於東亞、北美。
210 梭羅顯然是寫在這些地方看到了檫木果。
211 又稱奶油胡桃。

256 **野果**
Henry David Thoreau

一八五九年九月十九日。阿爾科特[212]說他種的灰胡桃在兩、三個星期前就落了。一定在果殼裂開前，就已經很乾燥了吧。

一八六〇年九月二十八日。樹上還有一些，整個九月都在樹上呢。

一八五八年七月十六日。看到灰胡桃長出來了。在索恩頓和康頓這種灰胡桃樹到處都是。

米肖說：「紐約，這種果子九月十五日左右就熟了，比其他的胡桃提前了半個月。」

合果蘋
Peltandra

九月一日左右，在河邊和草地上，看到合果蘋長長的藤彎彎曲曲，約一英尺半到兩英尺長。藤的末端長滿了一團團生在一起的綠色果子，一個果團的直徑大約有兩英寸，看上去好像彈弓的子彈。這種硬殼的果子內部是一團膠質的種子。由於果子向下垂著，幾乎挨近地面，所以不被割草人的大鐮刀給觸及到，這一來這種植物也就得以存活繁殖，儘管它被削去了不少葉子。大自然讓合果蘋的葉子被人割去，卻保留住它的種子，等到洪水來臨再把它們沖到各地發芽生長。

---

212 Amos Bronson Alcott（1799－1888），美國教育家及先驗論哲學家，堅持認為學習應建立在樂趣及想像力之上而非原則之上。他也是梭羅的老師兼朋友。

梭魚草
Pontederia

梭魚草，九月一日。

一八六〇年九月十七日。果子很快就落了。

一八五八年八月十九日。蒴果都裂開了。

現在（九月一日）雖然其他的果子都正在變熟，梭魚草的種子卻已經都落了，撒得沿河一帶都是的。

一八五九年九月十三日。梭魚草的穗子垂下，有的上面還開著花呢，如此也大多都沒入水下了。

一八六〇年八月十日。這些穗兒就耷拉下了。

一八六〇年九月十七日。隨著河水上漲，很多種子就隨水漂走了。

一八五九年九月二十六日。現在梭魚草抓緊了最後幾天要把種子撒出去。發現一個看似完整的草穗突然浮到水面，但卻只有光禿禿的穗子，所有的種子都掉了。現在的梭魚草草穗上幾乎沒什麼了，都輕漂在水面，但最終還是會沉下吧。還有很多零零星星的漂在草葉上或是破船上，然後被水沖到岸上，這是一些孤零零的、綠綠的種子，形狀有點像蜘蛛網。也許水鳥回來後還會以它們為食。當水鳥從北方飛回，它們也已成熟後，有幾分像百合種子了。

一八五九年十月七日。我在一處水域撒下的梭魚草種子已經沉到了水下。一旦外層爛掉後，它們就會愈來愈沉，比水還更沉。

百合
Lilies

　　九月一日，水中及泥漿地中，黃百合（Nuphar advena）的種子也開始熟了。黃百合的果實現在是綠色和紫色，爛了的花瓣還掛在上面。等到裡面全是黃色的種子，而白色百合的果實上有黑色的紋路時，就成了那個模樣。

錦葵
Mallows

　　九月一日，錦葵。

　　就在亨特家的酒窖邊。

　　一八五九年九月二十二日。像一顆顆小鈕扣的錦葵果子被小孩們叫做「小乳酪果」（cheeses），果子綠的時候他們就採下來吃。這裡的孩子發現很多果子都可以吃。

花狀懸鉤子
Flowering Raspberry

　　九月一日，花狀懸鉤子。

　　一八五六年九月六日，在布拉特波羅。熟了以後，花狀懸鉤子很紅，味道也很好。我一邊散步，一邊採摘，吃得津津有味。和一般的漿果差不多大，就是太少了。

曼陀羅
Datura

九月一日，曼陀羅。

一八五八年九月二十一日。馬布林海德（Marblehead）一帶的曼陀羅花大多謝了。

祕魯的一種刺蘋果（Thorny apple）——我們叫傑姆士城的草（Jamestown weed）——吉羅德提到它時講了這番話：「這裡還有一種，比前面說到（也就是標準的 Thorny apple）的那種果子要大些，很榮幸我收到愛德華・祖赫男爵大人饋贈的這種植物種子，這可是男爵大人親自從君士坦丁堡帶來的。至於那種刺蘋果，我已經把它種下了。」

綠石南
Green-briar

九月一日，綠石南。

一八五三年八月三十一日，開始變色。九月四月，還是原樣。一八五一年九月十一日，大多已經變成黑色了。一八五四年九月八日，還沒完全熟。一八五二年九月十七日，熟透了。

一八五四年九月二十四日。傘狀花序，藍黑色或近乎紫色，顯然被二十一日和二十二日的霜給催熟了。

一八五〇年十一月十九日。一如既往的可愛。

一八五四年二月十九日。長滿了亮晶晶的新鮮果子。非常堅強，能堅持很久。

一八五一年一月八日。還掛在那裡，像小葡萄一樣。

弓木
Viburnum Acerifolium

弓木，九月二日。

一八五二年八月二十二日。弓木橢圓形的果子開始變黃，到了八月二十四日和二十八日，就全黃了，橢圓形，扁扁的。

一八五三年九月二日。現在這些果子已經都是紫色或黑色的了。

一八五三年九月四日。熟了後就掉下來，和齒葉莢蒾一樣。

九月六日，布拉特波羅土地上的長得真好呀，也許極盛時期過了便開始走下坡路；橢圓形，不那麼鮮活，還是黑藍色。

一八五四年九月十二日。藍黑色帶點果霜，雖然是聚傘花序結的果，但開得並不那麼散。

九月二十三日。還很新鮮，深藍色。

在這一帶並不多見。勞登叫它們「黑果子」。

黑梣樹
Black Ash

黑梣樹，九月二日。

糖罐子
Sweet Briar

九月三日，糖罐子在樹叢中變紅，到了近九月底我才發現，不經意間它們已經紅了。

十月裡的糖罐子最俏皮，一團團長在樹上好不得意，這些橢圓形的果子擠著長在一起，可以在不過兩平方英寸的小地方擠上十二個。這種果子的形狀很有趣，橢圓的一端是平的（是不是就像一個裝橄欖的罐子呢？）所有的果子中，這是最可愛的一種紅色果子。多數都長得整齊，葉子芬芳，花兒可愛，果子漂亮，這植物果真樣樣拔尖出眾。

說實在的，它們不能被委屈，把它們當成山楂作為日常食物，說什麼也不行。糖罐子的果肉很乾，很硬，有很多籽，味道也不好。一八五二年十二月十八日，我看到一群松鼠居然在吃這種果子。

一八五三年十一月六日。幾乎到處都看得到它們，個個活潑新鮮，俏皮好看，而此時山楂果已經掉光了，普萊諾果也快掉光了。糖罐子樹上甚至還有些綠綠的葉子。

一八五四年二月十九日。這些果子的顏色沒那麼紅了，開始發爛。

吉羅德說：

這種薔薇樹或玫瑰樹又叫大薔薇，是非常普通的一種植物，大家都很熟悉。其用處不大，寥寥幾筆可以交代清楚：果子成熟後小孩會喜歡吃，或穿在一起當手鏈、項鍊戴著玩；廚師和主婦則用來做點心或調味品。就這些了。

這種糖罐子樹比其他薔薇科的樹都長得高，它的幼枝也很結實，木質感，較粗；綠色的葉子則閃閃發亮，並發出好聞的香氣；其花很小，五瓣，多為粉白，少數可為紫紅，並無香氣；果實形長，紅

色，形狀如同橄欖核，又像其他漿果頂部的形狀，但種植在花園裡的少見此狀。果肉結實，多絮狀物，內含小籽，一樣被硬結包裹。此地亦有類似植物之果實，但堅硬度不敵，果實內也是絮狀，多毛，被稱作薔薇球（Brier balls），近似犬薔薇的變種。

通常人稱野薔薇（Wildrose）的果實成熟後果肉味美，常被採集以待貴客，或做成點心。此物價格不菲，我總是將它交給能幹的廚師去打理。

忍冬
Woodbine

忍冬，九月三日，紫色。

蛇麻草
Hop

蛇麻草，九月六日。

美洲高山梣
American Mountain Ash

九月六日，美洲高山梣結果。

一八五九年八月二十五日。部分梣樹果變顏色了。

老吉羅德說這種果子熟要「等到八月」。

一八六〇年九月十五日。已經熟了有六至十天，大概六日就熟了。

努塔[213]說：「美洲高山梣，又叫北美羅昂樹（Roan tree of North America）。根據《一八五六年安蒂科斯蒂島[214]地理報導》（*Geological Report on the Island of Anticosti for 1856*）：結果的喬木和灌木中，當數美洲高山梣或羅昂樹最為高大，在內陸最為多見。」的確相當高大，四十英尺高呢。

檔葉莢蓮
Viburnum Lantanoides

檔葉莢蓮，九月六日。到底可以延伸多遠？檔葉莢蓮，這美洲植物中的旅行者。

九月六日，在彼得斯伯勒發現——它不像一般莢迷花的果實在成熟時呈現深藍和黑色，這裡看到的大多是紅色，體形碩大。

九月八日，在布拉特爾伯勒發現。

矮橡樹果
Acorns: Shrub Oak

橡果，九月十日。

奧斯特曼[215]在文中寫道：「橡果和胡桃過後，就換各種帶些甜味、含澱粉高的穀類和根莖作物登場了。」

勞登引用伯內特[216]的話說：「橡果這個詞，就是由『橡

---

213 Thomas Nuttall（1786—1859），英國動植物學家，他一八〇八至一八四一年曾在美國生活、工作。
214 在加拿大東部。
215 此人當時寫過一篇有關膳食改良（Culina mutata）的散文，生平不詳。
216 此人身分不詳。

樹』加『果』構成，或簡寫為『橡果』。」

一八五二年八月二十二日。看到結得一掛掛如此茂密的橡果，雖然還是青青的，有的還帶點兒白色，卻都精神抖擻，我很受震撼。這一來天下的生靈又有好多美食可以享用了！

一八五三年八月二十八日。現在矮橡樹上已經能看到大片橡果了。

一八五九年八月三十日。橡果（也有很多別的橡樹結的子）還在樹上。

一八五三年九月四日。現在矮橡樹上那些一顆顆的橡果非常壯觀 —— 油棕色的杯狀基部結結實實，上頭托著一顆綠綠的橡果，深沉的褐色和稚嫩的綠色對比鮮明。在不到三寸寬的地方，數來竟有二十四顆橡果呢。

一八五四年九月六日。顯然，現在應該趕緊採集橡果，否則就要落光了。撿來的橡果放在架上真不失為漂亮的裝飾物。由於最近天旱少雨，好些橡果都掉下。常能看到松鼠吃橡果，把空殼留在樹樁上。

一八五九年九月十二日。有些矮橡樹上的「杯托」已經空空的了，但落掉的果子並不太多。樹上有很多黃色的毛毛蟲，樹葉被蟲吃光了後，就露出那些橡果。

一八五四年九月十二日。一些黑橡樹的橡果也掉了。

一八五九年九月十三日。看到一些矮橡樹上的橡果顏色已經變深，並顯現出經線一樣的紋路，一般而言所有的橡果都還是綠的。

一八五四年九月二十二日。有些橡果開始由綠轉黃，非常漂亮。

一八五九年九月二十四日。這種再平常不過的矮橡樹只怕

是我們這裡最高產的橡樹品種了。在一枝長不過兩英尺的樹枝上，我數了數，竟有兩百六十六顆橡子。很多托杯裡已經空空如也，露出一圓形的粉紅色疤痕，倒滿好看的。橡果之前就是長在那上面。矮橡樹的種類很多，樣子也各不相同，但樹上橡果的棕色都變得更豐富，成了油棕色的吧，殼上還有些走向一致的淺棕色經線。不用擔心那些地方的金花鼠。

　　九月三十日。大部分矮橡樹上的果子都變成棕色了。

　　一八五九年十月一日。無論就樹葉的顏色還是結的果子來說，山上（松樹山）的矮橡樹現在正處於巔峰狀態。高地上或小山窪裡都看得到矮橡樹，三至五英尺高，密密地長在一起。上面那些可愛的小橡果雖各有不同，但都變成棕色的，也幾乎帶有那種淺色的經線。長在高處的枝枒上的那些葉子已被霜打掉了。而一些較矮的橡樹上，半數的「杯托」也都空了，多半還留著松鼠的牙印兒呢，真正自然落下的並沒多少。不過，仍留在樹上的那些也就即將落下，若是不信，走近俯身把那葉已落盡、霜痕猶在的樹枝拉近，仔細觀察那些「杯托」，就會看到橡果底部已有部分鬆動了，隨時都會落下。那些松鼠，很可能是金花鼠，最近可忙壞了。很多枝頭已經沒剩下什麼，往地上查找，想找到那生在灰濛濛的「杯托」中的棕色果子也不容易，因為地上到處都是和橡果顏色差不多的落葉；鋪滿落葉的大地一片灰濛濛，加上些棕色，和橡果的顏色一模一樣。就算你直接抓住一根結滿橡果的樹枝仔細看，往往會失望。在滿是橡樹的山崗上到處尋找橡果，後發現的總是比先發現的好看，也更有趣。現在真該動手採下這些矮橡樹果了。這些矮橡樹樹叢附近，總會有松鼠吃空後丟下的橡果殼，還有那些小「杯托」，裡面都還殘留一些沒啃乾淨的果肉。

米肖說過：「橡樹分布如此之廣之多，熊也好，豬也好，只要肯稍微抬抬頭就能發現那些橡果，用後腳支撐站起來就能吃到了。」

一八五九年十月二日。矮橡樹都變成棕色的了。

一八五九年十月十四日。矮橡樹上的橡果幾乎都掉光，僅剩的幾顆在樹上也岌岌可危。那些「小杯托」也乾癟了，小橡果是回不去了。

一八五九年十月十五日。有些地方倒還有半數的矮橡樹仍然掛著果。最後堅守在樹上的這些小東西非常神氣，顏色很深沉。

一八五九年十月二十一日。青杉地（Indigo Sproutland）那裡還有很多橡果沒落，顏色極深。

當年戈斯諾爾德、布林、尚普蘭[217]這些人沿著我們的海岸航行時，這裡和內陸都已有許多矮橡樹生長著，顏色深淺錯落有致。

一八五三年十一月十二日。今天看到的一些「小杯托」裡已經沒有橡果了。

紅橡樹果
Acorns: Red Oak

紅橡樹。

---

217 戈斯諾爾德（Bartholomew Gosnold），英國探險家，一六〇七年在詹姆士城建立英國人在北美洲的第一個殖民地；布林（Pring），身分不詳；尚普蘭（Champlain），法國探險家，一六〇八年建立魁北克殖民地。此三人雖然都在著作中提到過橡樹，但並沒有特別提到是矮橡樹。

一八五四年八月二十七日，很多紅橡樹的橡果已經落了。（這一來紅橡樹不感到沮喪嗎？）

　　這些橡果很大，綠色，被淺而寬大的「杯托」托著。是不是就因為這樣，那些鴿子才在樹上盤旋而不肯離去。

　　一八五八年九月八日。紅橡樹上的橡果仍是綠綠的，但被松鼠弄下來不少。

　　一八五四年九月十二日。橡果還沒掉。

　　十月十二日，紅橡樹（還有白橡樹）的橡果開始掉了。

　　一八五九年十月十四日。滿地都是紅橡樹的果子了。

　　一八五八年十月二十八日。紅橡樹的橡果多有朝氣呀！站在愛默生土地上[218]的一棵紅橡樹下，橡果不時地落下。一顆落入水中，聽到「撲通」一響，還以為哪隻麝鼠跳進水裡，連忙跑去看呢。只見地上鋪著、水面上漂著厚厚一層橡果。站在那裡，聽到樹叢裡不時傳來有物體「撲通撲通」墜下的聲音。長在「杯托」裡的那部分有點毛茸茸的，發白。

　　大自然是多麼慷慨呀！她賜予我們這麼多野果，彷彿是要給我們視覺上的享受！雖然這些橡果無法食用，但卻有利於精神愉悅，比那些能食用的果子更長久地掛在樹上，給我們久久欣賞。如果是李子或是板栗，我早就立刻弄下來吃了，而且很快就遺忘它們；它們帶給我的享受也只會是短暫的口福罷了。但這是橡果，能長期看到，就長期大飽眼福，也長期記得它們。由於它們的特異性和特殊風味，人們長期儲存它們作為備用，卻無人嘗過它們的味道，我也沒有。也許必須等待，直到

---

218 愛默生在康科德置了很多地產（包括瓦爾登湖及周邊一帶），這裡說的是哪一處不詳。

某個無以名狀的冬夜，我們才將它們放入口裡。這類我們只顧欣賞而沒有吃的果子通常都是最美味的，供眾神食用的。等到大限將至，我們才捨得敲開外殼，掏出果肉吃。

我同樣喜歡七葉樹（Horse chestnut）的果子，它們顏色和這種橡果幾乎完全一樣，形狀也並不好看多少，但七葉樹是道地的本鄉本土的樹。就如樸實本分的鄉黨—和我彼此不相識，也懶得討好我，但我有時卻偏偏惦記著它們，要去探望它們。

一八五八年十一月五日。紅橡樹的橡果掉了以後，那個本來就很淺的「杯托」看上去好像某一種見過的紐扣。

一八五九年五月十二日。紅橡樹橡果落下的地方長出了小橡樹苗。

黑橡樹果
Acorns: Black Oak

黑橡樹。

一八五九年九月十二日。少數黑橡樹的橡果掉了。

一八五九年九月二十八日。黑橡樹的橡果也像矮橡樹果那般地帶點油光。

一八五九年十月二日。基本上都變成棕色的了。

一八五九年十月十一日。看上去要不是掉了，就是被摘下了。

一八五九年十月十五日。看到有些黑橡樹上還有橡果沒掉。

白橡樹果
Acorns: White Oak

白橡樹。

一八五八年十月十二日。白橡樹和紅橡樹結果了。一顆顆

都那麼漂亮，充盈飽滿，光滑無瑕。拿在手中把玩久久，愛不釋手。

一八五九年九月十一日。白橡樹的橡果很精緻。從一處長出三顆來。

一八五四年九月十二日。白橡樹上已經有很多橡果落了下來。這些橡果很小，綠綠的，「杯托」也小巧玲瓏，總是兩顆長在一起，兩顆中間有一片小葉子；更常見的是長出三顆，像顆小星星，簡直像有人精心雕鑿的那樣精美。

一八五四年九月二十一日。地上到處都可以看到這些小星星一樣三顆長在一起的小小橡果。

一八五四年九月二十二日。白橡樹上，有些橡果已經開始和樹葉一樣變色了，或轉為粉紅，或如胭脂般嫣紅。

一八五四年九月三十日。橡果大多變成棕色了，地上四處散落。落到小路上的多在人們的腳下被踩裂或是被車輪輾碎。與其他橡果相比，白橡果大多顏色深沉，光滑度最高。

一八五九年十月二日。我注意到，幾乎大多數橡樹（濕地橡樹、白橡樹、矮橡樹、黑橡樹、紅橡樹、猩紅櫟 [219]）的橡果都變成棕色了（似乎這一來就能讓大家注意到它們了），但還有個別仍保持青綠。除了矮橡樹的果已經落了，其他的都還在樹上。站到這些樹下就能聽到橡果落下的聲音。

一八五二年十月七日。今年橡果收成一定好得不得了。在一些白橡樹下，我發現有約一蒲式耳的橡果都是不帶「杯托」的，也許它們味道會不錯。它們落了，胡桃還沒落呢。不管有沒有用處，看到這麼多橡果總是讓人心花怒放。

---

219 櫟樹亦屬橡樹類。

米肖描述這種白橡樹的橡果：「通常並不會結果很多。」

一八五一年十月八日。在 J‧P‧布朗家的麥地旁那片樹下小路上，又撿了一些白橡樹的橡果，嘗了想不到竟是甜甜的，絲毫沒有苦澀，和胡桃差不多，味道還不錯呢，怪不得最早的祖先會選擇這種果子做糧食。它們並非什麼劣質食物，實際上和麵包一樣好吃。現在生活裡又多了一種甜食，以前從沒想到這東西好吃，發現它的美味竟使我和人類第一個祖先一下拉近了，也親近了。若是我又發現草也好吃，有營養，那怎麼辦呢？大自然實在對我太友善，我的同志名單裡應該加上大自然。這樣的季節裡，即使在杳無人煙的大森林裡我也不愁吃喝了。此刻鴿子和松鼠可以飽餐無憂，我也一樣。

人們為什麼不吃橡果呢？我心裡納悶。吃到口裡，好比嬰兒吮吸到母乳的香甜。小男孩都很瞭解白橡樹，無疑他們會採摘這些有益健康的橡果吃。難道人類就不能稍微退回去一點點，過一種更質樸的生活嗎？古代的斯巴達人為了確認能否征服阿卡迪亞（Arcadia）來到德爾菲（Delphi）太陽神神殿請求神諭，得到的回答是：「問我能否征服阿卡迪亞？問得太多了。我無法保證。那裡有許多吃橡果的人，他們會抵抗的。」

還有什麼比這種生在多多納 [220] 的果子更好看，包裹更周全呢？落到地上被樹葉接住，這些樹葉和果子一樣光溜溜、油亮亮，連顏色也相近。如此度過一個下午不是很有意義嗎？又正是這個時分，你才發現它們原來那麼好吃。

第二天，我煮了一夸脫的這種橡果當早餐，卻發現熟了之

---

220 希臘西北部古代城市，曾是佩拉斯吉人（Pelasgian）禮拜宙斯（Zeus）的中心。

後有些苦，並不像生著吃那般好吃，也許是連殼帶皮煮的緣故吧。或許我能很快就適應這種苦味呢，因為我們的飲食習慣並不完全排斥這種淡淡的苦味呀。眼下，我們的食物難道不是太多甜味，而太少苦味了嗎？從前印第安人總把這種橡果放入一段圓木，再去煮。同棵樹上的橡果也不見得都一樣的甜。乾了更甜。

一八六〇年十月八日。（橡果）掉得很多。

一八五八年十月十二日。白橡樹的橡果也不斷往下掉。

一八五九年十月十一日。那些很大的橡樹下（無論是白的或黑的），好多松鼠都在收集地上的橡果。我看到那些細枝上的橡果已經被剝開了，掏空了。

一八五七年十月十七日。光滑的油棕色橡果在地上堆了厚厚一層，都是白橡樹上掉下來的，有些都發出芽了。何其迅速它們就發芽了啊！我發現有好些味道都不錯。也像野蘋果，只適宜在野外吃，不宜帶回家吃。若回到屋子裡，味道就不怎麼樣了。難道不該為了能常像在野外的好胃口而祈禱嗎？

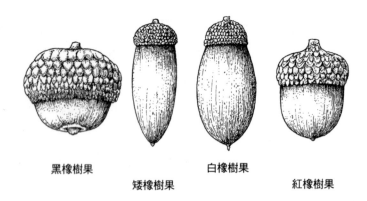

黑橡樹果

矮橡樹果

白橡樹果

紅橡樹果

一般橡樹果
Acorns Generally

一般的橡樹果實。

一八五九年九月十八日。橡果大多都是綠色的。

一八五四年九月十九日。掉到地上才幾天，這些橡果就成了深深的板栗色，很健康，亮閃閃的。

一八五九年九月十八日，這些果子掉到地上來。九月中旬前還是綠色的，也許那反而更吸引人。九月一日起，它們就稀稀拉拉往下掉，掉下的多半是被蟲子蛀過的。

從九月十五日以後到十月，是最佳摘橡果的時候，現在（十月二十六日）怕是遲了點兒。

一八五九年十月三日。一定是霜凍把堅果催熟了 —— 橡果也不例外 —— 把它們的顏色染成一片油棕色。霜凍和低溫一起聯手為橡果和板栗塗上了這層顏色。

一八五九年十月十三日。樹上看不到橡果了；大概這之前就全掉下來。要不就是今年他們結得少？

一八五九年十月十四日。顯然，所有的橡果都落了。不過今年結的橡果本來就不多。

一八五五年十月二十一日。松鼠幾乎都忙著吃橡果。

鴿子怎麼能把橡果連皮帶殼吃下去的呢？真不可思議。

一八五二年十一月二十七日。看到一顆橡果發芽了，倒著往地裡長。

一八五九年四月二十三日。這比例說出來會讓人無比驚

訝 —— 前幾天撿了五夸脫的紅橡樹橡果,結果只有三吉耳[221]不是癟的,也就是說七顆裡只有一顆是飽滿的。不知松鼠的收穫有多少,不過既然這座房子前只有這一棵橡樹,那可想而知松鼠也沒得到多少。那些癟的都是遭蟲蛀的,可以說春天還未臨,蟲子就已蛀空了四分之三。蟲子既然還在橡果裡,那不如跟秋天一樣,把撿到的都種到地裡去,而這樣做松鼠當然不會同意。

一八五九年五月二十九日。到處都可見到小橡樹了。

如果想種一片橡樹林,該怎麼辦呢?

一八五五年三月二十五日。在一些地方看到松鼠大吃雪融化後所露出的橡果。

一八五九年九月三十日。一些濕地白橡樹的橡果開始變成棕色的了。

米肖說橡樹結果並不多,而「杯托」裡一般也總是棕色的。

一八五四年九月二十六日。很多濕地白橡樹上的橡果變為棕色。

米肖這樣說到猩紅櫟樹:「通常很難將其與黑橡樹區分,二者最明顯的差異在於果仁核心部分,猩紅櫟樹的果仁中間部分是白色的,而其他的則帶黃色。」

一八五四年九月十九日。猩紅櫟的橡果是這樣的。

一八五八年十一月十日。

從附近的橡樹林裡傳來響聲,好像有人在掰斷樹枝。我抬頭看去,看到一隻松鴉在那裡啄一顆橡果。一棵猩紅櫟上有很

---

221 吉耳(Gill),體積或容量單位,用來計量固體或液體。一吉耳相當於一百四十二毫升。

多松鴉正忙著採橡果，聽到牠們先把橡果從枝上弄下來發出的聲音，然後只見牠們飛到一枝適合停棲的枝枒上，把橡果壓在一隻爪子下，使勁啄碎，同時不忘看看周圍，隨時提防敵人來犯。把橡果弄碎後，它們就用一隻爪子撮攏，一點點啄進嘴裡一口吞下，當然也不忘另隻爪子必須穩穩站立，護住這些餘下的果肉。它們弄碎橡果時發出的聲音就像啄木鳥發出的聲音。有時，橡果還沒被弄碎就掉到地上了。

一八五八年十一月二十七日。有些猩紅櫟的果實形狀像黑橡樹，還有些縱向的紋路。

一八五六年十一月十日。珀思‧安博伊那裡，所有的白橡樹和栗櫟（學名可能叫 Quercus montana）都長出小苗了。

一八五六年十一月二日。橢圓果櫟[222]結的近乎圓形的果實上有非常漂亮的經線。

米肖說美國的粉紅櫟（Quercus prinus palustris）和白橡樹的橡果，在美國是第二多的，成為野生動物喜歡吃的東西。還說尖峰櫟（Quercus prinus monticola）的果實是野生動物無奈下的選擇。

米肖還說那種很小的錐栗[223]也生長茂盛，結果多。

一八五四年九月三十日。通常畫家筆下的橡果自然不分品種的，如果畫家願意花一點點力氣，觀察大自然中橡果會因樹種不同而有所差異就好了。這些橡果的形態真讓人著迷，難怪人們會把它畫在水泵上、柵欄上、床架上。

一八五九年九月十一日。橡果的美麗遠遠超出其他果實。

---

222 橢圓果櫟（pin oak）又名落葉樹，生於北美東部的，有水平或垂掛枝條、全裂葉片和帶碟狀杯形物的小果子。

223 錐栗（chinquapin），北美洲沿太平洋海岸所產的一種常綠大樹。

地上沒見到多少，見到的也幾乎都被蟲蛀了。

橡果色是什麼顏色？難道這種顏色不是和栗色或榛子色一樣棒嗎？

一八五七年十月十六日。梅爾文[224]認為阿薩貝特河裡那些今年才孵出的野鴨就是在找橡果吃。他曾用橡果當餌，一次就捉了七隻。

在《新英格蘭觀察》中，伍德寫道：「這些（橡）樹為豬提供了飼料，每三年總有一年結得特別多。」

一八五六年九月十九日。掉到地上的橡果才沒幾天，就變成板栗般的深棕色，非常健康，閃閃發光。

一八五二年四月二十九日。一星期前，落在樹葉間的橡果就長出苗了。橡果殼開裂了，紅色的果肉上長出苗，似乎已經與土地相連而成了苗缽，如果沒有受到蟲害或松鼠傷害，可能就會長成一棵大樹，日後形成一片橡樹林還有望呢。

一八六○年九月二十六日。風雨輪番相逼，白橡樹和別的樹上都連果帶葉地大量落下。

一八六○年十月七日。在赫巴德嶺（Hubbard's Grove）東南方，看到一棵白橡樹，雖然不高，樹冠卻不小，上面結滿了橡果，正紛紛落下。敲敲樹幹，橡果就像雨點似的打下來。也許因為受了霜凍，它們都發了黑，夾雜在綠葉中，形成非常簡單卻美麗的對比。落到地上、沒有被樹葉接住的橡果已經開裂，長出小苗。不過此刻，大多數的還在樹上。

一八五二年六月三十日。矮橡樹的果有豌豆那麼大。

《加拿大歷史》（*History du Canada*）的作者薩加德說：

---

224 梭羅好友，住在康科德，喜歡打獵釣魚。

一六二九年，魁北克大饑荒時，英國人恰恰又在這年占領了這座城市，當地居民只好用一種叫西格魯姆（Sigillum Salomoris）的植物的根做麵包，或者加上橡果和大麥粉做飯。他們用水和火山灰將橡果煮開兩次以去除苦澀，然後磨碎，摻在大麥粉裡做成飯，還挺稠的呢。

釉彩延齡草
Painted Trillium

　　九月七日那天看到一次釉彩延齡草（Trillium pictum）的果了，就在這裡，就這一次，在地勢較高的地方。它能持續多久呢？

　　一八五二年九月七日。還看到紅果延齡草（Trillium erythrocarpum）結著很大的紅果子。

藍果樹
Tupelo

　　藍果樹，俗稱酸口膠（Sour gum）或黑口膠（Black gum）的果子開始結果是九月七日。

　　九月十一日，一眼就看得出藍果樹的果子這時結得最多。一八五九年十月十九日。果子全落了；才多久就落了？米肖說「果實十一月初開始熟」，葉子掉光後果實就是「紅胸鳥」[225] 的美食。

---

225 紅胸鳥（red-breast），即知更鳥。

一八五七年九月七日。我看到的果子都還是綠色的。

一八六〇年九月七日。赫巴德嶺上的藍果樹上幾乎看不到果實。會比去年的種子少。

一八五九年九月十一日。曾看到赫巴德嶺的湖邊，那些高大的藍果樹結了很多，而現在都熟了，無疑是最佳狀態——橢圓形，個兒不大，深紫色，藏在正在變黃變紅的樹葉中，往往兩三顆一起掛在細長的果梗上。這種果子味道很酸，果核又大，可是知更鳥卻不棄不離，顯然很中意這些果子。藍果樹及果實名氣並不大，樹沒長大時還會被人當成梨樹。

一八五四年九月三十日。山姆·巴瑞特（Sam Barrett）家後的那一棵藍果樹上所有的葉子都變紅了，上面曾結過很多果子——小小的橢圓形紫色果子（格雷說是藍黑色）——現在只剩下為數不多的果子了，都還沒熟。

一八五九年十月十九日。果子全落了；才過多久就落了？

鐵路旁有一棵又大又高的藍果樹；在斯泰伯爾家濕地還發現一片藍果樹的小樹林。

白松
White Pine

白松的松果九月九日鱗片打了開來。

一八五五年一月二十五日。查看撿回的一顆白松果底部，我發現有五道（為一簇針葉的數量）呈圍繞的放射狀鱗狀物。

一八五五年三月六日。撿到一顆白松的松果，長約六英寸半，近基底部有約二又八分之三英寸粗，近果頂處有約兩英寸粗，鱗片都打開了。和橡果顏色一樣是那種飽滿豐富的棕色，但轉動它就會看見棕色不同的色差變化——從上往下看是淺淺

的灰色或灰棕色，有些像沒上漆的木頭（或像淺棕色的果子爬上了一些灰色的苔蘚），打開的鱗片上還有幾條深色的紋路，每片鱗片尖都有一滴松脂。（一八五六年十月，有人告訴我，說他們就拿這種松果當引火的材料。）再仔細觀察，就發現鱗片的頂端（也就是它掛附之處）是深棕色，下面是淺棕色，非常明顯的淺棕，靠近頂部的中心部分也有如上述的深棕色紋路，有些還看得到一種錨狀物支撐著。

一八五五年十月十六日。是誰把它們塑成如此漂亮的錐形？

一八五五年十月十九日。看到最後的一些白松果，鱗片都打開了。

一八五五年十一月四日。雖然一個月前就開始尋找了，但還是沒發現白松果。九月一日看到過。鱗片都打開了，落了。

一八五〇年六月。今年的才長出一點點來，去年生的松果則有兩寸長了，在樹頂最高的枝頭上掛著，像新月低低垂著。這是在鄭重提醒你：這種原產於熱帶的樹也結了果呢。

一八五九年八月二十二日。過去的一個星期裡，松鼠已經弄走了很多仍是綠色的松果。九月一日，地上滿是松果了。

米肖認為松果打開的時間是十月一日左右。

一八五六年十月八日。終於，在愛默生家的那塊三角地（Heater-piece）[226] 上，發現樹下有白松的松果。它們都打開了，健康的種子也都散播了出去。所以想收集就要在九月。每一片鱗片的頂端都有新鮮的松脂。

一八五七年九月九日。下午上山去撿白松果。沒幾棵樹上

---

226 這塊地產就在劍橋，靠近史密斯小山。根據《牛津英文詞典》（*Oxford English Dictionary*），Heater-piece 就是三角形的一塊地。

看得到，當然它們都結在樹的頂端。我只能爬到那些十五到二十英尺高的小樹上，左手把緊樹幹，用右手摘那些在枝頭搖晃的松果。這些松果綠綠的，像泡菜一樣。松果上溢滿了松脂，我的手很快地也沾滿了松脂，手指黏糊糊的，想把採到的松果扔下都難。好不容易採夠了，我就從樹上下來，又把扔下的松果撿起來。可是手太黏糊，根本不能拿筐，只好把它夾在胳膊下；脫下的外套也無法用手撿起來，只好用牙叼，或用腳鉤起來再用胳膊接住。於是，我在樹林間忙進忙出，用溪水甚至稀泥漿洗手，一心想把手上的松脂洗掉，卻沒有成功。這玩意兒大概是最黏的了，我也沾上找白松果這事了。說實話，我想不出為何松鼠可以咬開這些松果，掀開一層層鱗片還能讓爪子不被松脂弄得狼狼不堪。牠們準有什麼法寶來應對這種松脂，所以能應付自如而無半點不便，只是我們不知道那法寶。我願意拿一切來換取這法寶的祕方。要是能和一群松鼠大哥商量，請牠們幫忙在樹上扔下松果，那我可以撿得多快呀！或如果有一支八英尺長的大剪刀，我只須站上架子就能採集到，那該多好！板栗不好摘是因為有外面那層毛刺，而松脂比那層毛刺還難應付。

有些松果已成棕色，很乾燥，鱗片也半開了，不過這樣的多半沒有種子，且有蟲蛀過。

撿回的這些松果在我房裡散發著酒香，就像我屋裡放了一大桶酒或蜜糖，很多人會喜歡這種氣味。

總而言之，我發現採集松果是賺不到錢的，因為誰也比不過松鼠呀。

一八六〇年九月十六日。在約翰·福林特家的草場上，看到松鼠扔下的一些松枝下壓著一些綠綠的松果，鱗片還沒打開

呢。而樹上的很多都要打開了。一個星期內就會完全打開。小樹林裡，地上都是白松果，都沒打開，顯然是剛剛被松鼠扔下的，且大部分都被松鼠剝過，牠們從基底部剝了開，就像牠們剝北美脂松那樣。看得出來，松鼠現在忙著要把所有樹林裡的白松果都摘回家。也許牠們會在板栗毛刺開裂之前把這些松果分頭儲藏起來。

一八五七年九月二十四日。在馬里安姆家的松樹坡上，到處都是松鼠扔下的白松果，幾乎都是綠綠的，還沒打開呢，但是也幾乎個個從底部、甚至整個都被剝開了。從現在起一星期內，都是收集這種松果的絕佳時候。

一八五七年十月六日。走在愛比·赫巴德家的樹林裡，看到地上有成千上萬的白松果，個個新鮮，淺淺的棕色，剛剛打開，露出了松子，斜躺在泥裡。我想這些松籽大把大把吃起來一定很有營養，也很香。

兩三個下午的採集後，把一蒲式耳的松果帶回家，但還沒能把松子弄出。實際上，這比藏在毛刺後的板栗更難弄出。看來除了等松果自己打開，讓松子和松脂自然地一起出來外，別無他法。

一八五九年九月一日。地上有很多還是綠綠的白松果。

一八五七年十一月二十五日。一棵白松樹下，有一堆松果的鱗片，有好幾夸脫呢。

一八五八年十月二十九日。鱗片打開很久了，但松子還很難取出。

一八五九年三月二十一日。最近被風吹落了一些，看來到二十四日就要全部落下了。

對於不被認為有用的這些松果，我們幾乎從不注意。幾乎

沒有誰關心過這些熟了之後撒在四處的種子。好年成裡，那些六到十英尺高的大樹樹頂幾乎被這些果子染成一片棕色，松果們就錐尖朝下那樣地掛在樹枝上，並微微打開。就是在遠處望去也很壯觀。如果站到高處俯視這樣的樹林，那更是令人讚歎不已——要知道，我們並沒想到這種樹也會如此果實纍纍呀。我偶爾會去林間，就為了要看看這些松果，就像果農十月到自家的果園一樣。一八五九年的秋天，白松結果特別多，不光這一帶，據我觀察，周遭鄉間——遠至沃塞斯特——都如此。哪怕站在半英里外，都看得到被松果染成棕色一片的樹林。

一八六〇年九月十八日。看到松果打開了，但也可能都是很老的。我敢肯定沒有今年結成的。也許去年它們太嫩，所以今年才打開。

一八五九年九月二十八日。庫姆斯[227]在他家鴿籠裡發現很多松果。

野扁毛豆
Amphicarpæa

大概是九月十日看到野扁毛豆的。

在一條田埂的洞裡發現的。

野毛扁豆半熟了。一個豆莢裡有三顆小豆，豆上有小黑點。

---

227 此人經常與梭羅結伴行走，梭羅日記只提到此人姓氏。據有關描寫，此人喜歡打獵。

鹿草

Rhexia

九月十日，鹿草開花，花形呈杯狀。

這種紅色杯狀的花朵遠看更美，像一個個小小的水罐，線條流暢優雅。它們染紅了低窪的地方。

金縷梅
Witch Hazel

金縷梅結果了。九月十日。

九月一日，我採到一些金縷梅結的堅果，形狀特別，結得很密，裹著一層黃灰色的殼。我把這些果子連同綠色的葉子一起採回家，放在我房裡。裂開後的果子露出兩粒種子，橢圓形、黑亮亮的。第三天半夜裡，聽到不斷有什麼東西爆裂開來滾到地板上。早上才發現，原來就是放在我桌上的那些金縷梅堅果幹的事。堅果一個個裂開，堅硬的種子就一粒粒蹦到地板上，滾到房間另一頭。就這樣接連幾天，這些種子蹦到我房間的許多角落。顯然，不是果子一裂開種子就馬上蹦出來的，而是後來種子自己飛出來。因為我看到許多裂開的果子裡，還有種子躺著：那些種子就緊挨在果子的基底部。我甚至用小刀從果子上方劃開，打開一看種子依然貼著基底部。所以我說種子是自己飛出來的。光滑的基底部似乎被果子堅實的殼緊緊壓出了，最後終於把種子噴射出去，就像將某樣東西夾得緊緊的然後一下鬆開，它就會嗖一下地飛出去。這些種子可以飛到十或十五英尺遠。

一八五九年十一月十九日。很多金縷梅果還沒有熟。

岩薔薇
Cistus

　　岩薔薇開花，九月十二日。

　　一八五九年九月十八日。開了好幾天，現在有些已結子落掉了。

　　一八五六年十二月六日。這種東西有好多小刺。

龍葵
Solanum Nigrum

　　龍葵，九月十四日。

　　一八五六年九月十日。新罕布夏的沃爾坡，龍葵果綠油油的。

　　一八五六年九月二十一日。顯然，克里夫這裡的剛剛成熟。

　　一八六〇年九月二十一日。布拉德家地裡的龍葵已經熟了一星期或十天了。

豬屎豆
Crotalaria

　　豬屎豆，九月十五日。

　　一八六〇年九月十八日。狄普卡特地上的豬屎豆嘩啦啦響的豆莢開始變黑，響了三、四天了。

　　一八五六年十月三日。穿行在魏曼家後面的草地時，發現了豬屎豆，豆莢裡已經結子了，嘩嘩響。就像印第安人腿上戴的飾物那樣，又像響尾蛇的聲音。科學家給

它起的名字就有這個意思。

　　一八五七年十一月一日。走在狄普卡特西邊的地勢高的地方，在收完麥子的地裡踩到什麼細聲作響，這一來就發現豬屎豆了。發現金錢草是因為它們的豆莢黏到我身上（它們就像硬要派發傳單一樣，急於宣傳自己），而發現豬屎豆是因為它們聲音傳到我耳裡。那聲音不大，而若是我聽到了，就知道一定有豬屎豆，於是返回去，一下就找到了。這一來，這個冬天我就很注意聽那些種子在豆莢裡摩擦作響。不過風吹時，長在野草叢裡的那些藍黑色豆莢發出的聲音更好聽。這年晚秋，這樣用腳踏之後再循著聲音找去，靠這種方法發現了許多混跡在野草中的豬屎草，都是農民沒有收割的。說不定，許多吃豬屎豆的動物也是靠這種聲音才找到它。同樣的，聞到它們發出的特有臭氣也能找到它們，被腳踩碾過後，它們就會發出臭味。就如檀木會發出香味提醒樵夫一樣。

　　一八五八年十月三日。走在狄普卡特，又發現一個有豬屎豆的地方，那些藍黑色的豆莢現在熟了，掛在那裡晃蕩。它們長在狄普卡特灰色的沙地山坡上、低矮植物之叢間，顯得非常好看，也吸引我的注意。豬屎豆豆莢的長度是整株植物的十二分之一，而正是長在黃色沙地上，這些藍黑色的豆莢才被襯得非常搶眼。

　　說來有趣，這種東西非得找到合適的土壤才肯傳播種子。有一年我在大田裡看到，感覺為數不多。第二年又在一個意想不到的地方發現它們。就這樣如麻雀遷徙，從一塊地裡到另一塊地生長。

　　我只在光線充足的沙土地上見過這些東西 —— 在那裡，它們一心一意生長、結果。

沼生菰
Zozania

沼生菰[228]，九月十五日。

一八五九年九月十五日。這種野生稻穀的穀粒仍然還是青青的。

一八六〇年九月十六日。有的還沒成熟，有的已經黑了，大多已經倒伏了。

一八五八年九月二十五日。還是綠色的。

一八五九年九月三十日。大多都倒下了，要不就被昆蟲或些毛毛蟲吃了。不過還是看到些葉子仍是青色，而穀粒已是黑色。

各種野草
Weeds And Grasses

九月十五日各種草的籽都熟了，撒下了。

既然人們心裡只有馬鈴薯，那大自然就準備了許多像苦艾呀、藜屬呀，還有莧屬的一些草，好讓鳥兒有得食。由於收割後的農田久久無人打理，就被秋天的野草占領了，毫無章法，鋪天蓋地。既然馬鈴薯該收穫，那麼在此度過秋、冬的鳥兒也可以來收穫草籽呀。這些草在耕種過的地裡才長得好，大自然也就做了這種安排，利用我們的懈怠讓這些野草也能豐收，年復一年，永不休息。

一八五九年九月二十五日。我自己的園子裡長了些模樣橫行霸道的草，整株草幾乎是稻草黃。也許是十五日和十六日的

---

228 原文是 Zozania，應為 zizania 的誤寫。

霜凍所致，現在它們枯萎了，發白得像玉米，成百的麻雀飛來吃這種草。看來使玉米發白的霜凍也會讓很多草發白。

毛櫸
Beech

九月十五日，毛櫸結果了。

斯普林[229]在《森林的生命和樹》一書中寫道：「由於餓得不行了，熊經常爬到毛櫸樹上，把沒有熟的堅果採下吃了。我在自己屋後小樹林散步時，就多次看到一些樹頂部很粗的樹枝都被折斷了扔在地上，有的直徑有三英寸呢。都堆在樹幹四周，形成方圓五十英尺的一個大圈。」

一八五三年十一月二日。毛櫸樹上有很多果了，也有很多刺囊仍是空的。地上的毛櫸果也不少，可就是沒發現裡面真有果肉的。

一八五三年六月十二日。貝克家的後山上有一棵高大的毛櫸樹上結滿了果。毛櫸樹的果子在這裡能一直這麼好嗎？一八五九年撿到一些很好的果子。

一八五九年十月一日。毛櫸果的小刺囊裡大多都是空的，還沒長好呢。我還是採到了些飽滿的毛櫸果，裡面有果肉。大概此時這種果子長得最好。

一八六〇年九月十八日。那些刺毛球都變成褐色的，但還沒從樹上掉下來。放在我房裡的那些都自己開裂了，裡面

---

229 美國作家，其餘生平不詳。

卻空空如也。

一八五九年九月一日。那些毛櫸果的小刺囊裡大多都是空的，不會再長什麼果肉。我還是採到些飽滿的毛櫸果，裡面有果肉。此時大概是這種果子最佳時期。按米肖的說法，紅毛櫸的果子應該在十月一日熟。

秋薔薇
Late Rose

大概是九月十五日看到了秋薔薇的果。

一八五四年一月三十日。懸鈴木樹叢中生長的秋薔薇果還是那樣精神抖擻地興盛不衰。

一八六〇年十月二十八日。薔薇果一如既往地俏皮，尤其是在斯派克山緊靠史密斯家那裡的石頭丘上的，特別討喜。

一八五三年十一月十一日。河邊的秋薔薇果還是那麼茂盛。

一八五〇年十二月十四日。羅靈湖（Loring's Pond）邊的草地上，有一大片野薔薇，品種也很多。像冬青樹一棵貼著一棵長在那裡。

一八五四年二月十九日。雖然秋薔薇的果子總顯得多少有些不耐風寒，卻仍然通紅、漂亮，別的薔薇果已經落了，它們還在枝頭。糖罐子的果子已經退色，並開始爛去，而秋薔薇仍立在懸鈴木的樹下，朝氣十足，果枝果梗都挺直著。

一八五四年三月四日。河邊的秋薔薇果被某種動物的糞便弄髒了，但還是很茂盛。

熊果
Uva-ursi

熊果，九月十五日。

一八五三年三月二十二日。小小的漿果長出來了。

一八五四年八月十四日。開始要變熟了。

一八五五年七月十六日。鱈魚角一帶的熊果轉紅了。

一八五六年七月三十一日。有一顆熊果熟了。

一八六〇年九月二十三日。熟了。

一八六〇年八月一日。長成形了，但沒變紅。

勞登說：「熊果的果肉多但苦澀，在英國吃它們的是松雞一類的飛禽；而在瑞典、俄國和美洲，以它們為主食的是熊。」

濱梅
Beach Plum

濱梅結果，九月十五日。

一八五七年六月二十日。在鱈魚角和一婦人交談，她說濱梅顯然比櫻桃好。

一八五七年七月六日。看到的濱梅並不多，看到的也都被橡皮蟲啃成半月形了。

一八五七年九月十九日。濱梅快要熟透了（與一八五九年九月十二日所見相同）。

一八五七年九月二十日。濱梅現在熟透了，而且特別好 —— 和人工種植的梅子一樣好。我在克拉克家的屋後採了一小捧，深紫色的果子帶著果霜，大小彷彿一顆大葡萄（不過

更加橢圓，大約四分之三英寸寬，也長點）。

從緬因海岸往陸地的四十英里內，都有濱梅分布。

馬利筋
Asclepias Cornuti

馬利筋，九月十六日。

最早成熟的馬利筋的莢果
大約在九月十六日就飛起來了。在
飛行中播撒種子則是在十月二十日到
二十五日。（甚至到春天，我也見過它們
飛來飛去）這種莢果很大很厚，上面依附著刺
毛，刺毛向四面八方伸去，就像華貴的飾物。如果把莢果打
開仔細打量，會發現它猶如一個小盒子，或更像一條獨木舟。
乾燥後，它們就飛得更高，沿外側的縫開裂，把種子撒出來。
這些種子棕黑色，扁平，上面也有些短絨毛，利於飛行。這
些短絨毛就像沒有半點污漬的絲線層層疊疊摞在一起，然後
剪得斷頭朝上，難怪孩子們叫馬利筋種子「獅子的鬃毛」或
「絲綢魚」。的確，它們看上去還真像一條身子團團、頭部
棕色的銀魚呢。

這些種子像一匹匹絲綢，擠在一個外有柔軟刺毛的細長
莢果裡，一個莢果有時竟可容下兩百粒（我數過，一次有
一百三十四粒，另一次兩百七十粒）。這些小種子形狀像梨，
絲毛則憑藉插入種子核的另一端供給營養，隨果核分裂這些
絲毛之間也會分裂，大約一至兩次吧。

就果實大小來說，若種子成熟，不再需要從植株上吸取
營養，它接下來就會開始萎縮。莢果漸漸脫水以後，加上霜

凍相逼，就開裂了。這一來，那些種子飛了出來，有的還打開棕色鱗片好似渾身長了刺一般，而曾供種子養分的絲毛現在則發揮了浮筒的作用，像蜘蛛網般托起這些種子飄浮到遠方。就這樣，這些遠比最精美的絲線還要精美的絲狀物一下變身為托起種子飛翔的工具。

通常下過雨後，馬利筋的莢果開裂 —— 接連幾場陣雨，莢果從下面裂開，露出部分種子。因為這些絨毛原本彎曲緊貼著纏繞在種子上，所以種子上部外側的絨毛先舒展開來。莢果愈來愈乾，裂口也愈來愈大，於是先露出的部分種子會率先脫離莢果。這時那些絨毛成了長長的纜線，就等著放船兒出發。一陣風吹來，這部分種子就順勢飛出莢果，這些絨毛又會變乾並組成一片網，像浮筒那樣幫助種子飛遠。這時飛出的種子團會有拳頭那麼大。鄰居會說：馬利筋像要把自己甩賣掉一樣。

極少數的種子飛不了多遠就掉到地上，但等大風再起又能飛起也未可知。再過一小會兒，就會發現其他的種子已完全打開，裡面只有個褐色硬核。種子的表面很光滑，顏色是淺淺的乾草色，像非常精美的床單一樣裹住了核。

九月底，打開閣樓的床，坐在窗台上，會看到眼前飄浮飛過許多馬利筋屬的其他類美麗種子，其實這些小東西裡頭已經空空的了 —— 不曉得四周鄰居家的院落裡長了多少馬利筋草。我在田野的窪地裡看到過這類植物，或許因為這裡風不大它才得以安身。那些長在平原和山頭的往往更能不費周章就憑藉強風把自己的種子帶往遠方，長在平靜窪地的則似乎與世無爭，懶得和長在別處的分高下。

一天下午，從康南頓過李家橋（Lee's Bridge）到林肯郡，

要經過米塞利山（Mount Misery）[230]，在那裡的克萊馬蒂河旁一處不大的草地上，看到馬利筋傘形花序頂生的果，現在都衝著天開裂了。我把一些種子掏出來，發現其中部分的絨毛很快就一下彈開並伸展，隨即就形成一團團半圓形的平面，但彼此並不相連，根根都銀光閃閃。有了這樣的絨毛翅膀，那些種子就能不受氣流影響飛得平穩。我把手中這些種子放開來，讓它們飛到空中。起初它們好像還摸不清方向，只是緩緩升起，被看不見的氣流弄得左右搖擺，我還擔心它們會像失事的船一樣相撞而掉下來呢。可是這樣的事沒有發生，眼看快要掉下來了，又被更有力的北風托起，馬上升高，飄過了戴肯·法拉爾加的小樹林（Deacon Farrar's wood），盤旋升起，升起，繼而飛得更高，一直到離地面一百英尺高的空中，然後向南飛去，我看不見它們了。

就像勞里亞特先生[231]麻薩諸塞的好友關注勞里亞特升向空中一樣，我也那麼認真關注這些飛高飛遠的種子。說實話，它們落到地面並不會有什麼危險，天黑後空氣潮濕冷凝，那它們就落在樹林間適宜生長的土裡，也有可能又被什麼氣流帶到偏僻谷地，這趟旅行才算到此結束。然後，它們發芽生長。

就這樣，一代又一代，馬利筋長遍了這裡的湖畔、林間和山頂。它們的播種方式多像那些形狀各異的熱氣球一樣飄向各地！有多少億萬計的種子就這樣任風兒吹著飛向四面八方，飛過山崗、草原和河流，在風平靜下來之前，它們行經多少路

---

230 梭羅手稿上註：「一八五七年九月二十四日」。

231 Louis Anselm Lauriat（？—1858），一八〇六年從法屬西移居麻薩諸塞州。一八五三年七月十七日，他乘熱氣球升空，此後十三年間他又多次（近五十次）乘熱氣球升空。

途？才在新的地方安身立命，誰能算出它們穿越過多少英里？我算不出，也弄不明，但新英格蘭長出的種子可能會在賓夕法尼亞落地生根。不管怎麼說，就是覺得這些種子的冒險旅行有趣，無論是否成功都很有意思。為了飛得更遠，那些絲毛花了整整一個夏天讓自己日臻完美，並嚴嚴實實包裹在種子身上，靜靜躺在莢果裡。就為了秋天來臨可以飛遠，不，一直飛到來年春天。丹尼爾[232]和米勒[233]這些先知聲稱世界就要在今年的夏天毀滅了，看到這些飛來飛去的馬利筋種子後，難道有人還會相信這預言嗎？

我帶了兩顆已經開裂的馬利筋莢果回家，這兩顆莢果裡每天都會蹦出一些種子，看著這些種子慢慢盤旋飛向高空，然後消失在天涯盡頭，令我感到非常有意思。無疑，從它們升空的速度可以測出空氣的濕度。

快到十一月底時，眼看就要下雪，卻在路邊看到些馬利筋莢果，裡面已經沒有那些絲線般的東西了。看來過去幾個月裡，這些莢果把種子撒了乾淨。

 ## 寒熱樹
Fever Bush

九月十六日。寒熱樹的果子熟了。

一八五四年八月二日。康南頓的寒熱樹果子還得等兩到三個星期才會完全熟。

一八五七年九月十六日。有些已經熟了。

---

232 見《聖經‧舊約》的《丹尼爾書》第七至十二段。

233 William Miller（1782－1849），曾預言耶穌將於一八四〇年三月二十一日重返人間。其信徒為米勒教派（Millerites）。

一八五八年十月五日。寒熱樹的葉子全都變成明亮的檸檬黃，襯托得樹上紅紅的果子更鮮豔。

一八五四年九月二十四日。寒熱樹上的果子大多通紅了，但還有些仍然綠綠的。和大多其他漿果相比，寒熱樹果的味有些辛辣，讓人彷彿身處香料群島[234]上。那種味道就是柑橘皮的味道。十月十五日，沒看到樹上有果子。

一八六〇年九月二十一日。一星期前已經有熟的了，但大片熟還得等一段日子。嘗了一下，俱是柑橘皮的苦辛味道，幾乎都結了果。我認為這種熱帶來的植物就算開花也開得少──在溫帶並不多見。

山柳菊
Hieracium

山柳菊的絨毛在飄舞招搖。九月十八日。

九月中旬，山柳菊很多花都遭到霜凍襲擊而凋零，這一來也就只看得到籽了。九月十八日，有兩三種屬於山柳菊的草已經撒種了。秋天的樹林裡，這些黃色的小球狀果子很有特色，引人注目。就像幾個月前，五月天裡草地上的蒲公英一樣。

---

234 香料群島（Spice Islands）就是摩鹿加群島（Moluccas），為印尼東部、西里伯斯島和新幾內亞島之間的一組群島。葡萄牙人於十六世紀初期發現，並定居於此；十七世紀被荷蘭人攻占，從而將群島作為香料貿易的基地。

香楊梅
Sweet Gale

香楊梅結果，九月二十二日。

一八六〇年九月二十二日。從費厄湖（Fair Haven Pond）回來，見到河邊草地上很多香楊梅的籽都在水下結冰。那些種子都是被大水沖到那裡的。我的手指也被它們染上了色。原來，它們也就被定格在那裡，但有的還在那兒輕輕波動，似乎在刷洗自己。

一八五四年三月五日。納特草地（Nut Meadow）上游部分的溪流邊，層層長了很多香楊梅。幾乎伏在水面生長，所以常常被水沒過或是把水面遮蓋。

一八六〇年九月二十一日。

這裡的水不深，卻黑黑的，髒兮兮的，水下就是爛泥。這裡的香楊梅可都結果了。這些馬醉木類植物本是水中生長，白人來之後就被逼到水邊安身。

一八五〇年十二月十四日。在羅玲湖（Loring's Pond）上的一個小島上，發現水邊冰層下有一些低灌的植物，發出帶辛辣的香氣，就像香蕨木（Sweet fern）那樣的氣味，而且根蔓纏繞，婉曲動人。我打撈出那上面的果子，擦乾後打量，看起來很乾燥，但摸起來滑膩膩的，在我手上還留下一些黃色的污漬，好些天後才洗得掉。於是那幾天裡，我手上就有股藥味。

一八五一年八月十九日。納特草地溪流邊的香楊梅，綠

中帶黃，還沒有那種油膩膩的東西。

一八五九年八月二十八日。看到香楊梅的果子變黃了。

一八五七年十一月十九日。穿越了一片已經結冰了的草地（不是 J·赫斯邁家的就是魏勒家的地產），走到阿薩貝特河邊。一路上都聞到香楊梅的氣味，令人愉快的氣味。

說到香楊梅，吉羅德寫道：「枝頭上先長出很細嫩的葉子，然後再長出成排的小花朵。」

鐵線蓮
Clematis

鐵線蓮，九月二十二日。

一八六〇年九月二十二日。長出羽狀複葉，但還不夠明顯。第二天，在康科德的就長出羽狀複葉了。

到九月底，鐵線蓮的羽狀複葉都長出來了。又過一個月，葉子幾乎掉光，都落在一棵矮矮的樹上，乍一看還以為這棵樹開滿了白花呢。在《自然學者學報》（*The Journal of Naturalist*）上，有人發表文章說這是英國的品種：「在河岸邊的老鼠洞洞口常可見到它們帶著羽狀葉子的枝幹，也許其果實可以在艱難時期成為老鼠的糧食。」

穗花冬木
Panicled Andromeda

穗花冬木，九月二十四日。

一八五九年九月二十四日，開始變褐色。

一八五六年十二月六日，我很興奮地看見穗花冬木結的棕色果實，就在沼澤地附近——堅硬、乾燥、不可食，跟這個季

節很相稱，整串穗狀的莓果姿態俊美，果實構成的特質就是為了可以持久，通常能在枝頭上延續兩季都不掉落，只漸漸呈現深一點的顏色或變成灰色。堅忍的穗花冬木最適合嚴酷的季節。

馬納許考特勒（Manasseh Cutler, L.L.D.）曾在美國學術研究報告（*American Academy's Reports*）中提到這個植物，他寫道：「白花冬木，開著白色的花，六月常見於沼澤地……常用來製作曬魚架，由於木質堅硬、韌性高，在各種灌木的種類中最適合作為這個用途。」至於另一段關於林仙科植物的描述：「林仙科，橢圓形花冠聚集成穗狀。」他說，這段引自卡爾林奈（Carl Linnaeus）《自然系統》（*Systema Naturae*）一書中的描述，實際上指的是另一種長於南方的酸模樹。

胡枝子
Lespedeza

胡枝子，九月二十五日。

七葉樹
Horse Chestnut

看到七葉樹結的堅果，九月二十五日。

一八五九年九月二十五日。這些堅果撒落在路邊。形狀簡單但色彩好看，就像一小塊桃花心木，還帶點兒紋理和曲線。

賓州楊梅
Bayberry

賓州楊梅，九月二十一日。

一八五四年九月十六日。妹妹在普林斯頓看到很多賓州楊梅。

一八五九年九月二十四日。雖然還沒有灰到鉛灰色那種程度，但明顯都熟透了。這裡這種東西不多。葉子還沒掉，也還沒變色。倒是在葉子已紅並開始飄落的越橘樹叢或鳳尾蕨裡，很容易發現它們，因為它們還是綠綠的。

一八五九年十月十五日。都沒了。全被鳥吃了。

一八六〇年九月二十一日。也許熟了吧，但是按說熟了顏色會更灰更濃。果子看上去也沒這麼多水分，應該皮皺皺的呀。

斑葉毒芹
Cicuta Maculata

斑葉毒芹，九月二十五日。

比奇洛說過：「就算在野外要餓死了，植物學家也不敢隨便採摘身邊那些自然生長的、有複傘形花序的水中植物充飢。但看到禾本的植物，或看到結著圓圓的果子的另外一些形態的植物，植物學家會考慮採食，因為這樣的植物外表看上去不像有毒的。」

一八五九年十月二日。那些複傘形花序的果子落了，播下了種，看上去很漂亮。斑葉毒芹就是其中之一。花序的凹面平展鋪開。各種複傘花序就像天空裡的那些星星那樣。它們和星星心心相通。

椴樹
Bass

九月二十九日，看到椴樹結果。

一八五四年九月二十四日。果子乾乾的，棕色。

一八五六年一月二十七日。德比鐵路橋河裡的雪上有堅果，我認為就是椴樹的，大概是從上游漂過來的。

一八五九年九月三十日。有些椴樹果變成棕色了。

米肖說，十月一日左右椴樹果熟了。

美洲懸鈴木
Button Bush

懸鈴木的果，九月三十日。

一八六〇年九月二十七日。這些小圓球幾乎沒露出半點紅色。

一八六〇年九月三十日。昨天一場霜凍，結果它們都變成紅色的了。

一八五八年十月十二日。看到那些樹葉落了大半的樹上，小圓球伸出頭來了。顯出紅色或棕色，比起一個月前看到的要深沉多了。

金鐘柏
Arbor Vitæ

金鐘柏結的毬果，十月十一日。

一八六〇年十月四日，和十月一日看到的一樣。

糖槭
Sugar Maple

糖槭，十月一日。

一八六〇年。十月一日，一場非常大的霜凍後，所有的

槭樹果都變成棕色。

一八六〇年十月八日。都成棕色的了——翅果的翅也罷，果也罷，都是棕色的了。就是十月一日非常大的那場霜凍將它們催熟。

一八六〇年十月二十五日。小樹上的葉子都落光了，槭果還在樹上。

一八六〇年六月十九日。看到一些還沒長大結子的槭果已經掉到地上了。

木槿
Hibiscus

木槿蒴果，十月一日。

一八五六年十月四日。果莢裂開，種子落下了。

玉米
Corn

玉米長好了，十月一日。

大約九月一日或更早些日子就看到人們動手打掉玉米頂端的葉子。

八月初，結了玉米，綠綠的。

記得有人把煮熟的玉米拿到人多的地方去賣，還冒著熱氣呢。父親則告訴我，當年黑人婦女把煮好的嫩玉米頂在頭上，拿到城裡賣，白人則叫住她們，現買現吃。

九月一日左右人們開始打玉米頂上的葉子，打下的葉子堆在地上，看了讓人想起人群聚集的地方，扔在地上的玉米皮。

到了九月底（或十月初）人們開始砍倒玉米稈，收成玉米了。有的年成裡，甚至到十一月中旬還可以看到地裡還有沒砍下的玉米。

吉羅德說：

這種火雞麥（即玉米）的稈和蘆葦的相似，裡面是一些海綿狀有小洞的組織。每棵稈高五到六英尺，有些結節，靠根處較粗，多呈紫色，往上漸漸變細。玉米葉又寬又大，也和蘆葦葉一樣中間有葉脈。玉米頂部和蘆葦一樣長出穗，分成多縷垂向四方，穗裡沒有種子，但有花粉。玉米的花或白、或黃、或紫，這也決定日後結出的玉米粒顏色。玉米粒結在玉米芯上，玉米芯從結節處長出，一株玉米稈可結棒四到五根。玉米棒外裹有數層葉狀物，如裹上箔，稱之為玉米皮。玉米棒頂露出一些柔軟細長的鬚狀物，就像香薄荷上的那種細流蘇般的鬚一樣，不過更長更粗。這些玉米鬚貼著玉米粒長在玉米芯上。玉米粒很大，有豌豆那麼大，一側緊貼玉米芯，朝外的一側圓形，顏色或白、或黃、或紫、或紅，每一圈有八到十粒，味道略甜，很不錯。玉米的根很多，很粗，根鬚也很多……

這種穀類我們吃得不多，對它的好處也瞭解得不多，但那些沒開化的印第安人顯然早就能對其加以利用了，將其作為主食，使之成為日常必需。顯然，這種東西營養不多，難於消化，更適宜做豬飼料。

林奈轉引詹姆森在《哲學日記》（*Philosophical Journal,*
1825）中引用斯考韋[235]的話：「糧食類作物為數十分可觀，可
以將世界上的糧食分為五大類：稻穀、玉米、小麥、黑麥，最
後就是燕麥。前三大類種植最為廣泛；玉米適應性最強，稻穀
則為最多的人視為主糧……亞洲是稻穀主要出產地，美洲則是
玉米主要生產地。」

　　一八六○年九月十八日。根據收集到的所有資料，可以證
明十月一日前收下的玉米幾乎都不能磨成粉的（儘管聽說有一
個品種早熟，九月一日就可收下磨粉）。只有到了十月，包
在玉米皮裡的玉米粒才會長成飽滿而且水分含量少。但在此之
前，九月初吧，表面開始變得堅硬光滑時，是無法烹煮的。

　　一八六○年十月七日。去了海頓家的地和穀倉。他正在高
高興興數著一株玉米上結的玉米，豐收在望了。由於是早熟的
那種，玉米棒結得不高，也不算大，但都很飽滿，每根都粗粗
的。他起勁地告訴我，連同自家山坡上種的在內估計能收到四
萬蒲式耳。他當然也得意地打開穀倉，讓我看了他的黑麥和脫
粒的玉米，那些玉米皮要等他有閒再搬走。所有的玉米都會拿
去餵豬或是其他家畜，由於原先餵的三頭大豬已經殺了，玉米
就扔在穀倉地上，三頭被宰的豬躺在穀倉裡，重達一千二百磅
呢，已找到買主了。聽說有位老兄光賣豬油就得了七十五美元。

　　十一月二十二日。一星期前就聽到人們剝玉米皮了，但地
裡還有不少的玉米沒收。

　　布蘭德在著作《名言俗諺》裡這麼描述農家喜獲豐收：

---

235 此人身分不詳。

據馬克洛比烏斯（Macrobius）所言，異教徒家庭的一家之主在豐收之際，總會宴請家中僕人，因為他們在地裡辛苦勞作了一年。這恰恰和基督徒們的做法完全一樣——把地裡種的東西收回家後，家裡的雇工僕人也能享用一次豐盛大餐。款待所有的人，這合乎風靡全世界的現代革新理念：人人平等。我認為異教徒的也罷，現代的也罷，都來源於猶太習俗……因為猶太人有喜慶豐收是大擺筵席的風俗。

古人有「敬拜瓦希娜」一說，瓦希娜（Vacina, or Vacura）是一個女神，豐收時人們向她獻上祭品……

古代的英國人把最後一批玉米收穫後，就會用玉米做成一個人偶，這就是「豐收人偶[236]或玉米寶寶[237]」。有人說他們這樣做是以此象徵克瑞斯[238]……還有人說：「男男女女都會圍著這個人偶跳舞，領頭的是一個打著鼓或吹著風笛的人。」

在威靈頓的德豐郡，教區的神職人員告訴我，這一帶的農民收穫完畢後，會把最後收穫的那些玉米棒捆紮成稀奇古怪的形狀帶回家，在飯桌上方吊掛著直到來年。一旦拿走，會讓這家的主人認為是很不吉利的。這叫做可耐克。

另一人說：「砍下玉米後，大家聚在一起，做一個可耐克放到中間，大家舉起來，並由中間一人

---

236 Harvest Doll。
237 Kern Baby，Kern 即 Corn 的諧音。
238 羅馬神話中穀類的女神，猶如希臘神話中的得墨忒耳。

大喊三聲可耐克，大家跟著喊。然後，為頭的人念道：

砍乾淨了！捆乾淨了！
脫乾淨了！地裡收拾乾淨了！

然後發出嗚嗚聲，大家也跟著歡呼……

歐金·阿拉姆[239]的看法是，什麼豐收宴會呀，歡慶豐收大餐呀，「都不過是人們歡慶豐收的喜悅表達，也是對老天爺的慷慨表示感謝……」

德豐的人常常在歡慶豐收時唱這首《豐收歌》：

我們耕地，我們播種，
我們收割，我們捆紮，
收穫的莊稼高高興興扛回家……

佛羅里達茱萸
Cornus Florida

佛羅里達茱萸的果子，十月一日。

一八五六年十月二十七日。珀思·安博伊的佛羅里達茱萸上，紅紅的葉子中那些紅紅的果子分外吸睛，成了知更鳥的美食。

---

239 Evgene Aram（1704—1759），英國語言學家。

榲桲
Quince

榲桲結果，十月一日。

一八六〇年，我們這裡的榲桲果實還沒長好，十月二十幾日開始採摘。

一八五九年十月十二日。蘋果已經被收穫了。榲桲果還沒被收穫。也許果實的棕色外皮保護了它們吧。

這些果實最好的部分當數其芳香。就憑這，也值得將其進行人工種植，讓你的家裡充滿芬芳。

普林尼說：「人們抓住它們的樹枝往下拉，不讓母體樹多發新枝。」同樣，人們把這種果實放進客廳，或者掛到房間裡神龕上，一定也是因為這種香氣吧。這總比就這麼放進罐子裡儲藏起來好。

鬼針草
Bidens

鬼針草的瘦果子像扁虱，十月二日。

一八五六年十一月十日。在珀思‧安博伊，走到野外，我的衣服常常被這些扁虱樣的瘦果黏上，有的大，有的小，但都有毛刺。

芹葉鉤吻
Hemlock

芹葉鉤吻：常綠藤本，枝光滑。葉對生，花小，黃色；蒴果卵狀橢圓形，長十至十四毫米，直徑六至八毫米，分裂為兩

個兩裂的果瓣。種子多數，有翅。芹葉鉤吻，十月二日。

　　一八五三年三月六日。芹葉鉤吻的蒴果已經把種子送出來了。但落到地上的相當一部分仍然沒有開裂。

　　一八五三年十月三十一日。種子顯然很快就要從蒴果裡出來。蒴果幾乎就要開了。

　　一八五六年十月十五日。大部分種子已經掉到地上。

　　一八五三年三月六日。沒看到新掉到地上的蒴果，大多都是掉在地上很久的。看得出來，去年結得很多，今年還沒有結。果子像柏松的松果呈五角形，但有一點扭曲。

黑雲杉
Black Spruce

　　黑雲杉，十月五日。

　　一八五七年五月三十一日。杉樹果冒出來了，直直的，但最後還是往下垂。

　　一八五七年十月二十日。看到松鼠在那裡剝杉樹果，顯然是要吃下肚。

　　一八六〇年十月二十八日。再也看不到杉樹果了。

落葉松
Larch

　　落葉松，十月五日。

　　就像芹葉鉤吻一樣，落葉松去年結果很多，今年結的至今（一八六〇年十月二十八日）還沒看到。

　　落葉松的果和柏松的松果一樣有五角。

米肖說有些落葉松的「松果不是綠色，而是紫色」。

朴樹
Celtis

朴樹果，十月五日。

一八五三年九月四日。果子綠綠的。

一八五四年九月二十二日。開始變黃。

一八五九年九月二十六日。還是綠的。

一八五九年十月十五日。多久才能熟呢？

一八六〇年十月六日。可能是因為遭到霜凍，才有了點兒銅褐色。

板栗
Chestnut

板栗，十月六日。

一八五〇年十一月二十二日。除了野蘋果，與間或出現的蔓越莓和核桃，散步途中沒發現任何可以吃的。

一八五二年十月十一日。現在有板栗掉下來了。毛刺[240]已經裂開，露出下面的堅果。林間和大路邊的落葉裡藏著不少板栗。松鴉和紅毛松鼠一邊在樹上搖晃想弄下板栗，一邊各自尖叫或嘟囔著。

十月十五日。昨晚的雨加今早的風，板栗掉了一地。我在林間撿板栗，發現毛刺殼裡已經多半空了，但掉下來時還是發

---

240 板栗的堅果包藏在密生尖刺的總苞內，總苞直徑為五至十一釐米，一個總苞內有一至七個堅果。

出很大動靜。雨還沒停我就來了，那時布里頓的小棚屋旁這條林肯路上還沒有人來過呢，所以我在林肯路上撿了好多。最有趣的莫過於在樹林那些踩上去就唭嚓唭嚓響的落葉中尋覓板栗。這時的板栗顏色有種獨特的新鮮光澤——這就是板栗的顏色。有人告訴我，說他曾買下荷里斯一處板栗樹林，砍倒樹枝後隨那些女人去摘。把樹枝砍下後這些女人摘起來方便，效率也高。

一八五二年十月二十三日。板栗幾乎都掉光了。

一八五二年十一月九日。今年的板栗（無論是連同毛刺殼一起掉下的，還是自己掉下的）都和常年一樣多。今年結的松鼠可能都吃不完。一下午，我就撿了三品脫，不過前幾天撿的裡面有一大半都黴了。這次雖然是從潮濕並已發黴的葉子下找到的，但個個都好，也許這裡曾經下過雪了才會這麼濕，雖然濕，但可能由於不熱，所以沒有黴。這些板栗個個都還有柔性，又很豐盈。大自然能讓我從中感受到如此多美好，所以我喜歡採集它們。

十二月二十七日。撿到很多板栗。

一八五二年十二月三十一日。在索米爾溪摘撿板栗。一星期以來，我花了很多時間用手、腳在一定範圍內的落葉裡扒來扒去，這樣也至少初步瞭解到板栗樹是怎麼種的，新板栗林又是如何形成的。最先的板栗隨著嚴寒的霜凍落下，樹葉被雨水和大風不斷地吹落，將這些板栗厚厚蓋住。有時我不禁琢磨：就這樣落在地面上，板栗怎麼能自己長成樹呢？後來我發現今年落下的板栗已有相當一部分和泥土混在一起，因為這些板栗上面的潮濕葉子已經開始發黴腐爛，這一來就促使這些板栗變得潮濕而容易與泥土結合。今年，很大一部分板栗都被一英寸

厚的落葉蓋住了，個個都很好，沒被松鼠發現而吃掉。

一八五三年一月十日。下午去史密斯小樹林，同行的還有四位女士。地上的樹葉還沒凍住，但看不到板栗，我用耙子在地上扒來扒去，就這樣大家又撿了六夸脫半的板栗。在一個鼠洞入口我撿到三十五顆板栗。地上的很多板栗還在毛刺殼裡沒有脫落。姑媽發現一枝樹枝，顯然是在很嫩的時候就掉下的，上面結了八個毛刺果。以那裡為中心，周圍很小的一塊地方，全是板栗。

一八五三年一月二十五日。還在撿板栗。有的個兒大一些，打開一看，裡面有兩塊果肉，像被用刀分好了一樣，雖然沒有什麼隔斷在中間。

英文的板栗叫「Chestnut」，當然啦，果肉被放在小小的盒子[241]裡嘛。

一八五九年三月七日。那些被發現緊緊嵌在樹皮縫裡的板栗應該是松鴉、山雀等鳥類藏的，好等以後再回來啄開吃。

一八五五年十月十九日。午後，來到松樹山撿板栗，正值小陽春。板栗不多，個兒頭也小，顯然剛從毛刺殼裡脫落出來。

一八五五年十月二十七日。來到收費公路上撿板栗。正是撿板栗的好時候 —— 都落在地上，樹上幾乎連葉子和毛刺殼都沒剩下，不用費神去搖樹了。就在地上撿，那是松鼠剩下的。西北風吹在身上很冷，遠方，風吹過來的地方似乎在下雪了。

一八五六年十月八日。前幾天開始，為數不多的刺毛殼開裂了，這下它們就會感受到即將到來的霜凍嚴寒了。但是如果不用棍子敲打，或不用石頭扔向它們，它們還是不會完全

---

241 chest 有盒子之意。

打開。我採了半個衣口袋的毛刺果，代價是手指上被扎了好多刺。松鼠已經掰下了很多毛刺果，上面還留有牠們的小牙印呢。

十月十六日。刺毛殼全打開了，可是朝樹上的這些刺毛殼扔石頭，一次也只會掉下幾顆。八日，這些刺毛殼還是綠綠的，現在已變成褐色，也乾了，輕輕一碰，那些刺就掉在手上。可是那些板栗就是不肯痛痛快快出來。再過兩三天，那些板栗就會掉出來了，而松鼠也在趕著撿呢。

一八五六年十月十八日。正如我所預料的，板栗還沒準備好要落下。也許被雨淋過的刺毛殼要等到現在才算乾了，一兩天後就會掉。這種刺毛殼裡緊緊排列著果實，通常有三個板栗，把刺毛殼裡擠得沒有一點空間。靠外側的兩個板栗都是外側圓弧，內側扁平；而中間那個則兩側都是扁平的。有的毛刺殼裡的板栗會不止三個。不過今年的毛刺殼較往年的小，一個裡面往往頂多只有兩個像樣的板栗，有的甚至只有一個，就在中間。這一個的兩側都鼓出，而兩邊另兩個瘦瘦瘪瘪，只有個空殼而已。不管怎麼說，一棵板栗樹總是滿壯觀的 —— 樹冠拱圓形，發黃的樹葉愈落愈少（樹下都是落葉，如塊地毯，這一來也就保護了很多板栗能存活發芽），枝幹挺拔，棕色的毛刺果半開，露出裡面深棕色的板栗果，好像稍稍碰一下就會掉出來似的。

單獨看這些板栗很有意思。長在不同的季節裡，毛刺果裡板栗數目各有不同，板栗也會因之形態各異。但接連在毛刺果果蒂那一塊的顏色總是淺一些，然後又有一片不規則的深色，或新月形，或橢圓形，就像一個由多條腿的蜘蛛或蟲子留下的痕跡。而板栗果的上端，也就是尖的那端長著一些白色小絨毛，彙集在一個星狀的蓋子下。整個板栗殼上部的斜面上都有

那種很粗糙的毛，就像在半開的毛刺殼裡被風霜打下了烙印一樣。每顆板栗都有一根星狀的細梗連著，一旦板栗熟了，就很容易摘下而不至於拽下時被刺扎得大吃苦頭。厚厚的刺毛殼裡，板栗能得到很好的保護，就像豪豬有那麼鋒利的刺保護一樣。可就算如此，仍看到松鼠剝開或咬開還沒裂開的毛刺果，把這些毛刺殼弄碎後扔得到處都是。

我還忘了說這件事，有的板栗裡面有兩個果，而且每一個都分別被各自的棕色薄皮包裹著。大自然為了讓板栗能多長出一棵樹來，或者為了使機會更多，就巧意做了此安排。

看到從前有些地方的人用大石塊扔板栗，結果把板栗樹的樹幹砸得遍體鱗傷，至今傷痕猶在，而這些大石塊就在一旁呢。

十一月二十八日。在史密斯小樹林裡，意外地發現好久前掉下的刺毛殼裡還有板栗。不少已經壞了，但還有不少水分足，比一個月前還要軟，還要甜，我很喜歡。看來那些毛刺果掉下時，裡面的板栗沒被摔壞。

十二月一日。紐約街頭看到的板栗比哪兒都多，到處都是人在吃烤栗子，有的栗子就掉到銀行和交易所的台階上。看到那裡的市民撿到的野生板栗和松鼠撿到的一樣多，我挺驚奇的。不僅僅鄉下孩子去撿，紐約城裡人也呼啦啦擁去撿板栗了。吃板栗的不只有松鼠，馬車夫在吃，賣報的孩子也在吃。

十二月十二日。從雪地裡刨出些刺毛殼（就像松鼠一樣地刨），裡面的板栗雖然已經變色了，很軟，但味道非常好。

勞登引用普林尼的話說，「板栗烤著比用別的方法烹調都更好吃」。我完全同意。

說到板栗時，伊芙琳寫道：「我們英國人把板栗餵豬，而在別的國家人們將其視為寶貝。它比別的堅果個頭都大，所以

很久以來被鄉下人看做補腎壯陽的好東西，對於男人來說，要比鹹豬肉更滋補，當然要和豆子同時食用。」

勞登說，在法國「農民把板栗殼弄下來，穿上沉重的木鞋把板栗踩爛，便於隨時可以用上……」

九月二十四日。邁諾特告訴大家，說他在福林特湖附近想為磨坊找一處水源時，在一塊岩石那裡找到近一蒲式耳的板栗。他認為是灰毛松鼠藏在那裡的。

一八五七年十月五日。我看到一隻紅毛松鼠扔下毛刺果。

十月六日。看到樹林裡有幾個毛刺果開了。到處都有紅毛松鼠和灰毛松鼠在那裡把果子往下扔。站在林子裡，只聽到果子掉到地上的聲音。

十月二十二日。該採摘板栗了。

板栗被包裝在一個多麼好的盒子裡呀。我手上就有一個綠色的毛刺果——圓圓的，直徑約有三分之二英寸，從裡面取出了三顆飽滿的板栗果。它長在一根結實但不長的梗上，這根梗直徑約十六分之三英寸，非常有力地支撐著它。毛刺果的周邊都開裂了，所以能很清楚看到內壁厚厚的（約有八分之五到四分之三英寸厚）。造化就是這樣疼愛自己的寶貝們，要這麼精心安排來保護它們——先是用約有半英寸長的綠色尖刺設下第一層防線，就像一隻刺蝟縮成一個球。堅果頂端的星形葉的突出比那些毛刺軟一些也短一些，它們三三兩兩簇擁在一起，也形成一道防護。這些毛刺長在厚厚的殼外面，那層和樹皮一樣粗糙的殼裡，還有一道道像犁壟的紋路，並有一層薄薄的內襯包裹住板栗。板栗底部挨著毛刺殼，這樣能從枝梗吸取營養。這裡沒有任何部分是多餘的，整個殼裡都安排得天衣無縫。即使有的板栗沒長好而成癟的，那也能當是塞箱子用的

廢紙。

　　小板栗果就躺在這樣一個精美的搖籃裡。在大樹的支撐下，小板栗在搖籃裡多麼安穩呀。即便有動靜也是輕柔的，就這樣板栗果被好好地托著，無憂無慮長大。周圍的牆那麼厚，那麼結實，而且還隨著小傢伙長大而擴伸。雖然板栗果的外表已經很堅強了，但它們還是被安排在那樣萬無一失的搖籃裡，直到它們綠色的外殼長硬，變成棕色才讓他們出來。

　　能打開這個小盒子的鑰匙，就在小盒子自己手上。啪一下，盒子蓋掀開了。十月的風一下吹進了小盒子，把裡面的板栗吹乾催熟，然後猛地一陣發力，把它們嘩啦啦一下和枯黃的葉子一起倒在地上。我說十月的風一下吹進小盒子，而同時陽光也照了進來。陽光為板栗果塗上一層清純的紅棕色，我們稱之為板栗色。現在，為板栗著色的工作進展迅速。延綿幾百英里的板栗樹頂上，陽光鑽進每一個打開的刺毛果，這種著色工作無需搭梯子爬高，也不用馬拉著從一棵樹跑到另一棵樹，就能為每顆板栗披上一件著色外套。否則，人們如何知道板栗已經長好了呢？就這樣，它們還會得到進一步的保護，不僅那些毛刺繼續在外面守護，板栗果顯露出的頂端部分也被一層絲絨般的毛蓋住。最後，它們才被扔到厚厚的落葉上——這是一顆真正的板栗果，將要開始一段真正的板栗生涯。

　　每一顆板栗裡面都有一層天鵝絨似的軟皮，灰白略帶紅色，就像萬一板栗掉下或撞擊還能提供保護一樣。揭開這一層，才是板栗肉。就這樣，一層層被包裹，大致數一數也有六層，才能看到果肉。

　　大力去搖晃板栗樹是否會太過野蠻？我真後悔自己曾這麼做。輕輕搖動是可以的，但最好還是讓風兒去搖動它們吧。得

到一顆沒有半點苦味的板栗——那一定很好吃，一定要心懷感激。

一八五七年十月二十四日。在史密斯小樹林，我在板栗樹下由外向內仔細用手扒開地上厚厚落葉，一直扒到樹幹，就這樣又撿到兩夸脫板栗，超過一半都是在同一棵樹下撿到的。相信若有心，還能在一棵樹下撿到更多。找好一棵樹，然後從外向內，用右手扒開樹葉左手抓住筐，一圈圈地愈來愈靠近樹幹。每圈能扒開的葉子約有兩英尺寬，一直這樣接近樹幹。不妨認為把那裡的都撿起來了。最好能把這簡化成一種模式。當然，得先抱著樹搖搖，看樹上還有沒有。一般總是兩三個一起落下，所以通常也是幾個一起在地上。

那個午後，我一直在那裡獨自撿板栗，只專注把樹葉扒開，頭都不抬一下。我工作很投入，忘記了還有什麼比這更美好。我不時起身透透氣，也不時有些新的感受。這好比一段美妙的旅行，讓我彷彿身歷其境。這也是一段小小歷險。我不斷發掘印第安古跡，可知道我是訓練有素所以眼光敏銳，習慣盯住地面而不是仰視天空。當我在那裡蹲身扒開樹葉的幾小時，不光只想著板栗，而是沉浸在更富含意義的一些思考中。幹這活可以常常休息，還總有重新開始的機會——展開新的一葉。

我聽見遠處傳來大石塊扔到樹幹上所發出悶悶的聲響，表示小孩在那裡找板栗。

一八五七年十一月九日，今天我的一個同伴[242]給我講了喬

---

242 根據梭羅日記，他說同伴是雅各・法默（Jacob Farmer），此人身分不詳。

治‧梅爾文的故事，當然是說笑的：有次，喬治指示約拿斯‧梅爾文去寡婦希爾德蕾思家的小樹林裡採板栗。這兩人可能都在希爾德蕾思家幹活。於是約拿斯就趕著牛車拉了幾把梯子去了那裡，還邀了另一個人同去。忙了一天，只採到半蒲式耳。

一八五八年七月四日。在新罕布夏的羅頓，看到一棵板栗樹。第一棵樹映入眼簾，之後就不斷地看到。

一八五九年十月十四日。雖然有一些掉下的板栗了，但一般都還在樹上。我看到一棵樹下有很多毛刺果，這顯然不是松鼠扔下來的，因為上面看不到松鼠牙印。毛刺果也沒怎麼開裂，所以沒有板栗掉出來。並不是所有的毛刺果都等到霜凍開裂後才掉下來的。

喬什利說：從前，這一帶的印第安人常以一蒲式耳十二便士的價錢把板栗賣給英國人。

一八五三年三月七日。又撿到一些板栗。即使非大多數，那也有相當多的都變酸、變黑了，或者因潮濕而變軟變壞了。在那些不那麼潮濕的地方──比如樹根附近，那裡地勢較高，加上落葉厚厚地墊著，板栗仍然完好，味道甘甜，沒有太乾也沒變酸。若保持這種狀態大概也就能發芽長成大樹了。我在索菲婭的花盆裡種了一些。無疑，老鼠和松鼠對這些板栗保護有加，讓它們保持乾燥又不失去太多水分，這樣就能發芽，當然也能成為很好的口糧。

一八五三年三月二十日。在福林特湖一處岸邊的斜坡上的落葉裡，拾得一兩把板栗。顆顆飽滿甘甜，但幾乎要發芽了。一點兒也不像在史密斯小樹林裡撿到的那樣，看來這裡比較暖和，也比較乾燥，所以它們平安過冬。現在，這裡就要長出一片新的栗樹林和橡樹林了。

各種核桃
Walnuts

核桃，十月十三日。

一八五二年五月七日。山崗上，核桃樹下的地面上盡是破了的胡桃殼，就像從前的餐廳那種沒清掃的狼藉，原來都是松鼠咬過的。

一八五二年八月十八日。幾星期以來（從八月三日開始），就聞到青核桃那種令人神清氣爽、感到活力和振奮的香氣，總會浮想聯翩，今天才想到也許這正是向人們提示：這種大樹扎根在大自然的深處呢。核桃殼氣味芬芳 —— 是來自大地的生動活力所散發出的氣味。這是我們這裡生長的一種果實，我喜歡這種果實，它們看上去就像東方的肉豆蔻。總覺得它們的氣味也像山核桃，混合了嚴峻和輕盈。把兩顆放入掌心摩擦擠壓，就會聞到幾乎和肉豆蔻一樣的氣味，不過更強烈一些，還多了幾分粗獷，這是核桃樹上這種堅硬如石的果子的特有防線。由於它們的香氣芬芳而且濃烈，所以也是很好的香料。

一八五二年九月二十三日。地上有很多榛子和山核桃，都還沒從外殼裡脫落出來。把核桃放在手裡搓，有一種清漆的氣味。

一八五二年十月二十三日。看到很多少年在打山核桃，打下的都是毬果，核桃還沒有從裡面掉出來。

一八五二年十月二十四日。看到孩子們在遠處的山坡上打核桃，二十八日也看到了。十月是採蔓越莓和打核桃的月份。

一八五三年十月二十七日。現在可以去撿核桃了，這是一年到頭最晚結出的堅果，也是最堅實的堅果。

Henry David Thoreau

一八五三年十月三十一日。核桃豐收的季節。我用一支小棍敲打核桃樹，落下一陣核桃雨。不過都還在毬果裡沒出來。

一八五三年十一月一日。撿到一些光滑山核桃的果，有些則是用棍子敲打樹得到的。當時我一邊敲打，一邊覺得這活動真是漫長冬夜裡一種好玩的遊戲呢。剝出來的不到一半，但剝完之後指上會留下核桃好聞的香氣（紅毛松鼠當然不贊成我這麼做）。

一八五三年十一月二日。在阿舍（Asher）家的地邊那片山毛櫸林裡，我撿到一些光滑的山核桃。它們剛長好，所以這時去能搶個先，採到夠多的山核桃（核桃則可以從十月一日採到十一月一日）。

一八五三年十一月六日。現在正是採山核桃的大好時機。這些山核桃又大又好看，品種多樣，殼的形態大小也各異。最常見的像一根小圓棍，在一端略略變細後又還原；有的長度幾乎為寬度的兩倍；有的上面那部分扁扁的，幾乎就不像核桃（比如山核桃）；還有的光滑山核桃不但是倒卵形，個兒還特別大，直徑就有一又四分之一英寸呢。

一八五三年十一月七日。我搖了兩棵核桃樹。其中一棵樹上的核桃早就搖搖欲墜，所以一搖樹，嘩啦嘩啦，那些核桃就從圓果裡掉了下來。另一棵樹似乎還不到時候，所以掉下來的不多，且都還沒有從圓果裡分離出來。這個季節 —— 十月底了 —— 可以摘到最好的核桃，也就是最小的那種光滑山核桃。撿得一配克，有其中一半都是圓果。不敢小看任何來自大自然的饋贈。我特別偏好核桃的那種清甜、香醇和味道，甚至認為即使把年年秋天都用來撿最小的光滑山核桃也很划算。有些核桃個兒大、堂皇華貴、味道又好。大自然賜予的每一份禮

物，哪怕再小，也應懷著赤子之心欣然接受，並且能更多看到禮物背後的意涵，而非物質的價值，進而真正明白大自然的心意。就算小核桃沒大顆的好，我也願意裝滿籃子帶回家。經過多次嚴酷的霜凍，又遭日頭曝曬，還被寒風陣陣吹打，那些核桃才能從圓果裡蹦到地上來。有的甚至整個冬天都待在樹上。我曾經爬上一些核桃樹，攀到樹頂晃動樹枝，但即使樹枝掉了下來，那些核桃仍然巍然不動。這些核桃有多麼好的防護呀，真令人印象深刻。有些外面那層圓果厚達四分之一英寸，裡面還有層同樣厚的內襯。而就算好不容易把核桃殼弄開，也很難把果肉弄出來。我注意到那棵掛果不多的樹上的核桃，儘管圓果也很厚，但圓果上有很多裂紋，似乎已經到了破殼而出的程度，只等人或松鼠甚至霜凍來加把力了。這樣的確易於打開那些果殼。這棵樹硬朗，結的核桃也堅硬如石，是專門為鐵器時代的人準備的食品。我是很希望看到人們只以漿果和堅果為食，但我也不會因此就不讓松鼠能搶在我們前面把這些核桃搬回去。

一八五五年九月二十六日。松鼠開始在山核桃樹上忙了。雖然樹上還覆著變黃變褐的葉子，而核桃也沒落下。

一八五六年十二月五日。核桃樹在藍天下顯得黑壓壓的，原來上面都掛滿核桃了。風吹乾了上面的雪，現在去採摘應該不那麼費事。

一八五六年十二月十日。今天午後在山上撿了一包核桃。現在撿核桃並不輕鬆。這些核桃深陷在一兩寸厚的雪裡，樹上也還有很多沒掉下來的。樹和樹之間看到有松鼠的足跡。

一八五六年十二月十六日。穆迪太太[243]說吃核桃像「耗子吃東西」，這形容倒滿生動。吃核桃的確很需要聚精會神，不能像吃蘋果那樣邊吃還能邊看書。這還真是談天閒聊時吃的東西。

一八五七年六月十二日。米肖說光滑山核桃的大小和形狀有很多種，如圓的，橢圓的。我發現此言不假。

一八五七年九月二十四日。松鼠把很多山核桃都藏了起來。

一八五七年十月二十日。看到那個獵手[244]，背著滿滿一包的核桃和小檗。

一八五四年八月二十日。在山上不時聽到綠色的山核桃掉下的聲音，還看到山雀在那裡飛來飛去。

一八五三年三月六日。在李家山上的一棵樹上獲得一些山核桃，裝了一個衣口袋，幾乎都是好的。

若有人因為爬上核桃樹而摔傷了腰，我不會認為這人莽撞，因為他是想認真採核桃。

米肖說山核桃「有氣味」，而且形狀多樣。「其外殼非常厚，而且極其堅硬」，就是指的核桃殼。「果仁甜但分量少，而且很難從殼裡掏出，因為殼裡有間隔；所以得名如此，同時少見人將其拿到市場出賣。」

小糙皮山核桃「大約在十月初成熟……與外層圓果徹底分離，其圓果果殼厚度與核桃大小不成正比，但能使核桃的形狀非常特殊……核桃仁比其他的美國核桃都要大且甜，僅次於巴喀核桃」。

光滑山核桃的形狀多樣，這是任何核桃都比不上的。「有

243 此人可能為愛默生哈佛大學的同學喬治・巴雷爾・穆迪的夫人。
244 此處獵手，應指喬治・梅爾文（George Melvin），梭羅的好友。

的橢圓形，在圓果下看起來像無花果，其他的扁圓或圓形。」的確形狀多樣。

十月二日。觀察到昨天落下了很多光滑山核桃，雖然大多都還是青綠。

十月十四日。在貝克家的牆邊有兩棵核桃樹，雖葉子已落光，但綠綠的圓果還掛在樹上，風吹來綠果輕晃，著實好看。由於樹葉都掉了，藍天下綠色的果子一顆顆分明，完全可以數清。附近其他的核桃樹上都滿是樹葉。綠綠的果子，灰色的樹幹和枝枒，此物就是光滑山核桃。

十一月十八日。現在該去採摘山核桃了。

十一月十九日。採山核桃去。今年這些山核桃還沒熟。那些圓果裡還沒有掉出核桃來，果肉也很瘦，很軟，好像一捏就沒了。也許天太冷，但此時是該採核桃了，我搖晃那些樹，好久才掉下幾個，硬邦邦的跟石頭一樣！這些石頭般的果實和用來敲打它們的堅硬樹枝非常搭調。

十一月二十日。這時樹上的葉子幾乎都要掉光了，就是剩下的也是些凋零的。當核桃外面那層圓果打開後，就能見白色的核桃殼在裡面。松鴉輕踩在枝頭上也能讓這些果子落下，若周圍是開闊的牧場，則很容易撿起。

九月十四日。雖然光滑山核桃的樹枝很結實，還是綠綠的，但一陣風吹過，就會掉下很多。我撿了幾枝帶回家，每枝上面都有兩三個圓果，大小如蘋果，孩子們跟在我後面都覺得稀奇，猜不出這是什麼的果。

雪松
Cedar

雪松結果，十月十四日。

十月十九日。結了多久了？至遲是十四日結的。

一八五三年十一月十六日。雪松的藍色果子十分精美，令我讚歎不已。

一八五三年十一月十七日。梅森家牧場上，雪松所結的那種淡藍色果子太美麗了，擦去那些果霜，在淡綠至藍綠的松葉襯托下，美得超凡脫俗。

平鋪白珠果
Checkerberry

平鋪白珠果，十月十五日。

一八五一年六月三日。在派克斯頓的阿斯納邦奇特山上看到大片的平鋪白珠果，據說這裡是沃塞斯特縣地勢最高的地方，僅次於沃楚斯特。我認為這可能是矢車菊，在我們這裡的市場上也有販賣。

一八五一年十一月十六日。平鋪白珠果熟了很多。

一八五三年九月十一日。都長得很大了，但仍然是綠色的。

一八五三年十月二十六日。一種很特別的粉紅色 —— 精緻、乾淨，卻又很有朝氣。

一八五四年三月四日。露出小小的果子了，多數有些乾皺。

三月六日。看見孩子們在採集平鋪白珠果。

一八五四年九月六日。開始變紅。

一八五四年五月十五日。松樹坡南側的北美脂松林裡長了很多平鋪白珠果。現在再不採就沒有機會了。

一八五六年八月十九日。還是青綠色的，還依舊在長大。

一八五六年十月八日。在史密斯山上的板栗樹旁看到很多平鋪白珠果，看上去剛好熟了，淡淡的粉紅色，靠近果梗處有兩道細紋，從那種形狀來看，我猜想這是兩片外層的花萼痕跡。

一八五六年十月十五日。在維娥拉姆蘭波姬溪[245]附近看到很多平鋪白珠果，與紅棕色的葉子對比鮮明。現在它們飽受過風霜摧殘了。

一八五七年五月二十一日。平鋪白珠果又多又新鮮。去年它們結得特別多。它們藏在矮矮的葉子下，幾乎鋪平在地上，不蹲下身子還真發現不了這些深紅色果子。平鋪白珠果直徑半英寸，扁平，有點像梨。果子下端為很淺的粉紅色，帶點灰白。兩片葉子之間長著花梗，花梗上結的果躲在光滑的葉片下，幾乎匍匐在地上。那些葉子深綠色，上有棕色細點。就這樣，它們發出好聞的香味。（看到它們，就知道很快能採到草莓了，每年它們都引導草莓季節到來。）

一八五九年九月十八日。看到的平鋪白珠果既沒長好也沒有成熟。在花頂有些長得形狀有如梨子，泛著白色。

勞登這樣說起平鋪白珠一類：「鵪鶉果、高山茶、鹿蹄草等等都是這類……矮矮的，有些像闊葉石南或濕地蘭。」

一八五二年八月十九日。從不開花。這些果子純白如雪。

一八五二年八月十九日。哪些植物有平鋪白珠果這樣的香

---

245 維娥拉姆蘭波姬溪，英文名為「Viola Muhlenbergii Brook」。

氣？平鋪白珠果、黑樺和黃樺、遠志，還有硬毛伏地杜鵑。

　　一八五八年三月十七日。大自然如此寬容大方，連平鋪白珠果這樣的幾種植物也得到她的特殊安排而有如此芬芳 —— 集柑橘、檸檬和肉桂的香氣於一身，好教我們不致犯睏或萎靡。在這個季節，濕地的水才剛剛退去，它們就嫋嫋婷婷地長出來，而對它們的出現最敏感的人恐怕就是我了。

　　一八五八年十月十四日。那些紅松的小樹苗不僅聞起來有泥土芳香，而且還有平鋪白珠果的香味。（一八五六年十月十九日）於秋日在一些地方挖一下，就看到這種植物白色的根了，似乎只等時機一到就要往外長了。

　　一八六〇年九月二十三日。那些紅松小樹苗最嫩的根，發出的香味就是平鋪白珠果的香氣，在我房間裡持續一個星期，久久不能散去。那種香氣夾著泥土芳香，令人想到泥土。可以見得這種香氣就是來自大地。

　　根據比奇洛的說法，以下這些植物都能發出類似平鋪白珠果的香氣：硬毛伏地杜鵑、榆繡線菊與平葉繡線菊等，還有樺樹。

　　瑪拿西・卡爾特一七八五年說，這種植物的果子要到次年春天才會熟。「松樹林和矮橡樹裡這種植物常見」，而且「有時孩子和鳥會吃這種果子」。

秋天
The Fall

　　到了九月十四日左右，所有植物都結實纍纍準備收成，花期接近尾聲，不時還會從穀倉裡傳來農人用連枷擊打穀物的聲響，而我們也像果實一樣，當天氣變涼、薄霜飄降的時候，就

從房子裡蔭涼的一邊移到日曬較多的一邊坐著，多穿一件外套讓身子暖和些——我們自己也變得更豐富成熟了，那些青澀、枝葉茂密、果肉鮮美的思想漸漸染上了色彩和滋味，甚至到了最後，可能會變得甜膩而瘋狂，這時正適合讓它爆裂、盡情地宣洩出來。天氣微涼，已經有秋天的氣氛，大多數的葉子都已經掉落，樹木看起來顯得單薄，你會喜歡坐在有陽光照耀又可以遮蔽冷風的地方。

秋天，這個我們已經堂堂邁入的季節，我想應該早在八月份、低地上第一次霜降之後就開始了，從那時候起，大地開始慢慢地結算整年度的總帳，而寒氣，我認為，就是負責這項工作的代理人，開始確認植物的生長狀況、濃縮它們的能量、促成果實的熟成——特別是在九月的時候；我猜那些生長在熱帶的人，或許永遠都不會成熟吧。

十月四日，現在準時啟動一年中的熟成時期——通常都藉由霜來催熟，就像柿子成熟的過程。

十月十一日，今天早上降了非常冷冽的霜，地面凍結而變得堅硬，這寒霜應該足以讓栗樹的堅果苞迸裂——是季節的催熟者——也是讓那封存了印度烈陽的刺果綻開的推手，今天算是十月初到十月中典型的冷天。

十月十六日，這股寒冷不斷淬鍊著我們，讓我們的靈魂變得更堅韌壯大，就像從那結凍的大桶中所精煉出一品脫的蘋果酒一樣。

一八五七年十月十一日，邁入風和日麗的第七天，這幾天真是稱得上大豐收的好日子，一週內大部分的蘋果都採收完了，馬鈴薯也從土裡挖出來，只有玉米還留在田裡。

黑核桃
Black Walnut

黑核桃。十月十五日。

一八五三年十一月十二日。嘗了一顆黑核桃。果殼半圓形，上面很多皺紋，果肉很大，但有濃烈的油滑味。

十月二十八日。核桃基本上都落地，就連史密斯家的黑核桃也至少掉了一半。這些黑核桃的大小和形狀類似小青檸，但是掉到地上後吸取了地上的水分，所以有種肉豆蔻的香氣。現在它們變成深棕色了。格雷說，在東部這種東西不多，但西部各州則普遍。愛默生則認為雖然東部不多，但在麻薩諸塞州就有生長。如此看來，黑核桃真是種值得我們注意的堅果。

米肖說美洲的黑核桃和歐洲的很像，不過更圓。

一八六〇年十月二十八日。黑胡桃已掉下了一半。

黃樺
Yellow Birch

黃樺結果，十月十五日。

一八五九年十月十五日。黃樺樹的葉都掉了，只剩下翅果掛在樹上。不算長、而厚實的棕色花序外殼，現在成熟了，準備剝落。這些樹是多麼豐盈啊！就像當初有那麼多樹葉一樣，現在也掛了那麼多果實。

赤楊
Alder

赤楊，十月十五日。

整個冬天都在落葉。

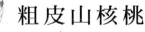

粗皮山核桃
Shagbark

粗皮山核桃，十月二十幾日看到的。

十一月十五日。在沃塞斯特撿了些粗皮山核桃，裝了半個衣口袋。有些還是從樹上摘下的，但大多都是從地上撿的。

一八五六年十二月十八日。聽說有人從一棵粗皮山核桃樹上打下的核桃就有十幾蒲式耳。蘇希甘河[246]邊的一些粗皮山核桃樹上掛著許多核桃，還沒人收呢。

一八五九年九月一日。千萬記得，這種核桃不能一次吃太多。有年冬天，看到一個小夥子的臉腫得都要裂開了。問他原因，他說他和年輕的妻子都很喜歡吃粗皮山核桃，秋天裡就買回家一蒲式耳，整個冬天，每個夜裡都要吃上一些。就得到那樣的後果。

一八五四年十月二十日。瓦楚塞特山上大多數粗皮山核桃都還沒掉下來，為了搶在松鼠採光之前收穫，應該得去打下了。

---

246 蘇希甘河（Souhegon River），發源於美國東北部新罕布夏，是梅里馬克河的交流。一八五六年十二月十八日，梭羅乘輕型馬車沿著這條河到新罕布夏中西部的阿姆赫斯特，在那裡一個公理會教堂做演講。

朝鮮薊
Artichoke

朝鮮薊[247]，十月二十幾日。

有人說印第安人用朝鮮薊做濃湯。

一八五九年十月二十日。挖回一些。現在得趕緊挖朝鮮薊了，要不就要被霜凍給凍壞。試了兩到三棵；最大的那棵直徑約有一英寸，主根插入地下部分約有六英寸，並分出許多次根。生吃味道很不好。

欣德說在西北部這種東西長得非常多。

一枝黃花
Goldenrod

十月二十一日一枝黃花[248]開始露出頂端披絨毛的瘦果。

一八六〇年十月十日左右，整株都變得毛茸茸的。

白樺和黑樺
White And Black Birches

白樺，十一月一日。

一八六〇年十一月四日。開始飄落花絮[249]了。地上的花絮落了足足有四分之一英寸厚，大約有一星期了吧。

一八五六年十二月四日。看到那些樺樹上的褐色美麗鳥狀

---

247 菊科多年生大型草本，植株高達一點五米，葉大、羽狀深裂，夏季在莖頂著生直徑為十五釐米左右的頭狀花，總苞片卵形呈覆瓦狀排列。通常在開花前收穫頭狀花，取肉質總苞片和花托作食用。

248 一枝黃花屬為菊科的一個屬，常見於北美、歐亞許多地區。

249 樺樹的花雌雄同株，宛如柳絮，屬柔荑花序。

果苞被陣陣吹落，然後掉在已經鋪有薄薄碎冰的窪地上。這些果苞是鳥的最愛，所以這簡直就像為鳥準備好了一日三餐。從伯克斯波洛到劍橋[250]，不知這樣的鳥食延綿了多少英里，而行人渾然不知腳下就是鳥兒的美食。能看出這點的人的確不多。

一八五六年一月十四日。白樺的花絮已經搶先把種子撒在樹根周圍，這很可能是最好的種子。不知是被風吹落還是被人搖落，現在已赤裸得只剩如線一般的果穗了。

一八五八年五月十二日。在草地上有一處微微傾斜的地方，水流到那裡後就回流，那附近的樺樹都長成平行的幾排，就好像當年種子正是被一陣洪水沖成那樣的，抑或是雪花落下後形成的溝壟如此接納了種子。

一八五四年二月十八日。黑樺果苞的這種模樣最為人常見。

一八五四年二月二十一日。白樺、黑樺的果苞不同之處在於：白樺的果苞往後彎曲，像一隻鳥。白樺種子上的果翼[251]也寬一些，好似一些昆蟲的觸角。

和松樹種子一樣，樺樹的種子也被吹到遠遠的雪地上。一八五六年三月二日，來到河對岸普里查德[252]的土地上。這一帶的岸邊也好，農田也好，樹都少得多，可以說是光禿禿一片。雖然下雪，但最近並沒刮什麼大風，而看到河面的冰上有許多樺樹種子和果苞，真令人意想不到。也許松鼠的腳步弄下了這些種子、果苞，但最近的那一行十五棵樺樹也在一百八十英尺外的那堵牆邊呀。離開河之前，我又走近觀察，距那裡約

---

250 位於康科德以西九英里。劍橋，位於康科德以東十四英里。

251 樺樹果序單生，果苞長三至七毫米，下垂，圓柱形。堅果小而扁，兩側具寬翅。

252 此人就住在康科德的緬因大街上。梭羅很肯定這塊地產是他家的。

一百多英尺時，發現在冰上樺樹種子堆得更多，幾乎把雪覆蓋，讓人看不出雪的白色了，而樺樹東邊則一顆種子也看不到。這些樺樹顯然不願意讓種子白白落掉。當我回到河的東邊，大約距離四十桿的地方，我看見它們撒下了很多種子，或許往其他方向我得找更遠才會發現它們。一如往常，撒下的主要是吸引我注意的果苞；那些不顯眼的、帶果翼的種子只怕已從果苞被吹走了。由此可見大自然多麼孜孜不倦地播種。等春天來臨，就會證明她的勤奮是有回報的 —— 新長出的樺樹、櫟木，還有松樹都能證明。很多種子都被遠遠地撒到河那邊的窪地裡，春天河流漲水，就會把這些種子帶到草地上或更遠的地方。我做過的試驗證實：儘管果苞很快就沉入水下了，但種子卻可以在水上漂浮好多天。

勞登在其著作《植物大觀》（*Arboretum*）中說白樺：「很少成林，通常都是單獨生長。」

至於常見的白樺歐洲品種，勞登說：「根據帕拉斯[253]的記錄，樺樹在俄國是最常見的樹，從波羅的海到太平洋，那裡任何大小的樹林裡都有樺樹。」勞登還從一位法國作者那裡讀到：「普魯士到處都種有樺樹，可以成為非常寶貴的燃料，其種子能生長於狹縫中，能保證林子裡的樹木不致減少。」

北美脂松
Pitch Pine

北美脂松，十一月十四日。

---

253 Peter Simon Pallas（1741—1811），德國動物學家和植物學家，曾在俄國工作。

一八五一年十一月九日。脂松的球果非常美麗——不僅皮革色的新鮮松果好看，甚至那些已不鮮活的灰色松果也很漂亮。球果上有許多苔蘚，鱗片有序排列著貼在松果上，就像百物難侵的盔甲。在我眼裡這些果子實在美得難以言表。那些老早就打開鱗片的松果已經把種子播了出去。我住的地方長著很多脂松，結出的松果個個堅實，宛若鐵製，其脊筆直得一點兒都不彎曲。

一八五四年八月二十九日。松鼠把一些松果剝開了。

一八五四年十二月二十八日。鱈魚角的一位先生告訴加德納船長[254]，說他從八十蒲式耳的脂松松果中只剝出一蒲式耳種子（帶果翼）。歐洲松和法國松的種子拿到紐約一蒲式耳要賣到兩百元。

一八五七年四月二十九日。在約翰·霍斯梅家的脂松樹上，看到樹幹上兩英尺高的地方有灰色的松果，圍著樹幹一圈，一定是二十多年前這棵樹就從這圈松果中長出，於是這麼多年來它們就一直不離不棄地黏在那裡，真是意志堅定。

一八五七年十一月十四日。松鼠把一些松果搬到牆下了，把松果鱗片撒得一路都是。

一八五八年二月二十八日。在一片開闊地帶，看到整整二十四顆松果被搬到一棵脂松樹下，都有被咬過的牙印，但沒開裂。顯然是弄到這裡準備再轉運的，但不知為何留在這。

一八五九年四月二日。有一堆松果，足足有兩百三十九顆呢。

---

254 一八五四年十二月二十七至二十八日梭羅去南塔克特島文藝協會演講，就住在這位船長家中。

米肖說：「這種樹成片成林，種子零星地從枝上撒落。據我觀察，種子一旦成熟就會在當年秋天被播撒到地上，零零散散，被風吹向四面八方。而松果總四、五個一堆，甚至更多，可以放在那裡經年不動。」

一八五五年一月二十五日。在屋裡放了三天，一顆松果就完全綻放了。一開始，它微微半開，形狀非常規律也很好看；鱗片首先打開呈新月形平面，松果基底部那些原先聚在一起捲曲朝下的松針現在朝上攤開，或垂直於果芯打開，每一個像盾牌一樣的鱗片都能長出十三道舌狀瓣──實際上更為整齊。我這裡的三顆都是各有十三瓣。不過松果的形狀是否為圓錐體、是否豐滿也對最後的型有影響。白松的松果是長長的圓錐體，所以其鱗片呈棱形。

一八五五年二月二十二日。北美脂松的松果採摘時間必須合適，否則就不會在室內打開鱗片，也不會綻放。我撿到一顆被松鼠咬下來的，看上去形態完整，但就是不開。為什麼在屋裡或有的地方它們就會綻開呢？大概是因為屋裡乾燥暖和，就促使上面的鱗片打開了，而這一來松果下部的鱗片就相應收縮。也可能有的舒展，有的收縮。我觀察到松果上部的顏色要淺一些，像肉桂的顏色；而下面的紅顏色深一些，是松脂的影響嗎？

一八五五年三月三日。在哈伯德家松樹坡不遠的一大片北美脂松林裡，我撿了一顆松果，很可能是松鼠在秋天留下的，因為在斷裂處還看得到小小的牙齒印兒呢。它被大雪蓋住，直到現在才見天日。我把裡面的松子都搖晃了出來。這顆直愣愣地戳在地上的松果非常好看，不僅完全打開了，就連那些被搖出來的種子也長出果翼──我手裡不滿一握的松子，三角形

的顆粒，黑黑的，果翼卻是肉色。看到這些果子不禁想到一些魚，像是灰西鯡 [255]，這類魚的尾巴總有點彎曲。

在另一處某棵北美脂松樹下，我看到許多松果，顆顆的鱗片都叫松鼠剝開了，只剩下頂端的三片沒動靜，因為那下面是沒有松子的，松鼠專挑有松子的，靠著果芯部分咬。從一些被撕咬的痕跡看來，松鼠總是從基底部開始。在一些樹椿上可以看到很多咬過的，原來松鼠曾坐在這吃松果。絕大多數掉到地上的都有松鼠的牙印——這就是松果掉下來的原因。

一八五五年十一月十四日。上午十一點鐘左右，聽到我房間窗戶下「啪」地一聲，還以為是某種蟲子翅膀的拍擊聲。後來發現，是七日那天撿回的三顆北美脂松的松果所發出的，當初撿回家後，我就把它們放在陽光照得著的窗台上。仔細觀察，其中一顆的頂部微微在動，接著發出很大的響動，那些鱗片也跟著一點點開啟了。頂部隨著「啪」一聲而裂開，微微搖晃，所有的鱗片被從松果內衝出的力量逐漸打開。想來松果內的張力必須從一處釋放，才能催開所有鱗片。

一八五五年十一月二十日。又聽到啪啪聲，我趕忙跑到窗台去看，陽光下，七日那天撿回的另一顆松果也從頂端慢慢打開了鱗片。本來只有走到很近仔細觀察才看得出鱗片打開了，但突然所有的鱗片都一震，然後晃動起來，接著突然就完全地打開，溢出的松脂流得整個果子都是。它們緩緩地放鬆打開，動作美妙得就像玻璃徐徐產生了裂紋，一旦一處的壓力被釋放，就會擴展到各處。

---

255 一種與鱈魚有極近親緣關係的魚類，原產於北美洲大西洋水域和一些內陸湖中。

與白松的果實不同，北美脂松松果整個冬天都不斷地打開鱗片，播撒種子。它播種並非憑藉風力，而是藉著冰雪滑向四面八方。我常覺得雪是有價值的，尤其那種乾乾的雪粉，它們降下後形成光滑的平面，有助於種子去到遠方。很多次，我根據風向，丈量從最近的一棵脂松到落得最遠的松子的直線距離，發現相當於一個牧場的寬度。也有看過從湖的此岸吹到彼岸的種子，這等於足足飛了一英里半呢，而若風大還能飛得更遠。秋天，各色草木會阻礙它們，而冬天，大雪覆蓋大地，地面平滑如鏡，於是不安分的松子就在雪地上滑來滑去，就像愛斯基摩人拉著雪橇。一直到果翅掉下，或碰上什麼逾越不了的障礙才會停下，也許這樣長出小松樹了。和我們一樣，大自然每年也都用雪橇搬運東西。在我們這種冰天雪地，這種樹就如此從大陸的這一端漸漸向另一端發展，最後長滿整個美洲。

　　到了七月中，在剛才提到的那個湖岸邊，我注意到最高水位線下有很多北美脂松的小樹苗生長。這些松苗剛從石頭縫裡、泥沙裡或淤泥裡長出來，顯然是當初那些被風吹來的種子所長成。沿著湖邊還有一排脂松，在這裡長了十五年到二十年，現在由於湖岸的土結冰而凸起，將這些松樹的根掀開了。

　　一八五六年三月二十二日。十一日就來到瓦爾登湖，住在從前搭的小屋裡。發現之後一兩天，很多紅毛松鼠和灰松鼠都在大吃北美脂松的松果。有一棵小松樹下的雪堆得很厚，上面撒了很多鱗片，一定是松鼠在樹上吃松果時扔下的。從這堆雪下我還挖出三十四顆北美脂松果，裡面還有呢。在另一棵樹下發現二十多顆，還可見松鼠從這到樹籬往返多次留下的足跡間，有八顆松果堆在一起，還有許多鱗片。足跡很像一隻兔臉。松鼠把合得嚴嚴實實的松果都一一咬過。我還看得出松鼠

如何把兩個長在一起的松果弄開，咬一個，扔一個。牠先弄掉礙事的松針，然後用一側的牙先咬開松樹枝，便於咬到連結松果的地方，通常要連續咬上好多下才行（就像用刀要剁上好幾次一樣），同時把樹枝弄彎。有的小松果可能已經死了（也許堅持了一年多，直到去年夏天才死），但肯定還沒成熟，還有的被弄下來後就沒打開過。

看到這些年輕的北美脂松樹上長了松果卻都沒打開，看來到明年夏天才滿了兩年。但松鼠已經開始吃這些松果了。而在一些結果很多的樹上，有松果打開了。

一八五三年二月二十七日。一兩星期前，我撿了一顆很漂亮的北美脂松松果。這顆松果當時剛落下，緊緊閉合著，帶回家後我把它放進書桌抽屜。今天卻驚訝地發現由於抽屜裡十分乾燥，它就打開了，形狀很周正，一下把抽屜撐得滿滿的。原先那顆纖細、封閉而尖頭的松果變得寬闊、舒展而渾圓——就像一朵花完全開放時，所有的花瓣都從花心向外展開。它還放出一些帶有果翼的松子，這些種子精緻且結構完美，中間有一根脊，就像要保護種子不被松鼠或鳥啄食一樣。這顆曾經閉合得嚴嚴實實的松果，遇到重重挑戰都堅持著沒有打開，要撬開似乎非用刀不可，但遇上暖和乾燥的溫柔勸誘，就輕易開了。松果的開展，意味著另一個季節的到來。

三月六日。部分北美脂松松果依舊閉合著。

一八五三年三月二十七日。那些依舊閉合的北美脂松松果的基部呈半圓，一旦打開就變得扁平狀，這是由於松果的鱗片是向後開展，大的壓在小的上面。長得較差的那些就貼在松果幹上。從扁平端看去，就像美麗的螺旋狀。也許，我們能想像當初威廉·伍德——《新英格蘭觀察》的作者——看到這裡

的原始森林時有如何感受。他一六三三年八月十五日離開了新英格蘭，他留下的那些樣品至今還在緬因州。他說：「那裡的樹木樹幹挺直高大，有些到高達二十到三十英尺之處才分開枝枒。雖然有很多會被用作磨坊的木樁，但一般的樹都並不粗，周長不過三英尺半。」讀過伍德的這些文字，人們也許會認為由於遭雷電擊而導致的森林火災，讓這些樹林不及當年茂密。因為伍德說那裡有許多地方很適合打獵。「除了濕地上，沒什麼矮小的樹木」，當時那些大樹都沒被燒毀。「毫無疑問，有些完全可以做鋸木廠的好材料；我就親眼看到沿河（很可能是查理斯河）十幾英里都放著這些被砍下的大樹（他說的也許就是北美脂松），一棵貼一棵。」

杜松子
Juniper Repens

杜松子[256]，三月一日。

一八五三年八月二日。
這些果子呈墨綠色。在光線好
的地方，有帶點紫色。

一八五三年九月四日。灰綠色，但果形豐滿。

一八五五年四月三十日。果子上端呈淺藍色，很漂亮；但下端仍是綠色，帶三個灰白的唇瓣[257]。

一八五九年九月二十九日。還是綠綠的。在靠樹根的一

---

256 杜松子是杜松這種刺柏植物的果，由於其造型極為類似樹莓這類漿果植物反而不大像是果，而被誤稱為「莓」（Berry）。其味苦有清香。

257 雙唇花冠或花萼兩部分之一。

些樹枝上看到一些深紫色的，那是去年留下的。

十月十九日。雖然那些成熟的（或深紫色的）果子主要集中在下端的樹枝上，在一些老齡的樹上仍可見到新長出的果子，綠綠的，卻有煙斗管那麼粗，而竟然旁邊就有紫色的果！就這樣綠的紫的夾雜在一起，令人感到奇特。不知今年結的是否已經成熟。

普林尼提到一種酒是用煮沸的刺柏漿果榨汁釀成，波恩 [258] 說若按林奈的說法，其實應該叫作杜松子。

勞登提到這種杜松子時說道：「它們的成熟期為兩年」，此外「這種小果子是刺柏類植物裡最有用的東西。很多鳥以這種果子為食，據說燃燒該物可以殺菌。不過，現在人們主要用來釀酒。」

某年冬天，我注意到有一人 [259] 常常走進柏樹叢，觀察杜松子是否成熟，因為他要用之給自家的酒增加香氣。這段期間他好像渴壞了，也許是有預感吧，他總是大聲以示強調地說道：「要是這有一大桶蘭姆酒 [260] 就好了！」不過每次他要走的時候，腦子都還很清醒，酒好像沒起太大的作用。

冬天的野果
Winter Fruits

那些一直在樹上進入冬天的果子實在值得進行統計，並受

---

258 此人身分不詳。
259 此人乃約翰・勒・格羅斯（John Le Gross），梭羅自一八五三年一月十一日至十二日為他作過調查。在〈黑越橘〉一章中提到那個以越橘付酬金的人就是他。梭羅在日記中描述到他來到柏樹林總後悔沒帶酒。
260 用甘蔗或糖蜜等釀製的一種甜酒。

到關注。這些裡面有：鹽膚木果、薔薇一類的果、狗木一類的果、冬青類的果、香蒲果、山楂果、雙葉大黃精果、小檗、凍葡萄、蔓越莓、香楊梅、綠石南果、北美脂松果，等等。此外還有榛子、香山柳的果、濱梅、芹葉鉤吻的果、杉樹果、落葉松的果、雪松的果、杜松子、平鋪白珠果、核桃、樺樹果和接骨木果……

結　語

我們對於真正偉大而美麗、渾然天成的事物，所付予的關
注是如此之少。世界上最美的風光，可能就在我們方圓十幾英
里內而已。而我們居住在此，要知道這是多麼巨大的恩賜，但
實際上多數人卻不知珍惜、無動於衷，當然也不會廣而告之。
設想若有人在此地掘起幾粒沙金，或在此處水域裡撈起一顆珍
珠，結果如何？一定馬上傳遍整個州，人人知曉念叨。這裡成
千上萬的人遠遊懷特山，年復一年，說那裡山色壯美風景如
畫。可是在自己的家鄉就有那樣的美景，甚至要更美——如果
我們稍有見識，多一些欣賞品味，就能發現這裡原來也是如畫
如詩，美不勝收。

我認為這一帶還沒有任何人能完全意識到，自己所在的城
鎮從大自然不斷獲取的財富究竟有多了不起。伯克斯波洛距此
不過西去八英里，今年秋天我曾前往。在那裡，我看見了該地
威嚴茂盛的橡樹林[261]，真是美得無法形容、令人難忘。麻薩諸
塞州不可能有比那更美、更茂盛的橡樹林了。就讓那些茂盛美
麗的大樹留在那裡，以後五十年內也不要去砍伐，如此一來，
這裡的人都會如朝聖一般湧向那裡欣賞，而不只是像現在，只
為打到幾隻松鼠而前往。我當時還對自己說，伯克斯波洛就像

---

261 根據梭羅一八六〇年十月二十三日日記，鄰居安東尼・賴特告訴他
說：「在哈佛到斯托的收費公路旁有一大片非常威嚴茂盛的原始橡
樹林，叫斯托大森林。」

新英格蘭其他地方一樣覷腆，還不敢誇耀自己的林場。而儘管這恰恰是最有意義的東西，但歷史學者來書寫這裡的歷史，卻對這裡的樹林不著一字。他們很可能只會大寫特寫這裡的教區是如何發展。

事實證明我的設想並沒有錯。從那裡回來後沒多久，我無意間讀到有關斯托的歷史簡述，裡面提到了伯克斯波洛。這篇文章題為《麻薩諸塞州史料薈萃》，作者是約翰‧加德納牧師。講述了那裡教會的前任牧師有哪些人，何時到此地。然後作者寫道：「印象最深刻的是：當時這個州裡幾乎沒有什麼市鎮有什麼歷史遺跡……除了約翰‧格林的墳墓，我想不出其他值得大家注意或稱道的。」從介紹裡可以知道，約翰‧格林離開英國前曾被克倫威爾任命為財政部書記員。加德納先生說道：「他是否也在大赦令的名單之列，我不清楚。」但無論如何，根據加德納先生的敘述，格林後來又回到了新英格蘭：「在這裡生活，終老，然後葬在此地。」

我可以對加德納先生明確肯定：格林不在大赦名單之上。

伯克斯波洛當時正是由於其林木鬱鬱蔥蔥，所以不引人注意，但這並不等於它就因此而沒有意思。的確如此。

記得幾年前，和一位年輕人談話[262]。這位年輕人家鄉在偏遠的山區，當時已著手記錄家鄉的歷史了。儘管到他家鄉安身的歐洲人多半都留下，也無什麼前財政部書記員葬身在那，但光聽他家鄉的地名就能讓人浮想聯翩，我當時恨不得也能像他一樣著手這件事。讓我生氣的是，作者卻大發牢騷，說資料難以收集、最值得一提的故事就是某位 C 姓將軍曾居住該地——

---

262 此人身分不詳。

C家老宅還在那裡，諸如此類。而有關的史料本該就要花力氣整理。

不記得是聖比德[263]還是希羅多德[264]說過這話：除非你意識到歷史學者的興趣不是講什麼事，而是講什麼人——講此人如何處置某事並賦予何等重大意義，否則你是讀不到真實的歷史的。缺乏勇氣和才氣的寫手只敢寫恢弘主題，也就是我們已通過別人反覆敘述而感到有趣的事件。但如莎士比亞那樣的大師，卻認為自家身邊發生的事更有意義，遠比那些世界大事更值得一寫。人生活過的地方就有故事，而是否能聽到則取決於說故事的人或歷史學者的講述。

我還聽說，伯克斯波洛的人對那片大森林非常珍惜，不肯讓房屋、農莊吞噬它。這麼做並非它的美，而是因為從那片森林的受益會隨時間大幅增加。過不了幾年，那些大樹可以被砍去造船或做別的用途，若現在就砍實在可惜。我認為州政府應當出面買下一些那樣的大森林進行保護。既然麻薩諸塞州的人民願意設立麻薩諸塞自然歷史教授職位[265]，那為何不能意識到保護自然不受毀壞也具有重大意義呢？

我發現這裡正在成長的一代年輕人大多不認識橡樹或松樹，只認得一些遠遠不及的植物品種。我們一方面請專人給他們辦講座，講授這方面的知識，如關於橡樹這類高貴的樹木；另一方面卻又縱容對這為數不多的好樹大肆砍伐，這樣做對嗎？這不就像一面教孩子希臘文和拉丁文，一面卻把印著這

---

263 The Venerable Bede（673—735），英國歷史學家及神學家。
264 Herodotus（485 B.C.—425 B.C.），希臘的歷史學家。
265 據說一八〇五年，麻薩諸塞州首府波士頓的一些大人物提出並設立麻薩諸塞自然歷史教授職位。

些文字的書大量燒掉嗎？這是我的生活態度，所以我要抒發心中不平，同樣也是人們心中的不平；我相信我的這些話一定會被大家聽見。希望我所說的話，不會如大多數傳教士的言詞那樣軟弱無力，也不會對著一大群人聲嘶力竭說半天也無人理睬——雖說我還真沒想過要打動誰。

我們像闖進花園裡的公牛，暴殄天物。大自然準備了這些真真實實的好果實並非粗鄙之輩能拿走的，只有心懷感動、感激，還兼具細心、用心的人才配採摘。花錢請人幫忙並不等於悉盡收穫。從前印第安人認為，地上長出的東西任何族群都可以分享，就像人人可以飲水、人人可以呼吸空氣一樣。而我們呢？我們趕走了印第安人，然後每家在村子裡劃出一點空地當作院落，可能旁邊還要建座墓地，再修條窄窄的路連接各家的院落，真是可憐。年復一年，這條路也愈來愈窄。朝任何方向走不超過五英里，就能見到有人在大路上收過路費，他一心盤算究竟何時自己或子孫能把本收回來。這就是文明人打造的生活。

父輩們把新英格蘭的村莊弄成這樣，我既不覺得值得尊敬，也一點都不感激。無論受到哪些影響限制，他們不滿舊英格蘭的腐朽成見而來到了新世界，哪怕只是個學徒也應做得更好才是。既然言之鑿鑿教育我們，說那些人當年心懷一腔熱忱，不遠千萬里來到這裡，要尋找「崇拜上帝的自由」[266]，那為何不好好地規畫，多給人自由空間？要知道他們可是為此而來，而且規畫更多空間也不會花費多少成本。他們當時還建了專供聚會的會堂，卻為什麼偏偏把大自然所建造的更加美輪美

266　《美國憲法》第一修正稿中有這樣的話：「國會不得頒布任何法律規定公民宗教信仰，或禁止公民宗教信仰……」

奐的聖殿給毀掉呢？

　　什麼樣的自然景觀能使一個城鎮漂亮，讓人願意不辭路途遙遠也要來此定居呢？是有許多高低起伏的河流，是那些濕地、湖泊、山崗、懸崖或者一塊塊岩石，是擁有無數古木的大森林。這些美麗帶來的益處是無價之寶。如果這個城鎮的居民夠明智，就會不惜代價地保護它。這些自然景觀遠比學校老師、傳教士更能啟蒙人的心智，目前沒有任何一種教育體制比它更好更健全。如果一個人無法意識到自然的作用和意義，那他就沒有資格做國家的創建者，甚至是城市創建者；這種人只配去給公牛立法。每個城鎮實在應該設立一個專門委員會，以確保該城鎮的自然風光不遭破壞。如果某處有一塊堪稱之最的巨大圓石，那就不應只屬於某人，或被當做後門擋門石，而應收歸國有。有的國家規定最貴重的寶石只能放到王冠上，那麼我們國家就應規定最美的自然風景歸公眾所有。讓我們一起努力，在建設城市的同時，時刻警醒，不得疏忽了對自然的保護，這樣才能確保這個新世界常新，這樣才能讓這個國家收益最大化。

　　在我看來，對我們這個小城來說，最美的裝飾和最寶貴的財富莫過於這條河。最終讓人下決心選擇定居這裡的唯有河流，外地人來到我們家鄉，首先指給他看的也是這條河。與那些居住在無河的城裡人相比，我們真是幸運。可是我們這個小城又為這條河做了什麼呢？像那些公司一樣，整天用功利的眼光打量它之外，什麼也不做，沒用半點努力來保護它的魅力。如果照英國的做法，把這條河平分給大家，那人們會不惜重新設計城鎮布局，然後根據自己的喜好來設計。這就是這裡人所朝思暮想的。說實在的，我認為不僅應在河底修一個隧道，還

應在河的一側或兩岸都修建公共大路，因為這條河除了划船休閒外並沒有受到充分利用。這麼一來，一側的河岸建成公眾散步的便道，就把大樹都保留下來，這些林間小路紛紛向城裡的主街集結。這樣做並不會占用多少地，也不用砍去多少樹，而受益的是大家。現在想看河只能站到橋上，而橋又距城鎮相當遠。若想去河邊瞧瞧就得進入別人的私家領地；而若想沿著河安安靜靜散會兒步，走不了幾步，就會發現被垂直於河岸沿線修的籬笆擋住，甚至還有延伸到河面上的一些搭建物在攔路，原來這些人還想獨自占有河面景色呢。最後，想看看河，只有去教堂了，在那裡可以看到的也只有一小角，好不掃興。記憶裡兩岸有延綿不斷的樹相連，現在這些樹去了哪裡？再過十年，人們還能看到什麼呢？

所以若有高山，不管是否在城中心都應保留給公眾享用。想想吧，若城裡有山，甚至對於印第安人而言是座神聖之地，結果卻要穿過一塊塊私家土地才能上山。一座廟宇在那裡，卻非穿過甲家房屋或乙家牛棚否則不能進入。華盛頓峰究竟屬於 A 還是屬於 B，新罕布夏州法院最近的決定（好像它能說了算似的）於 B 有利[267]。聽說這位 B 有個冬天，請財產登記官員陪同一起登上華盛頓峰，以此作為正式擁有此峰的證明。無論出於謙卑還是敬畏，這種山峰都不應當允許任何人擁為私產——若是如此，人人皆能登山，攀爬到比自己更高的地方，能俯視谷地中自己的家鄉，就會甩開劣根性，眼光開闊。

今天提到廟宇只是用來比喻，因為人們一看到這個詞就會聯想到異教徒。在我看來，大多數人對大自然根本不在意，只

---

267 相關報導不詳。

要能換成讓他們過上一陣子的現金，就不在乎犧牲了大自然的美麗。謝天謝地，那些人現在還到不了天上，所以只能在地上亂扔垃圾而無法也這樣子糟蹋天空！現在我們的天空還潔淨無瑕。就算只為了這個理由，我們也應該一起努力，保護大自然不受那些少數人的汪達爾行為[268]破壞。

是的，在多數情況下，我們現在還能自由自在，想往哪裡走就穿過一大片土地往哪裡走。不知不覺中，因為愈來愈多障礙的出現，我們的這份自由自在一年比一年縮小。這樣下去總有一天，會像當年我們的祖先在英國那樣失去自由，要到哪裡都得請求花園的女主人允許我們從中穿行。幾乎看不到有什麼希望改善。不錯，圖書館愈來愈多，城裡大路旁也種了樹。但放眼望去，廣闊大地上的景象不應得到關注嗎？那僅剩的幾棵古老橡樹見證了這裡如何由印第安人的田園變成白人的城鎮，簡直就是活的博物館，樹上那只由英國士兵一七七五年為鵪鶉所安放的小木屋，就是這個博物館的第一件展示品；而我們卻要將其砍伐。

我認為每個城鎮都要有公園，最好是一片原始森林，哪怕是一大片，哪怕分成好幾處，總面積能達到五百到一千公頃就行。什麼砍柴枌薪，什麼為海軍造船，什麼做大車之用，諸如此類都不是從森林裡拿走一根樹枝的理由，就讓大森林在那裡保留著，即使那些樹自己爛掉 —— 這片樹林是永久性的公共財產。它們在這裡，就是為了讓大家能在這裡受教育，並能進行有益身心的休閒娛樂。城北瓦爾登森林，連同瓦爾登湖在內約四平方英里，也整個都應當得到保護，這些本應是我

---

268 汪達爾行為（vandalism），故意破壞藝術的行為。

們採蔓越莓的好園地，卻從沒被人耕種過。如果這些地產的主人逝世，身後又沒有自然繼承人，將其贈送給公眾會是明智的做法，這樣他們的英名也能流芳百世，銘記在人們心中。而贈給某個人並不高明，因為受贈者往往已經身家富足了。若贈予公眾也能使城市當年的不當規畫得以矯正。人們把財產贈予哈佛，也可以同樣把一片樹林或一塊蔓越莓濕地贈予康科德市。我們這小城實在不應被淡忘啊。別淨想著那些海外異教徒的奇聞和異國傳說，記住這裡也有不同信仰的人和原始森林。有聽說過公共牧場和祭祀專用地，而我們人也需要有公共活動的地方啊。在城裡，為窮人專門劃出草地、牧場和林場，那富人就不該有個樹林子去晃悠，或有片蔓越莓可以採摘嗎？我們總得意地自誇自己的教育體系有多麼高明，但為何卻把教育限制在學校和教師職責之內呢？我們人人都是老師，而廣袤天地就是學校。只關注上學上課或研讀書本，而無視眼前一本萬千風光、內容豐富的教科書，豈不是很可笑嗎？用不著花心思，也能看出我們精美的校舍原是一片養牛場的一部分。

　　人們往往將公園當作一個城市的最佳地標，這是常情。這些地標因仍襲當年的規畫，到了現在也應有所修正改善。

　　寒暑交替，年復一年，我們呼吸吐納空氣，渴了飲河中的水，餓了食野地的果，自在地徜徉在這些感動之中。就讓這河水成為你最健康的飲料，就讓這些野果成為你最好的補藥。八月裡，像乘船在荒涼大海或經過達里恩大地[269]時一樣，我們只

---

269 達里恩大地位於達里恩地峽（現稱巴拿馬地峽）的東邊。當年新英格蘭的海軍從太平洋返回要經過此地，而在這裡得不到給養補充，因為這裡以貧瘠著稱。梭羅在手稿上註道：「很多士兵因此患壞血病，甚至因此病身亡。」

吃漿果，而不吃肉乾或肉餅。任四面八方的風吹來。我們專心
享受大自然的時序變化，潮起潮落，並凝神思考。瘴氣也好，
傳染病也好，莫不源於我們自身，而非來自外力。有人身體很
差，所以處處小心，只喝用某種花草沏的茶。他違反自然安排
的生活，就好比一方面小心保留某樣東西，一方面卻又拚命揮
霍那樣東西，實在愚蠢。正因為不熱愛自然和自己的生命，這
樣的人才會病痾纏身，一命嗚呼，縱有神醫也無可奈何。春天
裡一片蔥綠，打起精氣神兒，朝氣蓬勃；秋天裡萬物金黃，思
想成熟且收穫豐富。把每一個季節的精華都採下，吸收進去，
這就是最滋補的藥、最養身的法寶。吸進夏天的精華絕不會讓
你生病，除非你只把它放在地窖裡作為收藏。若要飲酒，就飲
大自然為你釀造並封裝好的，別飲你自己釀的。大自然把釀好
的酒裝進一顆顆成熟美味的果子，而不是倒進羊肉或豬肉裡。
大自然為你釀酒裝酒，你只管取回並保管。無論何時，每分每
秒，大自然都竭盡全力照顧我們。大自然是永恆的，不要對抗
它。只要順應大自然，我們就會健康。人其實早就發現，或以
為自己發現了一些有益身心的野外活動，但這並非大自然的全
貌，因為它本就是健康的別名。有人認為自己身體在春天、夏
天、秋天，甚至冬天都感到不適，那只不過是因為他們沒有好
好地適應。也就是說，大自然在每一個季節都是公平的。[270]

---

270 原文是用了「well」這個詞作雙關語。Some men think that they are
not well in spring or summer or autumn or winter;（if you will excuse the
pun）, it is only because they are not indeed well; that is, fairly in those
seasons.

183 種果實踏查

自然詩人梭羅用最後十年光陰

獻給野果的小情歌

NeoReading 33

作　　　者	亨利·梭羅（Henry David Thoreau）
譯　　　者	石定樂
繪　　　者	黃南禎
總 編 輯	張瑩瑩
主　　編	蔡欣育
責任編輯	王智群
校　　對	魏秋綢
封面設計	廖韡
內頁排版	藍天圖物宣字社
出　　版	自由之丘文創
發　　行	遠足文化事業股份有限公司

地址：231 新北市新店區民權路 108-2 號 9 樓
電話：（02）2218-1417　傳真：（02）8667-1065
電子信箱：service@bookrep.com.tw
網址：www.bookrep.com.tw
郵撥帳號：19504465 遠足文化事業股份有限公司
客服專線：0800-221-029

讀書共和國出版集團

社長	郭重興
發行人兼出版總監	曾大福
業務平臺總經理	李雪麗
業務平臺副總經理	李復民
實體通路協理	林詩富
網路暨海外通路協理	張鑫峰
特販通路協理	陳綺瑩
印務	黃禮賢、李孟儒

法律顧問	華洋法律事務所　蘇文生律師
印　　製	成陽印刷股份有限公司
初　　版	2016 年 10 月
二　　版	2020 年 6 月

本中文版翻譯由北京新星出版社有限責任公司授權。

國家圖書館出版品預行編目資料

野果：183 種果實踏查，自然詩人梭羅用最後十年光陰，獻給野果
的小情歌／亨利·梭羅（Henry David Thoreau）著；石定樂譯.
-- 二版 . -- 新北市；自由之丘文創出版；遠足文化發行，2020.06
面；　公分 . --（NeoReading ; 33）
譯自：Wild fruits : Thoreau's rediscovered last manuscript
ISBN 978-986-98945-1-7（平裝）
1. 果實　2. 種子

371.74　　　　　　　　　　　　　109005187

線上讀者回函 QR code
您的寶貴意見，
是我們最大的進步動力

自由之丘官網 QR code

野果
183 種果實踏查，自然詩人梭羅用最後十年光陰，獻給野果的小情歌